21世纪高等学校嵌入式系统专业规划教材

王晓薇 主编
孙静 刘天华 副主编
姜岩 侯锟 编著

嵌入式操作系统 μC/OS-II及应用开发

清华大学出版社
北京

内 容 简 介

本书以理论为核心，以实用为导向，最大的特色就是将 μC/OS-II 操作系统的原理和应用有机地融合到这一本书中，使学生既能掌握理论，又能懂得应用。

本书先介绍了 PC 上 μC/OS-II 的开发环境 BC45，在这个环境下演示一个 μC/OS-II 的实例，使读者从整体上理解 μC/OS-II。然后从操作系统的原理上详细讲述 μC/OS-II 这个实时操作系统的实现原理，对其中的内核、任务的管理、任务的同步和通信、时钟和中断进行了详细的论述，理论讲述后附有该理论的实验例程及实现方法。最后介绍了 μC/OS-II 的移植方法，并从应用的角度描述了一个基于 μC/OS-II 的综合开发案例，使读者在应用开发中真正会用 μC/OS-II，掌握 μC/OS-II 的应用技巧。

本书适合作为嵌入式系统原理及应用的学习教材，同时适合作为高等院校计算机相关专业嵌入式操作系统教材或参考书，适合相关学科的本、专科学生、高职高专及成教类学生阅读，也可供嵌入式操作系统应用开发人员参考。

图书在版编目（CIP）数据

嵌入式操作系统μC/OS-II 及应用开发 / 王晓薇主编. —北京：清华大学出版社，2012.8（2023.3 重印）
21 世纪高等学校嵌入式系统专业规划教材
ISBN 978-7-302-28472-7

Ⅰ. ①嵌…　Ⅱ. ①王…　Ⅲ. ①实时操作系统—程序设计—高等学校—教材　Ⅳ. ①TP316.2

中国版本图书馆 CIP 数据核字（2012）第 065081 号

责任编辑： 梁 颖 薛 阳
封面设计： 傅瑞学
责任校对： 李建庄
责任印制： 沈 露

出版发行： 清华大学出版社
网　　址： http://www.tup.com.cn，http://www.wqbook.com
地　　址： 北京清华大学学研大厦 A 座　　**邮　　编：** 100084
社 总 机： 010-83470000　　**邮　　购：** 010-62786544
投稿与读者服务： 010-62776969，c-service@tup.tsinghua.edu.cn
质 量 反 馈： 010-62772015，zhiliang@tup.tsinghua.edu.cn
课 件 下 载： http://www.tup.com.cn，010-62795954
印 装 者： 三河市龙大印装有限公司
经　　销： 全国新华书店
开　　本： 185mm×260mm　　**印　　张：** 18　　**字　　数：** 437 千字
版　　次： 2012 年 8 月第 1 版　　**印　　次：** 2023 年 3 月第10次印刷
印　　数： 4451～4950
定　　价： 49.00 元

产品编号：046271-02

出版说明

嵌入式计算机技术是 21 世纪计算机技术两个重要发展方向之一，其应用领域相当广泛，包括工业控制、消费电子、网络通信、科学研究、军事国防、医疗卫生、航空航天等方方面面。我们今天所熟悉的电子产品几乎都可以找到嵌入式系统的影子，它从各个方面影响着我们的生活。

技术的发展和生产力的提高，离不开人才的培养。目前国内外各高等院校、职业学校和培训机构都涉足了嵌入式技术人才的培养工作，高校及其软件学院和专业的培训机构更是嵌入式领域高端人才培养的前沿阵地。国家有关部门针对专业人才需求大增的现状，也着手开发“国家级”嵌入式技术培训项目。2006 年 6 月底，国家信息技术紧缺人才培养工程（NITE）在北京正式启动，首批设定的 10 个紧缺专业中，嵌入式系统设计与软件开发、软件测试等 IT 课程一同名列其中。嵌入式开发因其广泛的应用领域和巨大的人才缺口，其培训也被列入国家商务部门实施服务外包人才培训“千百十工程”，并对符合条件的人才培训项目予以支持。

为了进一步提高国内嵌入式系统课程的教学水平和质量，培养适应社会经济发展需要的、兼具研究能力和工程能力的高质量专业技术人才。在教育部相关教学指导委员会专家的指导和建议下，清华大学出版社与国内多所重点大学共同对我国嵌入式系统软硬件开发人才培养的课程框架和知识体系，以及实践教学内容进行了深入的研究，并在该基础上形成了“嵌入式系统教学现状分析及核心课程体系研究”、“微型计算机原理与应用技术课程群的研究”、“嵌入式 Linux 课程群建设报告”等多项课程体系的研究报告。

本系列教材是在课程体系的研究基础上总结、完善而成，力求充分体现科学性、先进性、工程性，突出专业核心课程的教材，兼顾具有专业教学特点的相关基础课程教材，探索具有发展潜力的选修课程教材，满足高校多层次教学的需要。

本系列教材在规划过程中体现了如下一些基本组织原则和特点。

（1）反映嵌入式系统学科的发展和专业教育的改革，适应社会对嵌入式人才的培养需求，教材内容坚持基本理论的扎实和清晰，反映基本理论和原理的综合应用，在其基础上强调工程实践环节，并及时反映教学体系的调整和教学内容的更新。

（2）反映教学需要，促进教学发展。教材要适应多样化的教学需要，正确把握教学内容和课程体系的改革方向，在选择教材内容和编写体系时注意体现素质教育、创新能力与实践能力的培养，为学生知识、能力、素质协调发展创造条件。

（3）实施精品战略，突出重点。规划教材建设把重点放在专业核心（基础）课程的教材建设上；特别注意选择并安排一部分原来基础比较好的优秀教材或讲义修订再版，逐步形成精品教材；提倡并鼓励编写体现工程型和应用型的专业教学内容和课程体系改革成果的教材。

（4）支持一纲多本，合理配套。专业核心课和相关基础课的教材要配套，同一门课程可以有多本具有各自内容特点的教材。处理好教材统一性与多样化，基本教材与辅助教材、教学参考书，文字教材与软件教材的关系，实现教材系列资源的配套。

（5）依靠专家，择优落实。在制定教材规划时依靠各课程专家在调查研究本课程教材建设现状的基础上提出规划选题。在落实主编人选时，要引入竞争机制，通过申报、评审确定主编。书稿完成后认真实行审稿程序，确保出书质量。

繁荣教材出版事业，提高教材质量的关键是教师。建立一支高水平的、以老带新的教材编写队伍才能保证教材的编写质量，希望有志于教材建设的教师能够加入到我们的编写队伍中来。

21世纪高等学校嵌入式系统专业规划教材
联系人：魏江江 weijj@tup.tsinghua.edu.cn

前　言

μC/OS-II 是一种可移植的、可裁剪的、抢占式的、典型的实时多任务操作系统内核。它被广泛应用于微处理器、微控制器和数字信号处理器。

嵌入式操作系统是与应用紧密结合的，脱离实际应用去讲述嵌入式操作系统，学生不容易明白如何去使用这样的操作系统，如何在这样的操作系统上进行应用程序的开发，那么就失去了学习这些理论的意义。

本书将嵌入式操作系统的原理与典型的嵌入式操作系统 μC/OS-II 结合起来，并给出应用的实例，使得学生在学习理论的同时掌握了应用，既提高了学生的实际动手能力，又满足了应用型计算机人才培养的需要。

本书具有以下特色和价值。

（1）具有结构优化、内容精炼、重点突出的优点，强调原理与典型的嵌入式操作系统 μC/OS-II 结合，并给出应用的实例。

（2）教材中介绍了目前广泛使用的、成熟的新技术，较好地体现了课程内容的先进性。

（3）教材每章配有恰当的应用实例，着眼于提高学生分析问题和解决问题的能力，较好地体现了课程教学的实用性，着眼于提高学生对嵌入式操作系统的开发与设计能力。

（4）本教材所有的程序均由 C 语言给出，体现了软件的可移植性。

（5）教材配有电子教案，学生可从教学网站（http://210.30.208.205/homepage/common/index_jpk.jsp）和从清华大学出版社的网站（www.tup.com.cn）上下载，以方便学生课后的学习和复习。

本书第 1～3 章由王晓薇和姜岩编写，第 5～7 章由孙静编写，第 4、第 8、第 9 章由刘天华和侯锟编写，第 10 章和附录由张勇编写，全书由王晓薇和孙静统稿。

在本书的编写和使用过程中，得到了许多教师和同行的帮助，在此表示感谢。还要感谢清华大学出版社，有了出版社的大力支持才使本书能够很快与读者见面。本书还参考和引用了有关方面的书籍，其来源都在参考文献中列出，在此对有关作者表示感谢。

限于编者的学识水平，本书中难免有疏漏和不当之处，敬请广大同行及读者指正。同时也欢迎读者，尤其是采用本书进行教学的教师和学生，共同探讨相关教学内容、教学方法等问题。敬请广大师生和读者通过电子信箱与编者联系（wangxwvv@gmail.com）。

本书所用的免费软件开发工具和教材中的开发实例可到清华大学出版社网站下载，或通过邮箱联系。

编者

2012 年 6 月

目　　录

第 1 章　嵌入式操作系统概述

1.1　操作系统概述

操作系统（OS）是一种为应用程序提供服务的系统软件，是一个完整计算机系统的有机组成部分。从计算机系统层次结构来看，操作系统位于计算机硬件之上、应用软件之下，所以也把它称为应用软件的运行平台。

本章主要内容：

- 操作系统的作用和特征。
- 操作系统的体系结构。
- 嵌入式操作系统特点概述。
- 嵌入式操作系统 μC/OS-II 的特点。

1.1.1　操作系统的作用

我们可以从不同的角度来分析 OS 的作用，从一般用户的角度，可把 OS 看做是用户与计算机硬件系统之间的接口；从资源管理角度，可把 OS 看做计算机系统资源的管理者。

1. OS 作为用户与计算机硬件系统之间的接口

OS 作为用户与计算机硬件系统之间的接口的含义是：OS 处于用户与计算机硬件系统之间，用户通过 OS 来使用计算机系统。或者说，用户在 OS 的帮助下能够方便、快捷、安全可靠地操纵计算机硬件和运行自己的程序。应当注意，OS 是一个系统软件，因而这种接口是软件接口，如图 1-1 所示。

OS 在计算机应用软件与计算机硬件系统之间，它屏蔽了计算机硬件工作的一些细节，并对系统中的资源进行有效的管理。通过提供应用程序接口（API）函数，从而使应用软件的设计人员得以在一个友好的平台上进行应用软件的设计和开发，大大地提高了应用软件的开发效率。

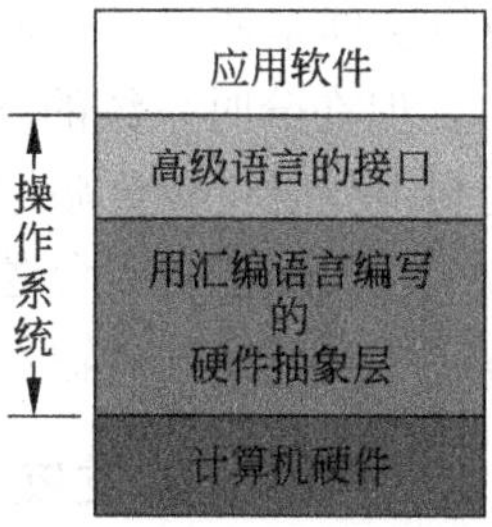

图 1-1　OS 作为接口的示意图

2. OS 作为计算机系统资源的管理者

一个计算机系统就是一组资源，这些资源用于对数据的移动、存储、处理，以及对这些功能的控制，而 OS 负责管理这些资源。OS 对计算机资源的管理有以下几个方面。

（1）处理机管理——用于分配和控制处理机。

（2）存储器管理——主要负责内存的分配与回收。

（3）I/O 设备管理——负责 I/O 设备的分配与操纵。

（4）文件管理——负责文件的存取、共享和保护。

1.1.2 操作系统的特征

操作系统的种类很多，不同的操作系统分别具有各自的特征，一般来说，采用了多道程序设计技术的操作系统具有如下4个基本特征。

1. 并发

在处理机系统中，并发是指宏观上有多道程序同时运行，但在微观上是交替执行的。多道程序并发执行能提高资源利用率和系统吞吐量。

多个进程的并发执行由操作系统统一控制，为保证并发进程的顺利运行，操作系统提供了一系列管理机制。

2. 共享

共享是指计算机系统中的资源可被多个并发执行的用户程序或系统程序共同使用，而不是被其中某一个程序所独占。共享的原因如下。

（1）用户或任务独占系统资源将导致资源浪费。

（2）多个任务共享一个程序的同一副本，而不是分别向每个用户提供一个副本，可以避免重复开发。

并发和共享是紧密相关的。一方面，资源共享是以进程的并发执行为条件的，若不允许进程的并发执行，就不会有资源的共享；另一方面，进程的并发执行以资源共享为条件，若系统不运行共享资源，程序就无法并发执行。

3. 异步

在多道程序系统中，多进程并发执行，但在微观上，进程是交替执行的，因此进程以“走走停停”的不连续方式运行。由于并发运行环境的复杂性，每个进程在何时开始执行，何时暂停，以怎样的速度向前推进，多长时间完成，何时发生中断，都是不可预知的，此种特征称为异步。

4. 虚拟

虚拟指的是通过某种技术把一个物理实体映射为多个逻辑实体，用户程序使用逻辑实体。逻辑实体是使用户感觉上有但实际上不存在的事物，例如在分时系统中，虽然只有一个CPU，但在分时系统的管理下，每个终端用户都认为自己独占一台主机。此时，分时操作系统利用分时轮转策略把一台物理上的CPU虚拟为多台逻辑上的CPU，也可以把一台物理I/O设备虚拟为多台逻辑上的I/O设备，方法是用内存中的输入输出缓冲区来虚拟物理设备，用户程序进行输入输出时，其实是在和缓冲区进行输入输出。

1.1.3 操作系统的发展

操作系统最早产生于1955年，至今已发展了50多年，其发展历程可粗略地划分为4代。

第一代操作系统是单任务自动批处理操作系统，通过作业控制语言使多个程序可自动在计算机上连续运行，在上一个程序结束与下一个程序开始之间不需人工装卸和干预，第一代操作系统通过避免手工装卸而大大提高了机器利用率，但程序执行过程中输入输出数据时，主机空闲降低了处理机利用率。

第二代操作系统是多任务和多用户操作系统，最大特征是采用并发技术，使得当一个程序在进行 I/O 操作时，CPU 可转去执行其他程序，从而使多个程序并发执行，CPU 和 I/O 并行工作。第二代操作系统通过并发技术大大提高了机器利用率，但并发技术的实现代价是使操作系统的复杂程度和功能规模大大增加，从而增加了操作系统的开发周期和开发成本，并影响了操作系统的正确性和可靠性。

第三代操作系统是结构化与小型化，其典型特征是重视操作系统的结构和功能精简。第三代操作系统还具有网络特征。

第四代操作系统是网络和开放系统、并行与分布操作系统。

总之，操作系统经过几十年的发展，就单机环境下的系统而言，其基本原理和设计方法已趋成熟。出现了许多流行的嵌入式系统，如 UNIX，Windows NT 等。20 世纪 80 年代后，随着通用微处理器芯片的高速发展，个人计算机和工作站系统得到了迅猛的发展，强烈冲击着传统小型计算机、中大型计算机的市场。相应地，微型计算机及工作站的操作系统获得了快速的发展和应用，如 MS-DOS、Windows、Solaris 等。从操作系统的发展历史看，推动其发展的动力主要是计算机系统的不断完善和计算机应用的不断深入。

随着计算机应用技术的发展，适应不同应用系统的操作系统也相继出现，并在应用中得以不断发展。

- 嵌入式操作系统：主要伴随着个人数字助理 PDA、掌上电脑、电视机顶盒、智能家电等设备的发展，对操作系统在功能和所占存储空间大小的权衡上提出了新的要求，对实时响应也有较高的要求。
- 实时操作系统：对操作系统的实时响应要求从来就没有停止过，要求计算机的最大响应时间也越来越短，任务调度时机、算法要求越来越高。特别是针对操作系统的实时性研究还在不断发展中。
- 并行操作系统：随着高性能通用微处理器的发展，人们已经成功地提出了用它们构造“多处理机并行”的体系结构。
- 网络操作系统和分布式操作系统：就目前情形而言，计算机网络系统也还在不断完善中，基于 Client-Server 模型的分布式系统也已不断走向应用，完全分布式的系统还未成形，仍将是研究的热点问题。

1.2　操作系统的体系结构

操作系统的体系结构设计是指选择合适的结构，按照这一结构可以对操作系统进行分层、分模块或资源等方式的功能划分；通过逐步的分解、抽象和综合，使操作系统功能完备、结构清晰。常用的操作系统体系结构有：层次结构的操作系统和微内核结构的操作系统。

1.2.1　层次结构

层次结构的操作系统的设计思想是，按照操作系统各模块的功能和相互依存关系，把系统中的模块分为若干层次，每一层（除底层模块）都建立在它下面一层的基础上，每一层仅使用其下层模块提供的服务，将系统问题分解成多个子问题，然后分别解决。操作系统的层次结构如图 1-2 所示。

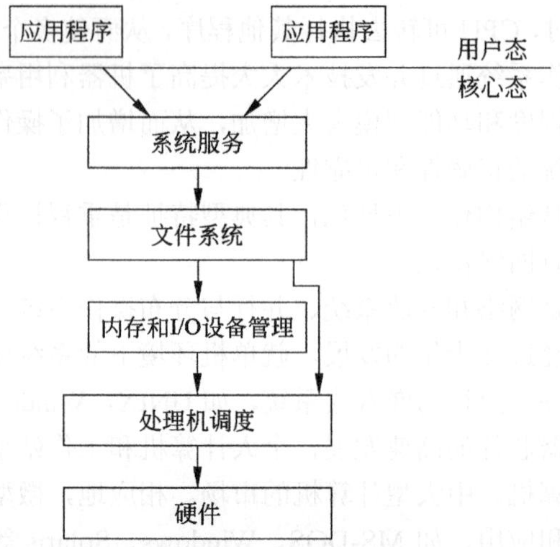

图 1-2 操作系统层次结构的模型

一个操作系统应划分为多少层、各层处于什么位置是层次结构操作系统设计的关键问题，没有固定的模式。一般原则是，接近用户应用的模块在上层，接近硬件的驱动模块在下层。处于下层的程序模块往往称为操作系统的内核。这部分程序模块包括中断处理模块、各种驱动模块和运行频率较高的模块（如时钟管理程序、进程调度程序、低级通信模块、内存管理模块等）。为提高操作系统的执行效率，操作系统内核一般常驻内存。

层次型结构技术在操作系统设计中的应用比较成功，许多典型的商用操作系统都是基于这种结构实现的，如 MS-DOS、早期的 Windows 及传统的 UNIX 等。

1.2.2 微内核结构

近年来备受关注的一个概念是微内核。微内核是一个小型的操作系统核心，它为模块化扩展提供了基础。

微内核的设计思想是，为了有效地提高系统的可靠性，并使系统具备良好的可适应性，需要将核心模块设计精练化。具体做法是，将原来内核模块中的内容精简，把一些原来属于核心模块的功能提出到外部去完成，只将操作系统最主要的功能包含在内核中，使内核尽量简单，形成微内核的结构。

微内核结构用一个水平分层的结构代替了传统的纵向分层的结构，在微内核外部的操作系统部件被当做服务器进程实现，它们可以通过微内核传递消息来实现相互之间的交互。因此，微内核起着信息交互、验证信息、在部件间传递信息并授权访问硬件的作用。微内核还执行保护功能，除非允许交换，否则它阻止信息传递。微内核结构的模型如图 1-3 所示。

- 运行在核心态的微内核，提供所有操作系统都具有的基本操作，如线程调度、虚拟存储、消息传递、设备驱动、原语操作、中断处理等，这些部分通常采用层次结构并构成了基本操作系统。
- 运行在用户态，并以客户-服务器方式运行的进程层，除内核部分外，操作系统的其他部分都被分成若干个相对独立的进程，每个进程实现一组服务，称为服务进程。这些服务进程可以提供各种系统功能，如文件系统服务以及网络服务等。服务进程的任务是检查是否有客户提出要求服务的请求，并在满足客户进程的请求后将结果返回。

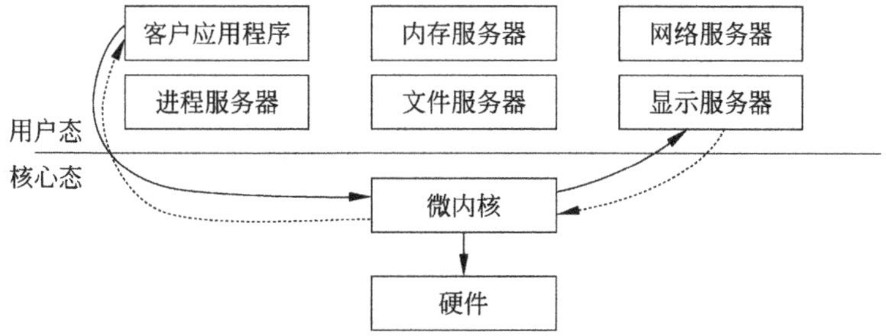

图 1-3　微内核结构的模型

- 客户进程与服务进程之间通信时采用消息通信，客户进程发出消息，内核将消息传给服务进程，服务进程执行相应的操作，其结果又通过内核用发消息的方式返回给客户进程。

基于微内核的操作系统具有如下特征。

微内核提供一组“最基本”的服务，如进程调度、进程间通信、存储管理、处理 I/O 设备以及其他服务，如文件管理、网络支持等，通过接口连到微内核。与此相反，内核是集成的，比微内核更大。

微内核具有很好的扩展性，并可简化应用程序开发。用户只运行他们需要的服务，这有利于减少磁盘空间和存储器需求。

厂商可以很容易地将微内核移植到其他处理器平台，并在上面增加适合其他平台需要的模块化部件，例如文件服务器、工程应用。

微内核和硬件部件有接口，并向可安装模块提供一个接口。在微内核中，进程通过传递消息或运行“线程”来发生相互作用。线程为将一个任务分解为多个子任务提供了途径，在多处理器环境下，线程可以在不同的处理器上独立运行。

1.3　嵌入式操作系统概述

嵌入式操作系统又称实时操作系统，是一种支持嵌入式系统应用的操作系统软件，它是嵌入式系统（包括硬件、软件系统）极为重要的组成部分，通常包括与硬件相关的底层驱动软件、系统内核、设备驱动接口、通信协议、图形界面、标准化浏览器 Browser 等。嵌入式操作系统具有通用操作系统的特点，如能够有效管理越来越复杂的系统资源；能够把底层虚拟化，使得开发人员从繁忙的驱动程序移植和维护中解脱出来；能够提供库函数、驱动程序、工具集以及应用程序。嵌入式操作系统能够负责嵌入式系统的全部硬件、软件资源的分配、调度、控制、协调并发活动；它必须体现其所在系统的特征，能够通过装卸某些模块来达到系统所要求的功能。

1.3.1　嵌入式操作系统的演变

近 10 年来，嵌入式操作系统得到飞速的发展，从支持 8 位微处理器到 16 位、32 位甚至 64 位微处理器；从支持单一品种的微处理器芯片到支持多品种微处理器芯片；从只有内核到除了内核外还提供其他功能模块，如文件系统，TCP/IP 网络系统，窗口图形系统等。

随着嵌入式系统应用领域的扩展，目前嵌入式操作系统的市场在不断细分，出现了针对不同领域的产品，这些产品按领域的要求和标准提供特定的功能。

嵌入式系统经历了 30 多年的发展，尤其是近几年来，计算机、通信、消费电子的一体化趋势日益明显，嵌入式技术已成为一个研究热点，嵌入式系统也给众多商家带来了良好商机。

目前，嵌入式技术与 Internet 技术的结合正在推动着嵌入式技术的飞速发展，嵌入式系统的研究和应用产生了如下新的显著变化。

- 新的微处理器层出不穷，嵌入式操作系统自身结构的设计更加便于移植，能够在短时间内支持更多的微处理器。
- 嵌入式系统的开发成了一项系统工程，开发厂商不仅要提供嵌入式操作系统本身，同时还要提供强大的软件开发支持包。
- 通用计算机上使用的新技术、新观念开始逐步移植到嵌入式系统中，如嵌入式数据库、移动代理、实时 CORBA、Java 等，嵌入式软件平台得到进一步完善。
- 各类嵌入式 Linux 操作系统迅速发展，由于具有源代码开放、系统内核小、执行效率高、网络结构完整等特点，很符合信息家电等嵌入式系统的需要，目前已经形成了能与 Windows CE、Symbian 等嵌入式操作系统进行有力竞争的局面。
- 网络化、信息化的要求随着 Internet 技术的成熟和带宽的提高而日益突出，以往功能单一的设备如电话、手机、冰箱、微波炉等功能不再单一，结构变得更加复杂，网络互联成为必然趋势。
- 精简系统内核，优化关键算法，降低功耗和软硬件成本。
- 提供更加友好的多媒体人机交互界面。

1.3.2 嵌入式操作系统的特点

一个典型的嵌入式操作系统应该具备下列特点。

1. 可裁剪性

可裁剪性是嵌入式操作系统最大的特点，因为嵌入式操作系统的目标硬件配置差别很大，有的硬件配置非常高，有的却因为成本原因，硬件配置十分紧凑，所以，嵌入式操作系统必须能够适应不同的硬件配置环境，具备较好的可裁剪性。在一些配置高、功能要求多的情况下，嵌入式操作系统可以通过加载更多的模块来满足这种需求；而在一些配置相对较低、功能单一的情况下，嵌入式操作系统必须能够通过裁剪的方式，把一些不相关的模块裁剪掉，只保留相关的功能模块。为了实现可裁剪，在编写嵌入式操作系统的时候，就需要充分考虑、仔细规划，对整个操作系统的功能进行细致的划分，每个功能模块尽量以独立模块的形式来实现。

可通过两种方式来具体实现可裁剪。一种方式是把整个操作系统功能分割成不同的功能模块，进行独立编译，形成独立的二进制可加载映像，这样就可以根据应用系统的需要，通过加载或卸载不同的模块来实现裁剪。另外一种方式，是通过宏定义开关的方式来实现裁剪，针对每个功能模块，定义一个编译开关（#define）来进行标志。若应用系统需要该模块，则在编译的时候，定义该标志，否则取消该标志，这样就可以选择需要的操作系统核心代码，与应用代码一起联编，实现可裁剪。其中，第一种方式是二进制级的可裁剪方式，对应用程序更加透明，且无须公开操作系统的源代码；第二种方式则需要了解操作系统的源代码组织。

2. 强实时性

多数嵌入式操作系统都是硬实时的操作系统，抢占式的任务调度机制。

3. 可移植性

通用操作系统的目标硬件往往比较单一，比如，对于 UNIX、Windows 等通用操作系统，只考虑几款比较通用的 CPU 就可以了，如 Intel 的 LA32 和 Power PC。但在嵌入式开发中却不同，存在多种多样的 CPU 和底层硬件环境，就 CPU 而言，流行的可能就会达到十几款。嵌入式操作系统必须能够适应各种情况，在设计的时候充分考虑不同底层硬件的需求，通过一种可移植的方案来实现不同硬件平台上的方便移植。例如，在嵌入式操作系统设计中，可以把硬件相关部分代码单独剥离出来，在一个单独的模块或源文件中实现，或者增加一个硬件抽象层来实现不同硬件的底层屏蔽。总之，可移植性是衡量一个嵌入式操作系统质量高低的重要标志。

4. 可扩展性

嵌入式操作系统的另外一个特点，就是具备较强的可扩展性，可以很容易地在嵌入式操作系统上扩展新的功能。例如，随着 Internet 技术的快速发展，可以根据需要，在对嵌入式操作系统不做大量改动的情况下，增加 TCP/IP 协议功能或协议解析功能。这样必然要求嵌入式操作系统在设计的时候，充分考虑功能之间的独立性，并为将来的功能扩展预留接口。

1.3.3 嵌入式操作系统与通用操作系统的区别

嵌入式操作系统与通用操作系统的主要区别体现在以下三个方面。

1. 地址空间

一般情况下，通用操作系统充分利用了 CPU 提供的内存管理机制（MMU 单元），实现了一个用户进程（应用程序）独立拥有一个地址空间的功能，例如，在 32 位 CPU 的硬件环境中，每个进程都有自己独立的 40B 地址空间。这样每个进程之间相互独立、互不影响，即一个进程的崩溃，不会影响另外的进程；一个进程地址空间内的数据，不能被另外的进程引用。嵌入式操作系统多数情况下不会采用这种内存模型，而是操作系统和应用程序共用一个地址空间，例如，在 32 位硬件环境中，操作系统和应用程序共享 4B 个地址空间，不同应用程序之间可以直接引用数据。这类似于通用操作系统上的线程模型，即一个通用操作系统上的进程，可以拥有多个线程，这些线程之间共享进程的地址空间。这样的内存模型实现起来非常简单，且效率很高，因为不存在进程之间的切换（只存在线程切换），而且不同的应用之间可以很方便地共享数据，对于嵌入式应用来说，是十分合适的。但这种模型的最大缺点就是无法实现应用之间的保护，一个应用程序的崩溃，可能直接影响到其他应用程序，甚至操作系统本身。但在嵌入式开发中，这却不是问题，因为在嵌入式开发中，整个产品（包括应用代码和操作系统核心）都是由产品制造商开发完成的，很少需要用户编写程序，因此整个系统是可信的。而通用操作系统之所以实现应用之间的地址空间独立，一个立足点就是应用程序的不可信任性。因为在一个系统上，可能运行了许多不同厂家开发的软件，这些软件良莠不齐，无法信任，所以采用这种保护模型是十分恰当的。

2. 内存管理

通用的计算机操作系统为了扩充应用程序可使用的内存数量，一般实现了虚拟内存功能，即通过 CPU 提供的 MMU 机制，把磁盘上的部分空间当做内存使用。这样做的好处是可以让应用程序获得比实际物理内存大得多的内存空间，而且可以把磁盘文件映射到应用程序的内存空间，这样应用程序对磁盘文件的访问，就与访问普通物理内存一样了。但在嵌入式操作系统中，一般情况下不会实现虚拟内存功能，这是因为：①一般情况下，嵌入式系统没有本地存储介质，或者即使有，数量也很有限，不具备实现虚拟内存功能的基础（即强大的本地存储功能）；②虚拟内存的实现，是在牺牲效率的基础上完成的，一旦应用程序访问的内存内容不在实际的物理内存中，就会引发一系列的操作系统动作，比如引发一个异常、转移到核心模式、引发文件系统读取操作等，这样会大大降低应用程序的执行效率，使得应用程序的执行时间无法预测，这在嵌入式系统开发中是无法容忍的。

因此，权衡利弊，嵌入式操作系统首选是不采用虚拟内存管理机制，这也是嵌入式操作系统与通用的操作系统之间的一个较大区别。

3. 应用方式

通用的操作系统在使用之前必须先进行安装，安装包括检测并配置计算机硬件、安装并配置硬件驱动程序、配置用户使用环境等过程，这个过程完成之后，才可以正常使用操作系统。但嵌入式操作系统则不存在安装的概念，虽然驱动硬件、管理设备驱动程序也是嵌入式操作系统的主要工作，但与通用计算机不同，嵌入式系统的硬件都是事先配置好的，其驱动程序、配置参数等往往与嵌入式操作系统连接在一起，因此，嵌入式操作系统不必自动检测硬件，因而也无须存在安装的过程。

除了上述区别外，嵌入式操作系统还有一些其他特点。

1.4 嵌入式实时操作系统μC/OS-II概述

μC/OS-II 是一款源码公开的实时操作系统。美国工程师 Jean Labrosse 将开发的 μC/OS 于 1992 年发表在嵌入式系统编程杂志上。μC/OS 是“Micro Controller Operation System”的缩写，意思是“微控制器操作系统”，最初是为微控制器设计的。μC/OS-II 是 μC/OS 的升级版本，也是目前广泛使用的版本。它以小内核、多任务、实时性好、丰富的系统服务、容易使用等特点越来越受欢迎。μC/OS-II 实时系统的商业应用非常广泛，具有非常稳定、可靠的性能，成功应用于生命科学、航天工程等重大科研项目中，还可应用于手机、路由器、集线器、不间断电源、飞行器、医疗设备及工业控制等，由于其极小的内核，特别适用于对程序代码存储空间要求极其敏感的嵌入式系统开发。

1.4.1 μC/OS-II的特点

1. 有源代码

μC/OS-II 是一款源码公开的实时操作系统。

2. 可移植性

μC/OS-II 源码绝大部分是用移植性很强的 ANSI C 编写的，与微处理器硬件相关的部分是用汇编语言编写的。汇编语言编写的部分已经压到最低限度，以使 μC/OS-II 便于移植到其他微处理器上。

3. 可固化

μC/OS-II 是为嵌入式产品设计的，这就意味着，只要具备合适的系列软件工具，就可以将 μC/OS-II 嵌入到产品中作为产品的一部分。

4. 可裁剪

指的是用户可以在应用程序中通过语句#define constants 来定义所需的 μC/OS-II 功能模块，以减少不必要的存储器空间的开支。

5. 可剥夺性

μC/OS-II 是完全可剥夺型的实时内核，即 μC/OS-II 总是运行就绪条件下优先级最高的任务。

6. 多任务

μC/OS-II 可以管理 64 个任务，支持 56 个用户任务，8 个系统保留任务。赋予每个任务的优先级必须是不相同的，这意味着 μC/OS-II 不支持时间片轮转调度法。

7. 可确定性

绝大多数 μC/OS-II 的函数调用和服务的执行时间具有可确定性。用户总是能知道 μC/OS-II 的函数调用与服务执行了多长时间。除了函数 OSTimeTick()和某些事件标志服务外，μC/OS-II 系统服务的执行时间不依赖于用户应用程序任务数目的多少。

8. 任务栈

μC/OS-II 的每个任务都有自己单独的栈，它允许每个任务有不同的栈空间，以便压低应用程序对 RAM 的需求。

9. 系统服务

μC/OS-II 提供很多系统服务，如信号量、互斥型信号量、事件标志、消息邮箱、消息队列、块儿大小固定的内存的申请与释放及时间管理函数等。

10. 中断管理

中断可以使正在执行的任务暂时挂起。如果 μC/OS-II 优先级更高的任务被该中断唤醒，则高优先级的任务在中断嵌套全部退出后立即执行，中断嵌套层数可达 255 层。

μC/OS-II 虽然是开源的，但不是免费的。如果用户购买了 Jean J. Labrosse 的著作《MicroC/OS-II，The Real-Time Kernel》，则可拥有 μC/OS-II 的使用权。如要在产品中使用 μC/OS-II，需与 Jean J. Labrosse 创办的 Micrium 公司联系，获得商业使用授权。

1.4.2　μC/OS-II 的文件结构

μC/OS-II 的文件结构如图 1-4 所示。

μC/OS-II 大致可以分成系统核心部分（包含任务调度）、任务管理、时间管理、多任务同步与通信、内存管理、CPU 移植等部分。

（1）核心部分（OSCore.c）：μC/OS-II 处理核心，包括初始化、启动、中断管理、时钟中断、任务调度及事件处理等用于系统基本维持的函数。

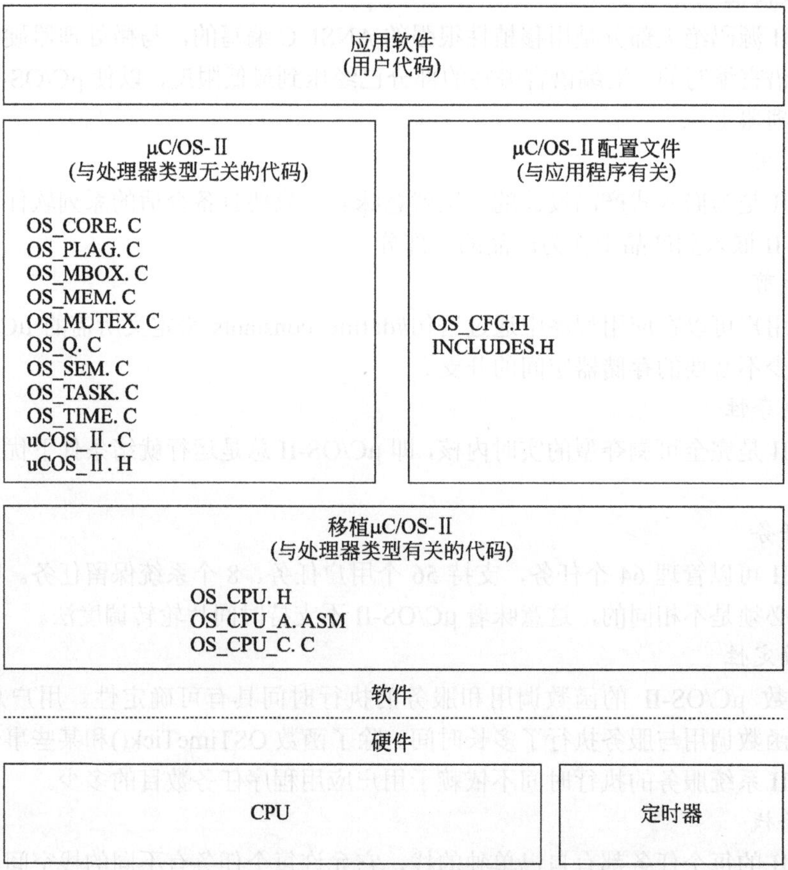

图 1-4　μC/OS-II 的文件结构

（2）任务管理（OSTask.c）：包含与任务操作密切相关的函数，包括任务建立、删除、挂起及恢复等，μC/OS-II 以任务为基本单位进行调度。

（3）时钟部分（OSTime.c）：μC/OS-II 中最小时钟单位是 timetick（时钟节拍），其中包含时间延迟、时钟设置及时钟恢复等与时钟相关的函数。

（4）多任务同步与通信（OSMbox.c，OSQ.c，OSSem.c，OSMutex.c，OSFlag.c）：包含事件管理函数，涉及 Mbox、msgQ、Sem、Mutex、Flag 等。

（5）内存管理部分（OSMem.c）：主要用于构建私有的内存分区管理机制，其中包含创建 memPart、申请/释放 memPart、获取分区信息等函数。

（6）CPU 接口部分：μC/OS-II 针对特定 CPU 的移植部分，由于牵涉到 SP 等系统指针，通常用汇编语言编写，包括任务切换、中断处理等内容。

小　结

操作系统内核是一个在特殊保护状态下运行的系统软件，它为用户层程序提供尽可能多的系统服务，它的主要目的是让用户层程序高效、安全地共享系统资源，同时内核必须提供多道程序并发运行的机制，操作系统具有并发、共享、异步、虚拟等特征。

嵌入式操作系统又称实时操作系统，是一种支持嵌入式系统应用的操作系统软件，一般具有可裁剪性、与应用代码一起连接、可移植性、可扩展性等特点。

嵌入式实时操作系统 μC/OS-II 以小内核、多任务、实时性好、丰富的系统服务、容易使用等特点越来越受欢迎，特别适用于对程序代码存储空间要求极其敏感的嵌入式系统开发。

习　　题

1. 简述嵌入式系统与普通操作系统的区别。
2. 微内核结构的操作系统的设计思想是什么？
3. 嵌入式操作系统具备哪些特征？
4. 简述 μC/OS-II 的文件结构。

第 2 章　μC/OS-II 的入门知识

μC/OS-II 是一种跨平台的操作系统，很容易移植到不同架构的微处理器上。它是在 PC 上开发和测试的，例子可在 Windows 环境下的 DOS 窗口内运行。C 编译器使用的是 Borland C/C++编译器，本书使用 BC45，主要应用它的工具程序。

本章主要内容：

- BC45 编译器的使用。
- make 和 makefile。
- 初识 μC/OS-II，实例演示。

2.1　开 发 工 具

采用 Borland C/C++ V4.5（简称 BC45）的 C 编译器和 Borland Turbo Assembler 汇编器。这个编译器可产生可重入型的代码，同时支持在C语言程序中嵌入汇编语言程序语句。

BC45 下有三个重要的目录：bin、include、lib。bin 目录中为各个开发工具，include 目录中为库代码的头文件，lib 目录中为库文件。在开发 C++的过程中，除了使用 Borland C++ IDE之外，还可以在 DOS 下直接使用命令，达到编译及链接的效果，还有一些程序开发工具也非常实用。以下是本节要介绍的工具程序，这些程序都位于 bin 目录下。

- BCC（Borland C Compiler）。
- TLINK（Linker）。
- TASM（Assembler）。
- make。

2.1.1　Hello World 程序

在写“Hello World! ”之前先把编译环境配置一下，首先把 BC45 的文件夹放在 C 盘根目录下，然后再设置环境变量，如图 2-1 所示，添加路径“C:\BC45\BIN;”注意不要缺少分号。设置好环境变量之后开始编译、链接 Hello World 程序。

例 2-1　编辑 Hello World 的源代码，源程序文件名为 test.c，放在 C 盘根目录下。

```
#include<stdio.h>
main()
{
    printf("Hello World!\n");
}
```

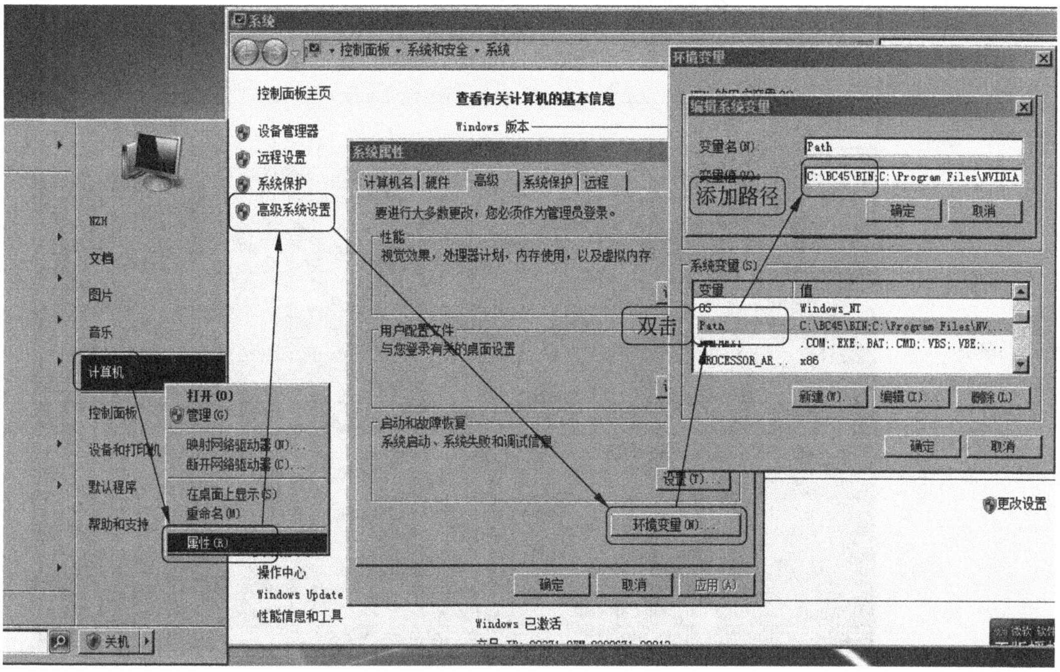

图 2-1　环境变量的设置

步骤如下。

（1）把源程序编译成目标程序，如图 2-2 所示。

```
C:\>bcc -c -ml -Ic:\bc45\include -Lc:\bc45\lib test.c
```

图 2-2　Hello World 程序的编译

编译后，在本目录下生成 test.obj 的目标文件。

（2）把目标文件链接成可执行文件，如图 2-3 所示。

```
C:\>tlink c:\bc45\lib\c0l.obj test.obj,test,test,c:\bc45\lib\cl.lib
```

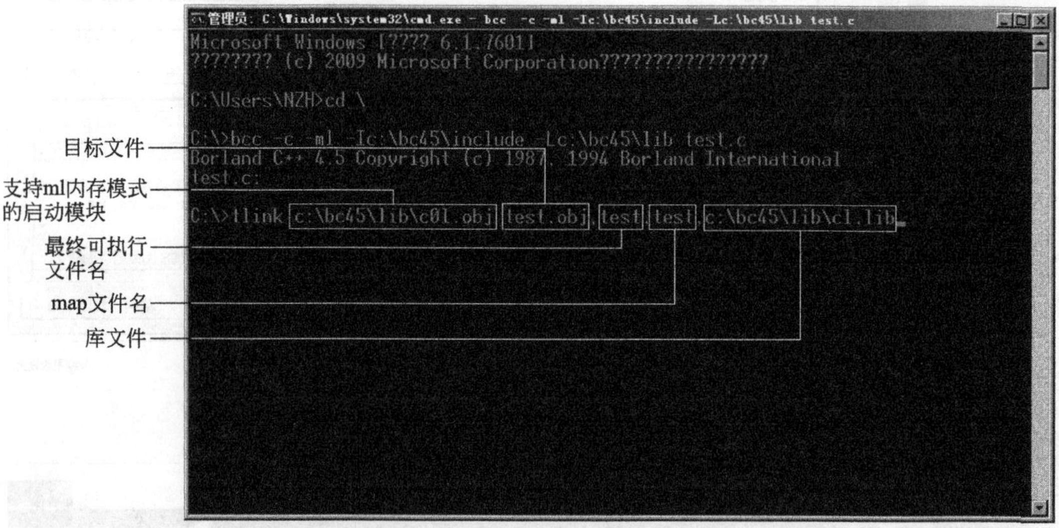

图 2-3 **Hello World 程序的链接**

这样就形成了 test.exe 文件。

（3）运行 test.exe，如图 2-4 所示。

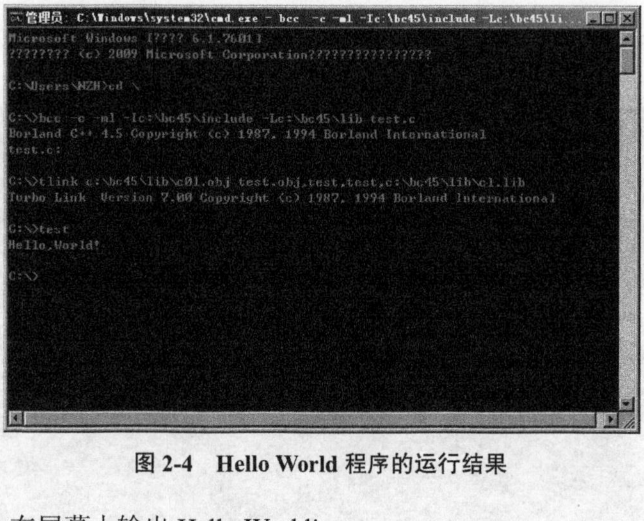

图 2-4 **Hello World 程序的运行结果**

运行程序后，在屏幕上输出 Hello World!。

下面将对 BC45 进行系统的介绍。

2.1.2 BCC 编译器

BCC 是 Borland C 的编译器。

BCC 的命令格式是：

```
BCC[Option[Option…]] filename[filename…]
```

其中，BCC是编译链接命令，该命令将启动bin目录下的bcc.exe这个可执行的程序。filename表示文件名，必须在命令中包含至少一个文件的名字。文件的名字一般是带有.c 后缀的 C 语言源程序。Option 是选项，编译器支持的选项包括以下方面。

1. 内存模式

BCC 能够编译的内存模式如表 2-1 所示。

表 2-1 内存模式

内存模式选项	描 述
-mc	编译时用 compact 内存模式
-mh	编译时用 huge 内存模式
-ml	编译时用 large 内存模式
-mm	编译时用 medium 内存模式
-mm!	编译时用 medium 内存模式；DS!=SS
-ms!	编译时用 small 内存模式；DS!=SS
-ms	编译时用 small 内存模式
-mt	编译时用 tiny 内存模式
-mt!	编译时用 tiny 内存模式；DS!=SS

2. 宏定义

编译器支持的宏定义选项如表 2-2 所示。

表 2-2 宏定义

宏定义选项	描 述
-Dname	定义宏符号 name 为空字符串（Null string）
-Dname==String	定义宏符号 name 为 string
-Vname	解除宏符号 name 的定义

3. 目标码

编译器支持的目标码选项如表 2-3 所示。

表 2-3 目标码

目标码选项	描 述
-1	产生 80286 之实模式（Real Mode）目标码
-1-	产生 8088/8086 目标码
-2	产生 80286 的保护模式（Protected Mode）
-a	强制整数的长度，必须符合该机器的存取长度
-b	将相同字符串合并，使程序更小
-Fs	在全部的存储模式内，假设 DS 等于 SS

续表

目标码选项	描　述
-f	程序运行浮点运算时，如没有 80 × 87 则模拟 80 × 87 的运行，如有 80 × 87 则调用之
-f87	程序运行浮点运算时使用 80 × 87 处理器
-f287	与-f87 相同，但只能用于协处理器为 80287 以上者
-N	在调用函数时加上检查有否溢出（stack overflow）
-p	强制使函数调用之参数传递方式为 pascal。pascal:代表函数之参数放置到堆栈（stack），顺序与传统 C 相反
-X	产生 overlay 程序
-y	在目标文件中存放源程序的行号，供调试之用，此举将使程序增大，但不影响运行效率

4. 优化

编译器支持的优化选项如表 2-4 所示。

表 2-4　优化

优 化 选 择	描　述
-02	产生一运行速度最快的目标码
-01	产生最小的目标码
-0	将调整（Jump）跳到另一个跳转及永远运行不到程序，以及不需要的调整都除掉
-0d	将全部优化的参数设置都解除
-01	压缩循环（Loop）
-0m	将内容不变的变量移到循环之外

5. 源代码

编译器支持的源代码选项如表 2-5 所示。

表 2-5　源代码

源代码选项	描　述
-A	源代码为 ANSI 结构
-A-	源代码为 Borland C++
-AU	源代码为 UNIX 结构
-C	允许嵌套注释说明（Nest Comments）
-in	变量或函数名有效长度为 $n(1 \leqslant n \leqslant 32)$，建议 n 不用小于 8

6. 错误产生选项

此处的错误包括错误（Error）及警告（Warning），如表 2-6 所示。

表 2-6　错误选项描述

错 误 选 项	描　　述
-gn	当编译时发生 *n* 个警告后就停止编译
-jn	当编译时发生 *n* 个错误后就停止编译
-w	当有警告时，显示其内容
-wxxx	当 xxx 情况发生时，视为一个警告
-w-xxx	当 xxx 情况发生时，不视为一个警告

7. 编译控制

编译器支持的编译控制选项如表 2-7 所示。

表 2-7　编译控制选项

编译控制选项	描　　述
-B	在程序中调用汇编器（Assembler）编译程序中的汇编语言
-Efilename	要调用什么编译器，通常 Filename 为 TASM
-H	使用已经编译过的表头文件，通常是 TCDEF.SYM
-p	假设全部要编译的程序其扩展名全部是*.cpp
-ofilename	产生的目标文件名（*.obj）
-WD	产生 DLL 可以使用这个模块

8. EMS 选项

编译器支持的 EMS 选项如表 2-8 所示。

表 2-8　EMS 选项

EMS 选项	描　　述
-Qe	使用全部的 EMS 来编译程序
-Qe==xxxx	使用 xxx 个页的 EMS 编译程序
-Qe-	不做 EMS
-Qx=xxxx	使用 xxxx 个 bytes 的 extended memory 来编译程序

9. 链接器参数设置

编译器支持的链接器选项如表 2-9 所示。

表 2-9　链接器选项

链接器选项	描　　述
-efilename	产生的运行码的文件名（即*.COM，*.DLL，*.EXE 的名称）
-tDe	产生 DOS*.EXE 文件
-tDc	产生 DOS*.COM 文件
-M	链接时产生 Link Map 文件

10. 环境参数设置

编译器需设置的环境参数如表 2-10 所示。

表 2-10 环境参数设置

环 境 参 数	描 述
-Ipath	在 path 路径下找头文件，如-IC:\BC45\INCLUDE
-npath	将产生的*.OBJ 及*.ASM 放到 path 路径下

2.1.3 TLINK 链接器

TLINK 为一独立的链接器。当 BCC.EXE 要运行链接动作时，就是调用 TLINK。如要 BCC.EXE 只编译不用链接，则可用-c 参数，例如 BCC -c test 结果产生 test.obj 不会生成 test.exe。

TLNK 使用语法如下：

```
TLINK [options…] objfiles, exefiles, mapfile, libfiles, deffile
```

其中，TLINK 表示链接器命令，option 表示链接器选项，objfiles 表示目标文件名，exefiles 表示可执行文件名，mapfile 表示 map 文件名，libfiles 表示库文件名，deffile 表示 def 文件名。TLINK 的选项如表 2-11 所示。

表 2-11 TLINK 的选项

TLINK 的选项	描 述
/3	处理 32 位模块（80286/80486）
/c	符号、大小写必须吻合才能引用
/C	在模块中定义文件的 EXPORTS，IMPORTS 符号、大小写必须吻合才能引用
/d	如果在程序库内有重复的符号，则显示警告信息
/i	启动全部的 segments
/l	链接时将源程序行号加到运行文件内，利用调试
/m	产生 MAP 文件（链接的模块对照文件）
/n	不用默认的程序库
/o	产生 overlay 程序
/s	产生 segments 对照表
/t	产生*.COM 文件
/Tdc	产生 DOS*.COM 文件
/Tde	产生 DOS*.EXE 文件
/Twe	产生 Windows*.EXE 文件
/Twd	产生 Windows*.DLL 文件
/v	包括出错信息
/ye	不产生 MAP 文件
/Yx	利用 expanded 内存

例 2-2 DOS*.EXE 的链接。

```
TLINK/c my fun1 fun2,myexe,mymap,temp\lib\mylib
```

将 my.obj，fun1.obj，fun2.obj 链接成 myexe.exe，其 MAP 文件为 mymap.map，其链接程序模块库为 mylib.lib，其路径为 temp\lib。

由于 TLINK 的参数可能很长，因此可以将这些参数存到一个称为响应文件的特定的文件。使用时只要调用此响应文件即可。例 2-2 可改写成：

```
/c my fun1 fun2
myexe
mymap
temp\lib\mylib
```

存到一个文件名为 my.lnk 的文件内，然后运行 TLINK @my 就等同于运行 TLINK 带参数的命令行。

如果 TLINK 原选项很多，可将这些选项存到 TLINK.CFG 内。

由于程序的内存模式不同，因此链接的模块及程序也有所不同。DOS 环境下的不同内存模式启动模块和库如表 2-12 所示。

表 2-12 DOS 环境下内存模式的启动模块和库

内 存 模 式	启 动 模 块	数学程序库	运 行 库
-mt(Tiny)	C0T.OBJ，C0FT.OBJ	MATHS.LIB	CS.LIB
-ms(Small)	C0S.OBJ，C0FS.OBJ	MATHS.LIB	CS.LIB
-mc(Compact)	C0C.OBJ，C0FC.OBJ	MATHC.LIB	CC.LIB
-mm(Medium)	C0M.OBJ，C0FM.OBJ	MATHM.LIB	CM.LIB
-ml(Large)	C0L.OBJ，C0FL.OBJ	MATHL.LIB	CL.LIB
-mh(Huge)	C0H.OBJ，C0FH.OBJ	MATHH.LIB	CH.LIB

注：tiny 和 small 模式的数学程序库、运行库相同。

2.1.4 TASM 汇编语言编译器

C 语言可以与汇编语言相链接，两种语言相辅相成，各有特色。在 Borland C++内附有 TASM.EXE，此程序为汇编语言的编译器。其使用语法如下：

```
TASM[Opions]source, [Object][,Listing][,xref]
```

其中：

Source——要编译的文件（*.ASM）；

Object——编译后的目标文件（*.obj）；

Listing——编译后的列表文件（*.LST），说明编译结果；

xrdf——编译后的交叉参考文件（*.xrf）；

Options——表示编译选项，具体说明如表 2-13 所示。

表 2-13 TASM 的编译选项

TASM 的编译选项	描 述
/c	定义交叉参考的列表文件
/dxxx[=nnn]	定义符号 xxx=0 或者为 xxx=nnn(例/dABC=20)
/e,/r	模拟浮点数指令
/h,/?	在线帮助
/ipath	找寻 path 路径内的包含文件（include file,*.inc）(例/ic:\bc45\asm)
/l	一般列表文件
/la	详细列表文件
/ml	全部符号，不管其大小写
/mx	全局符号，不管其大小写
/mv#	符号有效长度为#（例/mv8）
/n	在列表文件内不显示符号表
/o,/p	产生目的码
/t	如编译成功则不显示任何信息
/w0 /w1 /w2	设置 warning 严格程度 w0 没有 warning
/z	在有错误时一并显示源程序的行号

2.2 make 和 makefile

在大型的开发项目中，人们通常利用 make 工具来自动完成编译工作，这些工作包括：①如果仅修改了某几个源文件，则只需重新编译这几个源文件；②如果某个头文件被修改了，则重新编译所有包含该头文件的源文件；③利用这种自动编译可大大简化开发工作，避免不必要的重新编译。

实际上，make 工具通过一个称为 makefile 的文件来完成并自动维护编译工作。makefile 需要按照某种语法进行编写，其中说明了如何编译各个源文件并链接生成可执行文件，并定义了源文件之间的依赖关系。当修改了其中某个源文件时，如果其他源文件依赖于该文件，则也要重新编译所有依赖该文件的源文件。

只要 makefile 写得够好，所有的这一切，只用一个 make 命令就可以完成，make 命令会自动智能地根据当前文件修改的情况来确定哪些文件需要重新编译，从而自动编译所需要的文件和链接目标程序。

2.2.1 简单 makefile 的书写规则

makefile 是对源文件进行编译和链接的脚本，是一个文本形式的数据库文件，其中包含一些规则来告诉 make 处理哪些文件以及如何处理这些文件。makefile 规则的一般形式如下：

```
目标:[属性] 分隔符 [依赖文件]  [;命令]
{<tab> 命令}
```

其中：

目标——目标文件。

属性——目标文件的属性，可为空。

分隔符——用来分隔目标文件和依赖文件，通常使用冒号（make 也允许使用其他的一些分隔符，但含义有所区别）。

命令——生成目标文件的命令，可以有多条，如果直接跟在规则后，则需加分号（;）分隔。

一个 makefile 文件主要含有一系列的规则，每条规则包含以下内容。

一个目标，即 make 最终需要创建的文件，如可执行文件和目标文件，目标也可以是要执行的动作，如 clean。

一个或多个依赖文件列表，通常是编译目标文件所需要的其他文件。如果其中的某个文件要比目标文件新，那么，目标就被认为是“过时的”，被认为是需要重生成的。

一系列命令，是 make 执行的动作，通常是指定的相关文件编译成目标文件的编译命令，每个命令占一行，且每个命令行的起始字符必须为 Tab 字符。如果命令太长，可以使用反斜线（\）作为换行符，make 对一个命令行上有多少个字符没有限制。

1. makefile 的目标和依赖文件

在 makefile 中，规则的顺序是很重要的。因为 makefile 中只应该有一个最终目标，其他的目标都是被这个目标所连带出来的，所以一定要让 make 知道你的最终目标是什么。一般来说，定义在 makefile 中的目标可能会有很多，但是第一条规则中的目标将被确立为最终的目标。如果第一条规则中的目标有很多个，那么，第一个目标会成为最终的目标，make 所完成的也就是这个目标。

例 2-3　一个简单的 makefile 文件。

```
prog.exe: prog1.obj prog2.obj
    TLINK @prog.lnk
prog1.obj: prog1.c prog1.h
    BCC -c -Ic:\bc45\inglcude -Lc:\bc45\lib prog1.c
prog2.obj: prog2.c prog2.h
    BCC -c -Ic:\bc45\inglcude -Lc:\bc45\lib prog2.c
```

说明：

（1）这个例子的 makefile 文件中共定义了三个目标：prog.obj, prog1.obj, prog2.obj。

（2）目标从每行的最左边开始写，后面跟一个冒号，如果有与这个目标有依赖性的其他目标或文件，把它们列在冒号后面，并以空格隔开。然后另起一行开始实现这个目标的一组命令。

2. 通配符

make 允许用户在书写文件名时使用通配符，“*”或“?”，“*”表示任意多个字符，“?”表示任意一个字符。

3. makefile 的变量

makefile 中的变量是用一个文本串在 makefile 中定义的，这个文本串就是变量的值。只要在一行的开始写下这个变量的名字，后面跟一个“=”，以及要设定这个变量的值即可定义变量，定义变量的语法为：

```
变量名=字符串
```

变量的引用：

```
$(变量名)
```

或

```
${变量名}
```

make 在解释规则时，变量名在等式右端展开为定义它的字符串。

变量一般都在 makefile 的头部定义。按照惯例，所有的 makefile 变量都应该是大写。如果变量的值发生变化，就只需要在一个地方修改，从而简化了 makefile 的维护。

变量可以使用在许多地方，如规则中的“目标”、“依赖”、“命令”以及新的变量中。下面是一个定义 makefile 变量的例子。

```
BORLAND=C:\BC45
CC=$(BORLAND)\BIN\BCC
ASM=$(BORLAND)\BIN\TASM
LINK=$(BORLAND)\BIN\TLINK
TOUCH=$(BORLAND)\BIN\TOUCH
```

4. 注释

makefile 文件中，用户可使用#来作为注释的开始，以换行符结束。

5. 包含关系

makefile 文件之间也会存在包含的关系，用户可以使用 include 伪目标来实现。其作用相当于将 include 后面文件的内容插入到该行。

6. 分隔符

需要说明的是，分隔符“::”用于依赖关系不只一条的情况。如：

```
a.o :: a1.c  b.h
```

和

```
a.o :: a2.c  b.h
```

如果 a1.c 在 a.o 生成之后修改，则第一条命令被执行。如果 a2.c 在 a.o 之后修改，则执行第二条命令，如果 b.h 在 a.o 之后做了修改，则两条命令都会被执行。

2.2.2 make 命令

1. make 命令的使用

在建立 makefile 之后，就可以使用 make 命令来完成所需的编译工作。其命令格式如下：

```
make  [选项]  [宏定义]  [目标]
```

这里面所说的目标就是刚刚建立好的 makefile 文件，一般情况下，选项和宏定义都可以省去，另外如果当前目录下有 makefile 文件，目标也可以省去，默认状态下 make 将使用文件名是 makefile 的文件。

下面就说明如何使用 make 命令。

1）make 的退出码

make 命令执行后有以下三个退出码。

0——表示成功执行。

1——如果 make 运行时出现任何错误，其返回 1。

2——如果使用了 make 的“-q”选项，并且 make 使得一些目标不需要更新，那么返回 2。

2）指定 makefile

make 命令默认的规则是在当前目录下寻找 makefile 文件，一旦找到，就开始读取这个文件并执行。也可以给 make 命令指定一个特殊名字的 makefile。要达到这个功能，需要使用 make 的“-f”参数：

```
make -f test.make
```

3）指定目标

一般说来，make 的最终目标是 makefile 中的第一个目标，而其他目标一般是由这个目标连带出来的，这是 make 的默认行为。

也可以指示 make，让其完成指定的目标，即在 make 命令后面直接跟目标的名字就可以完成。如前面的例 2-3，也可指定：

```
make prog1
```

任何在 makefile 中的目标都可以被指定成终极目标，但是除了以“-”打头，或是包含“=”的目标，因为有这些字符的目标，会被解析成命令行参数或是变量。

2. make 的工作过程

下面以例 2-3 为示例，说明 make 的工作过程。

（1）在该例子中，若调用“make”命令等价于 make prog.exe。prog.exe 是 makefile 文件中定义的第一个目标，make 首先将其读入，然后从第一行开始执行，把第一个目标 prog.exe 作为它的最终目标，所有后面的目标的更新都会影响到 prog.exe 的更新。只要文件 prog.exe 的时间戳比文件 prog1.obj、prog2.obj 中的任何一个旧，下一行的编译命令就将会被执行。

（2）在检查文件 prog1.obj 和 prog2.obj 的时间戳之前，make 会在下面的行中寻找以 prog1.obj 和 prog2.obj 为目标的规则，在第三行中找到了关于 prog1.obj 的规则，该文件的依赖文件是 prog1.c、prog1.h。同样，make 会在后面的规则行中继续查找这些依赖文件的规则，如果找不到，则开始检查这些依赖文件的时间戳，如果这些文件中任何一个的时间戳比 prog.exe 的新，make 将执行“Bcc –c –Ic:\bc45\inglcude –Lc:\bc45\lib prog1.c”命令更新 prog.exe 文件。

（3）以同样的方法，接下来对文件 prog2.obj 做类似的检查，依赖文件是 prog2.c 和 prog2.h。当 make 执行完所有这些嵌套的规则后，make 将处理最顶层的 prog.exe 规则。如果关于 prog1.obj 和 prog2.obj 的两个规则中的任何一个被执行，至少其中一个.obj 目标文件就会比 prog.exe 新，那么就要执行 prog.exe 规则中的命令，因此 make 去执行 tlink 命令将 prog.obj 和 prog2.obj 链接成目标文件 prog.exe。

通过上面的分析，下面来看一下 make 的工作过程。

首先 make 按顺序读取 makefile 中的规则，然后检查该规则中的依赖文件与目标文件的时间戳哪个更新。

- 如果目标文件的时间戳比依赖文件还早，就按规则中定义的命令更新目标文件。
- 如果该规则中的依赖文件又是其他规则中的目标文件，那么依照规则链不断执行这个过程，直到 makefile 文件的结束，至少可以找到一个不是规则生成的最终依赖文件，获得此文件的时间戳。
- 然后从下到上依照规则链执行目标文件的时间戳比此文件时间戳旧的规则，直到最顶层的规则。

可以看出 make 的优点，因为.obj 目标文件依赖.c 源文件，源码文件里的一个简单改变都会造成那个文件被重新编译，并根据规则链依次由下到上执行编译过程，直到最终的可执行文件被重新链接。

2.3 初识μC/OS-II

本节通过 Jean J.Labrosse 编写的一个例子让读者立即感受一下 μC/OS-II。这个例子演示了 μC/OS-II 的多任务处理能力，共用 10 个任务在屏幕随机的位置上显示一个 0~9 的数字。每个任务只显示同一个数字，也就是其中一个任务在随机位置显示 0，另一个显示 1，等等。

该例子是在 Windows 的 DOS 环境下编译和链接的，为了工作的方便，编写了批处理文件 maketest.bat、在 maketest.bat 中调用 BC45 的 make 工具，以及 makefile 脚本文件。

打开 test 目录，看到该目录包含 maketest.bat、test.mak，打开 source 目录，看到该目录包含 test.c、test.lnk 文件。运行 maketest.bat 对源文件进行自动地编译和链接，当然，在这个过程中会用到 test.mak 和 test.lnk。

maketest.bat 的内容如下：

```
ECHO OFF
ECHO
*********************************************************************************
ECHO *                          μC/OS-II
ECHO *                     The Real-Time Kernel
ECHO *
ECHO *         (c) Copyright 1992—2002, Jean J. Labrosse, Weston, FL
ECHO *                     All Rights Reserved
ECHO *
ECHO * Filename      : MAKETEST.BAT
ECHO * Description   : Batch file to create the application.
ECHO * Output        : TEST.EXE will contain the DOS executable
ECHO * Usage         : MAKETEST
ECHO * Note(s)       : 1) This file assume that we use a MAKE utility.
```

```
ECHO
*************************************************************************************
ECHO *
ECHO ON
MD    ..\WORK
MD    ..\OBJ
MD    ..\LST
CD    ..\WORK
COPY  ..\TEST\TEST.MAK   TEST.MAK
C:\BC45\BIN\MAKE -fTEST.MAK
CD    ..\TEST
```

从上面的批处理文件可以看出，这个批处理主要是调用 BC45 的 make 工具，该工具根据 make 命令的-f 选择主动查找 Test.mak。Test.mak 就是对 test.c 进行编译和链接的脚本，内容如下：

```
###########################################################################
#                                  μC/OS-II
#                            The Real-Time Kernel
#
#               (c) Copyright 2002, Jean J. Labrosse, Weston, FL
#                             All Rights Reserved
#
#
# Filename    : TEST.MAK
###########################################################################
#
#/*$PAGE*/
###########################################################################
#                                  TOOLS
###########################################################################
#

BORLAND=C:\BC45

CC=$(BORLAND)\BIN\BCC
ASM=$(BORLAND)\BIN\TASM
LINK=$(BORLAND)\BIN\TLINK
TOUCH=$(BORLAND)\BIN\TOUCH

###########################################################################
#                               DIRECTORIES
###########################################################################
#

LST=..\LST
OBJ=..\OBJ
SOURCE=..\SOURCE
TARGET=..\TEST
```

```
WORK=..\WORK

OS=\SOFTWARE\uCOS-II\SOURCE
PC=\SOFTWARE\BLOCKS\PC\BC45
PORT=\SOFTWARE\uCOS-II\Ix86L\BC45

###########################################################################
#                              COMPILER FLAGS
#
# -1                  Generate 80286 code
# -B                  Compile and call assembler
# -c                  Compiler to .OBJ
# -G                  Select code for speed
# -I                  Path to include  directory
# -k-                 Standard stack frame
# -L                  Path to libraries directory
# -ml                 Large memory model
# -N-                 Do not check for stack overflow
# -n                  Path to object directory
# -O                  Optimize jumps
# -Ob                 Dead code elimination
# -Oe                 Global register allocation
# -Og                 Optimize globally
# -Ol                 Loop optimization
# -Om                 Invariant code motion
# -Op                 Copy propagation
# -Ov                 Induction variable
# -v                  Source debugging ON
# -vi                 Turn inline expansion ON
# -wpro               Error reporting: call to functions with no prototype
# -Z                  Suppress redundant loads
###########################################################################
#

C_FLAGS=-c -ml -1 -G -O -Ogemvlbpi -Z -d -n..\obj -k- -v -vi- -wpro
-I$(BORLAND)\INCLUDE -L$(BORLAND)\LIB

###########################################################################
#                              ASSEMBLER FLAGS
#
# /MX                 Case sensitive on globals
# /ZI                 Full debug info
# /O                  Generate overlay code
###########################################################################
#

ASM_FLAGS=/MX /ZI /O

###########################################################################
```

```
#                               LINKER FLAGS
###########################################################################
#
LINK_FLAGS=

###########################################################################
#                              MISCELLANEOUS
###########################################################################
#
INCLUDES=     $(SOURCE)\INCLUDES.H    \
              $(SOURCE)\OS_CFG.H      \
              $(PORT)\OS_CPU.H        \
              $(PC)\PC.H              \
              $(OS)\uCOS_II.H

###########################################################################
#                         CREATION OF .EXE FILE
###########################################################################

$(TARGET)\TEST.EXE:                   \
               $(WORK)\INCLUDES.H     \
               $(OBJ)\OS_CPU_A.OBJ    \
               $(OBJ)\OS_CPU_C.OBJ    \
               $(OBJ)\PC.OBJ          \
               $(OBJ)\TEST.OBJ        \
               $(OBJ)\uCOS_II.OBJ     \
               $(SOURCE)\TEST.LNK
               COPY     $(SOURCE)\TEST.LNK
               $(LINK)  $(LINK_FLAGS)       @TEST.LNK
               COPY     $(OBJ)\TEST.EXE    $(TARGET)\TEST.EXE
               COPY     $(OBJ)\TEST.MAP    $(TARGET)\TEST.MAP
               DEL      TEST.MAK


###########################################################################
#                     CREATION OF .OBJ (Object) FILES
###########################################################################

$(OBJ)\OS_CPU_A.OBJ:                  \
              $(PORT)\OS_CPU_A.ASM

              COPY   $(PORT)\OS_CPU_A.ASM  OS_CPU_A.ASM
              $(ASM)
              $(ASM_FLAGS)
$(PORT)\OS_CPU_A.ASM,$(OBJ)\OS_CPU_A.OBJ


$(OBJ)\OS_CPU_C.OBJ:                  \
```

```
            $(PORT)\OS_CPU_C.C        \

            COPY   $(PORT)\OS_CPU_C.C   OS_CPU_C.C
            $(CC)  $(C_FLAGS)           OS_CPU_C.C


$(OBJ)\PC.OBJ:                         \
            $(PC)\PC.C                 \
            $(INCLUDES)

            COPY   $(PC)\PC.C           PC.C
            $(CC)  $(C_FLAGS)           PC.C


$(OBJ)\TEST.OBJ:                       \
            $(SOURCE)\TEST.C           \
            $(INCLUDES)

            COPY   $(SOURCE)\TEST.C     TEST.C
            $(CC)  $(C_FLAGS)           TEST.C


$(OBJ)\uCOS_II.OBJ:                    \
            $(OS)\uCOS_II.C            \
            $(INCLUDES)

            COPY   $(OS)\uCOS_II.C       uCOS_II.C
            $(CC)  $(C_FLAGS)            uCOS_II.C


$(WORK)\INCLUDES.H:                    \
            $(INCLUDES)

            COPY   $(SOURCE)\INCLUDES.H    INCLUDES.H
            COPY   $(SOURCE)\OS_CFG.H      OS_CFG.H
            COPY   $(PC)\PC.H              PC.H
            COPY   $(PORT)\OS_CPU.H        OS_CPU.H
            COPY   $(OS)\uCOS_II.H         uCOS_II.H
```

由 test.mak 脚本文件可以看出，编译时用到的编译选项如表 2-14 所示。

表 2-14 BCC 用到的编译选项

选　项	描　述
-1	产生 80286 代码
-B	若有在线汇编语句，则编译并调用汇编程序处理
-c	编译生成.OBJ 文件，不链接
-G	生成速度最优化代码

续表

选　项	描　述
-I	编译器包含文件路径为 C:\BC45\INCLUDE
-k-	采用标准栈结构
-L	编译器库文件路径为 C:\BC45\LIB
-ml	大模式下编译
-N-	不检查堆栈溢出
-n..\obj	存放目标文件路径为..\OBJ
-O	优化跳转语句
-Ob	删除无用代码
-Oe	分配寄存器给全局变量，并分析变量作用期
-Og	全程优化，整个函数内消除重复子表达式
-Oi	扩展公共内联函数
-Ol	循环优化
-Om	恒定代码转移，将不变代码转移到循环体外
-Op	复制传播，即复制相同的常量、变量及表达式
-Ov	归纳变量，消减计算强度
-v	打开源码调试
-vi	内联函数展开
-wpro	错误报告：无原型函数调用
-Z	寄存器优化

链接时由于命令太长，这里使用了 tlink @test.lnk 命令。test.lnk 内容如下：

```
/v /s /c /P-            +
C:\BC45\LIB\C0L.OBJ     +
..\OBJ\TEST.OBJ         +
..\OBJ\OS_CPU_A.OBJ     +
..\OBJ\OS_CPU_C.OBJ     +
..\OBJ\PC.OBJ           +
..\OBJ\μCOS_II.OBJ
..\OBJ\TEST,..\OBJ\TEST
C:\BC45\LIB\EMU.LIB     +
C:\BC45\LIB\MATHL.LIB   +
C:\BC45\LIB\CL.LIB
```

这样，在每次编译和链接时只要执行 maketest.bat 文件就可以生成 test.exe 文件了。这个例子共有 10 个任务在屏幕随机的位置上显示一个 0～9 的数字。每个任务只显示同一个数字，也就是其中一个任务在随机位置显示 0，另一个显示 1 等。运行结果如图 2-5 所示。例程的运行窗口的左下角显示包含 13 个任务，μC/OS-II 增加了两个内部任务——空闲任务和计算CPU利用率的统计任务，例程的代码建立了11个任务。

图2-5　例程的运行窗口

下面来看一下Jean J.Labrosse这个例子的源程序清单test.c。

```
#include "includes.h"

#define  TASK_STK_SIZE                   512
#define  N_TASKS                         10

OS_STK        TaskStk[N_TASKS][TASK_STK_SIZE];
OS_STK        TaskStartStk[TASK_STK_SIZE];
char          TaskData[N_TASKS];
OS_EVENT     *RandomSem;

void  main (void)
{
    PC_DispClrScr(DISP_FGND_WHITE + DISP_BGND_BLACK); -----------------①
    OSInit();-----------------------------------------------------------②
    PC_DOSSaveReturn(); ------------------------------------------------③
    PC_VectSet(uCOS, OSCtxSw); -----------------------------------------④
    RandomSem   = OSSemCreate(1); --------------------------------------⑤
    OSTaskCreate(TaskStart, (void *)0, &TaskStartStk[TASK_STK_SIZE - 1], 0);-⑥
    OSStart();----------------------------------------------------------⑦
}

/****************************STARTUP TASK*******************************/
void  TaskStart (void *pdata)
{
    #if OS_CRITICAL_METHOD == 3
         OS_CPU_SR  cpu_sr;
    #endif
    char       s[100];
    INT16S     key;
```

```
    pdata = pdata;-------------------------------------------------⑧

    TaskStartDispInit();-------------------------------------------⑨
    OS_ENTER_CRITICAL();-------------------------------------------⑩
    PC_VectSet( 0x08, OSTickISR ); --------------------------------⑪
    PC_SetTickRate(OS_TICKS_PER_SEC); -----------------------------⑫
    OS_EXIT_CRITICAL();--------------------------------------------⑬

    OSStatInit(); -------------------------------------------------⑭
    TaskStartCreateTasks(); ---------------------------------------⑮

    for(;;)--------------------------------------------------------⑯
    {
        TaskStartDisp();-------------------------------------------⑰
        if(PC_GetKey(&key)==TRUE) ---------------------------------⑱
        {
            if(key==0x1B)
            {
                PC_DOSReturn();
            }
        }
        OSCtxSwCtr = 0; -------------------------------------------⑲
        OSTimeDlyHMSM(0, 0, 1, 0); --------------------------------⑳
    }
}

/**************************CREATE TASKS**************************/
static void TaskStartCreateTasks (void)
{
    INT8U i;

    for(i=0;i<N_TASKS; i++)----------------------------------------㉑
    {
        TaskData[i]='0'+i;
        OSTaskCreate(Task, (void *)&TaskData[i], &TaskStk[i][TASK_STK_SIZE
        - 1], i + 1);
    }
}

/****************************TASKS*******************************/
void Task (void *pdata)
{
    INT8U x;
    INT8U y;
    INT8U err;

    for(;;)--------------------------------------------------------㉒
    {
```

```
        OSSemPend(RandomSem, 0, &err); -----------------------------㉓
        x=random(80); -----------------------------------------------㉔
        y=random(16);
        OSSemPost(RandomSem); ---------------------------------------㉕

        PC_DispChar( x ,  y + 5 ,  *(char*)pdata,DISP_FGND_BLACK + DISP_
        BGND_LIGHT_GRAY );
        OSTimeDly(1); -----------------------------------------------㉖
    }
}
```

注释：

① 清屏。

② μC/OS-II初始化，在使用μC/OS-II提供的任何功能前，必须调用。

③ 保存当前的DOS环境。

④ 指定μC/OS-II中的任务切换出来的函数。

⑤ 建立一个信号量，信号量初值设置为1，通知μC/OS-II在某一时刻只有一个任务可以调用随机数产生函数。

⑥ 在开始多任务之前，必须建立至少一个任务。这里，建立一个叫做TaskStart()的任务。任务有4个参数：第一个参数是指向该任务运行代码的指针，第二个参数是一个指向任务初始化数据的指针，这里不需要任务初始化数据，所以传递了一个空（NULL）指针，第三个参数是任务的堆栈栈顶TOS（Top-of-Stack），最后的参数指定建立任务的优先级。

⑦ 调用OSStart()，将控制权交给μC/OS-II，开始运行多任务。

⑧ pdata是当任务建立时传递过来的一个指针；实际上OSTaskCreate()建立时，第二个参数是0（NULL），而不是一个指向任务数据的指针。

⑨ 调用TaskStartDispInit()，以初始化屏幕显示，效果如图2-2所示。

⑩ 关中断。

⑪ 把计算机本来为时钟节拍提供的中断服务程序替换成μC/OS-II需要用到的中断服务子程序。

⑫ 更改时钟节拍的频率到200Hz。

⑬ 开中断。

⑭ 调用OSStatInit()，测试所使用的处理器的速度。μC/OS-II通过这个函数得知处理器在运行所有应用任务时实际的CPU使用率。

⑮ 调用TaskStartCreateTasks()函数来建立更多的任务。

⑯ 在μC/OS-II中，每一个任务都是一个无限的循环。

⑰ 调用TaskStartDisp()在DOS窗口的底部，显示相关信息：建立的任务个数、当前的CPU利用率、任务切换的次数、μC/OS-II的版本号等。

⑱ 如果用户按Esc键，返回DOS环境。

⑲ 如果没有按下Esc键，记录任务切换次数的全局变量OSCtxSwCtr被清零，以便更新为下一个1s内发生的任务切换次数。

⑳ 延时1s。

㉑ 循环建立了 N_TASKS 个完全相同的任务 Task()。

㉒ 任务是一个无限循环。

㉓ Task()检查 RandomSem 信号量，这个信号量用来防止多个任务同时访问 Borland 编译器提供的产生随机数的函数，查询信号量时，需要使用 OSSemPend()函数，关于 OSSemPend()函数，参考第 7.3 节。

㉔ 调用产生随机数的函数，返回一个 0～79（含 79）的数值，用来确定在屏幕上显示字符的 x 和 y 方向的位置。

㉕ 调用 OSSemPost()，释放信号量。这里只需传递信号量的制作即可。

㉖ 调用延时函数 OSTimeDly()，通知 μC/OS-II 该任务本次运行已经结束，可以让其他低优先级的任务运行了。

小　　结

μC/OS-II 是一种跨平台的实时操作系统，主要应用于各种嵌入式平台上，在各种不同的硬件平台上，都有相应的交叉编译环境。

由于 μC/OS-II 是在台式计算机上基于 Borland C 环境开发的，因而可以在 Borland C 环境下调试基于 μC/OS-II 的应用。本章首先介绍了 BC45 的编译环境，并演示了 Hello World 程序的编译、链接、运行过程。

为了更方便地进行编译、链接过程，也可以使用 make 工具，make 工具的关键是要编写 makefile 脚本文件。最后通过 Jean J.Labrosse 的例子说明如何使用 μC/OS-II，目的是为了让读者尽快开始使用 μC/OS-II。

习　　题

1．什么是 make 和 makefile？

2．说明 makefile 的书写规则。

第3章　μC/OS-II 的内核结构

从本章开始将深入学习 μC/OS-II 是如何设计和构造的。在 μC/OS-II 中最核心的概念是任务，内核负责管理各个任务，或者说为每个任务分配 CPU 时间，并且负责任务之间的通信。内核提供的基本服务是任务切换。μC/OS-II 是典型的微内核实时操作系统，通过对 μC/OS-II 实时内核的实现机理分析，可以了解实时操作系统的体系结构和设计思想。使用实时内核可以大大简化应用系统的设计，因为实时内核允许将应用分成若干个任务，由实时内核来管理它们。

本章主要内容：

- 任务控制块 TCB 的描述。
- μC/OS-II 的任务调度。
- μC/OS-II 的系统任务。
- μC/OS-II 任务的初始化和启动。

3.1　μC/OS-II 任务的描述

3.1.1　任务的定义

μC/OS-II 是一个实时多任务操作系统。多任务的实现实际是靠 CPU 在许多任务之间转换和调度。CPU 只有一个，轮番服务于一系列任务中的优先级最高的任务。

一个任务，也称为一个线程，是一个简单的程序，该程序可以认为 CPU 完全只属于该程序自己。每个任务都是整个应用的某一部分，每个任务被赋予一定的优先级，有它自己的一套 CPU 寄存器和栈空间，如图 3-1 所示。

从编程的角度看，一个任务通常是一个无限的循环，看起来像其他 C 的函数一样，有函数返回类型，有形式参数变量，但是任务是绝不会返回的，故返回参数必须定义成 void。任务必须是下列两种结构之一。

1. 任务是一个无限循环

```
void Task (void *pdata)
{
    for(;;){
          /* 用户代码 */
          调用 μC/OS-II 的某种系统服务:
          OSMboxPend();
          OSQPend();
          OSSemPend();
          OSTaskDel(OS_PRIO_SELF);
```

```
        OSTaskSuspend(OS_PRIO_SELF);
        OSTimeDly();
        OSTimeDlyHMSM();
        /* 用户代码 */
    }
}
```

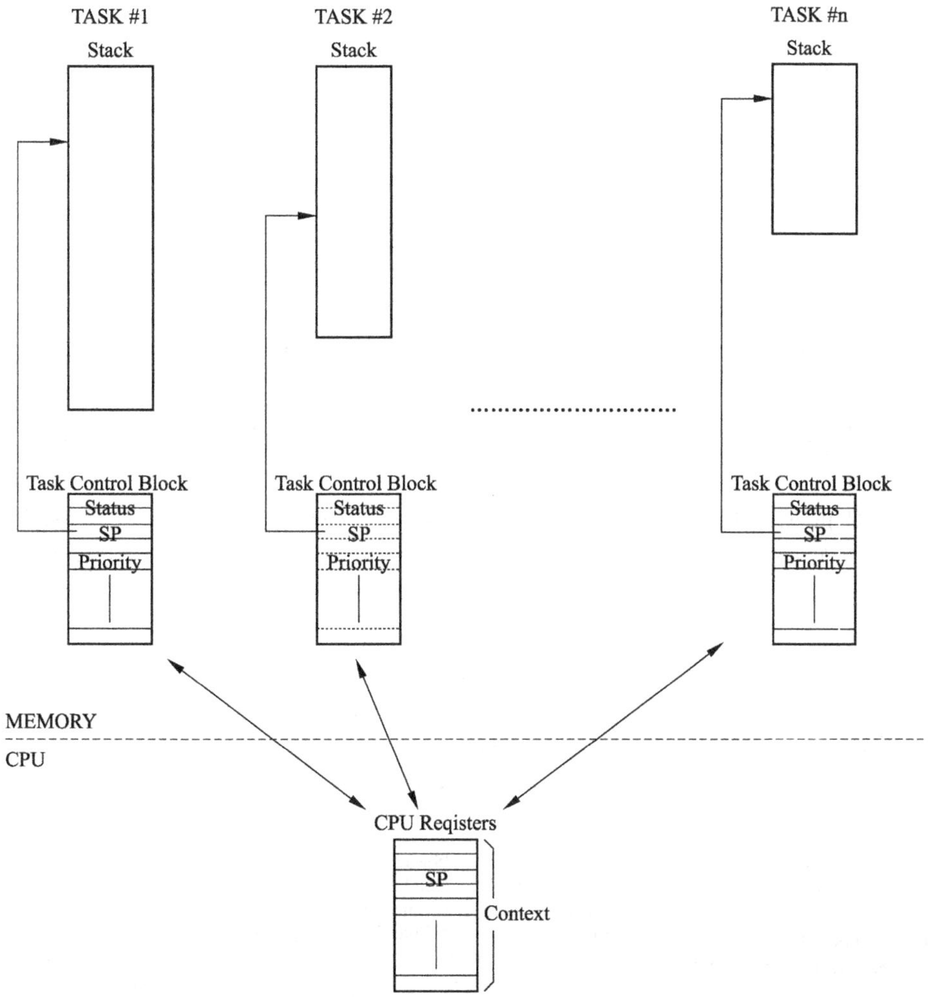

图 3-1　多任务

2. 任务完成后的自我删除

当任务完成以后，任务可以自我删除，注意任务代码并非真的被删除了，μC/OS-II 只是简单地不再理会这个任务了，这个任务的代码也不会再运行。这样的任务代码结构如下：

```
void Task (void *pdata)
{
    /* 用户代码 */
    OSTaskDel(OS_PRIO_SELF);
}
```

μC/OS-II 可以管理多达 64 个任务，但目前版本的 μC/OS-II 有两个任务已经被系统占用了。作者保留了优先级为 0、1、2、3、OS_LOWEST_PRIO−3、OS_LOWEST_PRIO−2，OS_LOWEST_PRIO−1 以及 OS_LOWEST_PRIO 这 8 个任务以备将来使用。OS_LOWEST_PRIO 是作为定义的常数在 OS_CFG.H 文件中用定义常数语句#define constant 定义的。因此用户可以有多达 56 个应用任务。必须给每个任务赋以不同的优先级，优先级可以从 0 到 OS_LOWEST_PRIO−2。优先级号越低，任务的优先级越高。μC/OS-II 总是运行进入就绪态的优先级最高的任务，任务的优先级号就是任务编号（ID）。优先级号也被一些内核服务函数调用，如改变优先级函数 OSTaskChangePrio()，以及任务删除函数 OSTaskDel()等。

3.1.2 任务的基本状态

1. 任务的基本状态

尽管任务是一个相互独立的实体，有其自己的程序计数器和内部状态，但任务之间经常需要相互作用。一个任务的输出结果可能作为另一个任务的输入。当一个任务在逻辑上不能继续运行时，它就会被阻塞，如一个任务正在等待输入的信息，它就会阻塞自身的运行。还可能有这样的情况，一个概念上能够运行的任务被迫停止，因为操作系统调用另一个任务占用了 CPU。这两种情况是完全不同的。在第一种情况下，任务挂起是任务自身固有的原因。第二种情况则是由系统技术上的原因引起的（由于没有足够的 CPU，所以不能使每个任务都有一台它私用的处理器）。

图 3-2 是 μC/OS-II 控制下的任务状态转换图。这 5 种状态是运行态、就绪态、等待态、睡眠态和中断服务状态。在任一给定的时刻，任务的状态一定是以下 5 种状态之一。

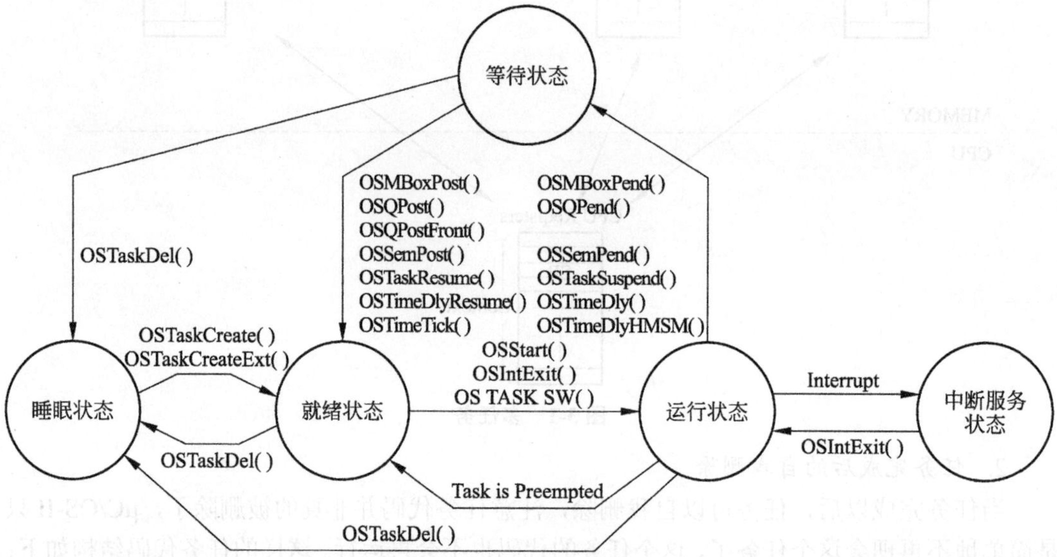

图 3-2 任务的状态转换图

- 睡眠态（dormant）：指任务驻留在程序空间（ROM 或 RAM），还没有交给内核管理。
- 就绪态（ready）：任务一旦建立，这个任务就处于就绪态，准备运行。就绪态的任务都放在就绪表中。

- 运行态（running）：就绪的最高优先级的任务获得了 CPU 的控制权，从而处于运行态。任何时刻只能有一个任务处于运行态。当所有的任务都在等待事件发生或等待延迟时间的结束时，μC/OS-II 执行系统的空闲任务，即 OSTaskIdle()。
- 等待态（waiting）：正在运行的任务由于两种情况使自身处于等待状态，一种情况是调用延时函数，另一种情况是任务因等待消息、邮箱或信号量等事件的到来而挂起。
- 中断服务态（interrupt）：除非该任务关中断，或者 μC/OS-II 将中断关闭，否则一旦产生中断，当前正在执行的任务将被挂起，中断服务子程序将控制 CPU 的使用权。中断服务子程序可能会通知一个或多个事件的发生，而使一个或多个任务进入就绪态。在这种情况下，从中断服务子程序返回之前，μC/OS-II 要判断被中断的任务是否还是就绪任务表中优先级最高的。如果中断服务子程序使一个更高优先级的任务进入了就绪态，则新进入就绪态的更高优先级的任务将获得运行，否则原来被中断的任务将会继续运行。

2. 任务状态的转换

任务在运行期间，不断地从一个状态转换到另一个状态，它可以多次处于就绪态、运行态、等待态、睡眠态和中断态。图 3-2 显示了任务转换的事件类型，下面阐述任务状态转换的原因。

- 睡眠态→就绪态：由睡眠态到就绪态的转换实际上是把任务交给 μC/OS-II，是通过建立任务的两个函数实现的，即 OSTaskCreat()或 OSTaskCreatExt()。
- 就绪态→运行态：调用 OSStart()可以启动多任务。OSStart()只能在启动时调用一次，该函数运行用户初始化代码中已经建立的、进入就绪态的优先级最高的任务。如果中断服务子程序使另一个优先级更高的任务进入了就绪态，则在中断服务子程序结束返回时调用 OSIntExit()，新进入就绪态的这个优先级更高的任务将得以运行。如果有优先级更高的任务被建立，则要发生任务切换 OS_TASK_SW()，使新建的这个优先级高的任务获得 CPU 的控制权，进入运行态。
- 运行态→等待态：正在运行的任务将自身延迟一段时间，即通过调用 OSTimeDly()或 OSTimeDlyHMSM()，使该任务由运行态进入等待态。正在运行的任务也可能需要等待某一事件的发生而挂起，如等待消息、邮箱或信号量等，通过调用 OSFlagPend()、OSSemPen()、OSMutexPen()、OSMboxPen()、OSQPend()使任务由运行态进入等待态。事件的发生也可能来自中断服务子程序。
- 运行态→就绪态：正在运行的任务的 CPU 使用权被剥夺，则使该任务由运行态变成就绪态。
- 运行态→睡眠态：正在运行的任务被删除，则使该任务由运行态进入睡眠态，即发生了 OSTaskDel()调用。
- 运行态→中断态：正在运行的任务如果有中断事件发生，在开中断的状况下，就由运行态进入中断服务状态。响应中断时，正在执行中断的任务被挂起，中断服务子程序控制了 CPU 的使用权。
- 中断态→运行态：如果中断服务子程序没有建立优先级更高的任务，则中断服务子程序结束时调用 OSIntExit()，原来被中断的任务将继续运行。
- 等待态→就绪态：任务等待延迟的时间到，通过调用 OSTimeDlyResume()或

OSTimeTick()使任务由等待态变成就绪态。任务等待的事件发生，也由等待态变成就绪态，即通过调用 OSFlagPost()、OSMboxPost()、OSMboxPostOpt()、OSMutexPost()、OSQPost()、OSQPostFront()、OSQPostOpy()、OSSemPost()、OSTaskResume()函数之一使任务由等待态进入就绪态。

- 等待态→睡眠态：处于等待态的任务被删除后，可使任务由等待态进入睡眠态，即处于等待态的任务发生了 OSTaskDel()调用后，就进入睡眠态。
- 就绪态→睡眠态：处于就绪态的任务被删除后，可使任务由就绪态进入睡眠态，即处于就绪态的任务发生了 OSTaskDel()调用后，进入睡眠态。

3.1.3 任务控制块

操作系统要管理任务和资源，就必须拥有每个任务和资源的描述信息以及当前状态信息。这些信息由操作系统建立和维护的表格来表示，这些表格中包含任务对资源的标识、描述和状态，可以通过表格中的指针将所有任务、同类资源连接起来或将同一任务所用的资源连接起来。

μC/OS-II 用来记录任务的堆栈信息、当前任务、任务的优先级别等一些与任务管理有关的属性的表叫做任务控制块（Task Control Block，TCB）。它描述了任务标识空间、运行状态、资源使用等信息。

操作系统管理着大量的任务，每个任务管理信息可以被任务存放于各自的任务控制块中。

1. 任务的三个组成部分

任务被创建时，系统会为任务定义一个栈区，用来在运行时保存任务现场，如系统调用时所压的栈帧等，这是任务运行及任务调度进行处理机上任务切换时所涉及的数据结构以及相关寄存器信息。

我们知道，任务在其生命周期内是走走停停，暂时停下来以后，至少应该要有一个属于它专有的地方，来记录它暂时的运行现场。否则，它再次被运行时，就无法从上次被打断的地方继续运行下去。为了管理和控制任务，μC/OS-II 在创建任务时，需要创建一个任务控制块，用于描述任务的相关信息：表示空间、运行状态、资源使用等信息。

一个任务创建后，操作系统为任务创建了一个独立的任务空间，用于存放任务的程序和处理的数据，在为任务分配用户空间的同时，操作系统还为用户程序分配运行时所必需的初始系统资源，并且在用户空间中加载用户运行程序和初始数据。

这样，一个任务要由三部分组成：TCB、任务堆栈和任务代码。建立任务时，要进行 TCB 和任务堆栈的初始化，因而建立任务后，内存中要存放任务的 TCB、任务堆栈和任务代码，如图 3-3 所示。

μC/OS-II 中应用程序中可以有的最多任务数（OS_MAX_TASKS）是在文件 OS_CFG.H 中定义的。这个最多任务数也是 μC/OS-II 分配给用户程序的最多任务控制块 OS_TCBs 的数目。将 OS_MAX_TASKS 的数目设置为用户应用程序实际需要的任务数可以减小 RAM 的需求量。所有的任务控制块 OS_TCBs 都是放在任务控制块列表数组 OSTCBTbl[]中的。μC/OS-II 分配给系统任务 OS_N_SYS_TASKS 若干个任务控制块，见文件 μC/OS-II.H，供其内部使用。目前，一个用于空闲任务，另一个用于任务统计（如果 OS_TASK_STAT_EN 是设为 1 的）。多个任务靠任务控制块组成了一个任务链表，如图 3-4 所示。

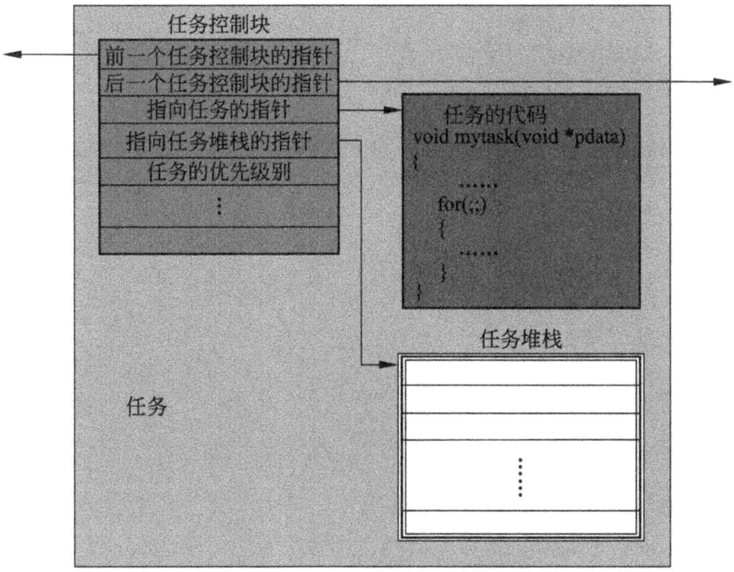

图 3-3　任务在内存中的结构

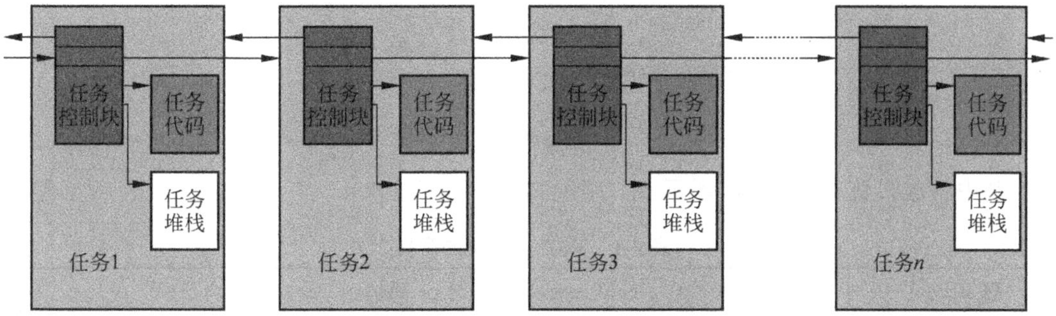

图 3-4　多个任务靠任务控制块组成了一个任务链表

2. 任务控制块的内容

任务控制块是任务实体的一部分，TCB 是一个数据结构，当任务的 CPU 使用权被剥夺时，μC/OS-II 用它来保存该任务的状态。当任务重新得到 CPU 使用权时，任务控制块能确保任务从当时被中断的那一点丝毫不差地继续执行。OS_TCBs 全部驻留在 RAM 中。任务建立的时候，OS_TCBs 就被初始化了。

μC/OS-II 任务控制块的程序清单如下：

```
typedef struct os_tcb {
    OS_STK        *OSTCBStkPtr;

#if OS_TASK_CREATE_EXT_EN
    void          *OSTCBExtPtr;
    OS_STK        *OSTCBStkBottom;
    INT32U         OSTCBStkSize;
    INT16U         OSTCBOpt;
    INT16U         OSTCBId;
#endif
```

```
    struct os_tcb *OSTCBNext;
    struct os_tcb *OSTCBPrev;

#if (OS_Q_EN && (OS_MAX_QS >= 2)) || OS_MBOX_EN || OS_SEM_EN
    OS_EVENT      *OSTCBEventPtr;
#endif

#if (OS_Q_EN && (OS_MAX_QS >= 2)) || OS_MBOX_EN
    void          *OSTCBMsg;
#endif

    INT16U        OSTCBDly;
    INT8U         OSTCBStat;
    INT8U         OSTCBPrio;

    INT8U         OSTCBX;
    INT8U         OSTCBY;
    INT8U         OSTCBBitX;
    INT8U         OSTCBBitY;

#if OS_TASK_DEL_EN
    BOOLEAN       OSTCBDelReq;
#endif
} OS_TCB;
```

其中各成员意义如表 3-1 所示。

表 3-1 TCB 各成员的意义

TCB 成员	说　明
OSTCBStkPtr	指向当前任务栈顶的指针
OSTCBExtPtr	指向用户定义的任务控制块扩展
OSTCBStkBottom	指向任务栈底的指针
OSTCBStkSize	存有栈中可容纳的指针元数目而不是用字节（Byte）表示的栈容量总数
OSTCBOpt	把"选择项"传给 OSTaskCreateExt()，只有在用户将 OS_TASK_CREATE_EXT_EN 设为 1 时，这个变量才有效
OSTCBId	用于存储任务的识别码
OSTCBNext	用于任务控制块 OS_TCBs 的后继指针
OSTCBPrev	用于任务控制块 OS_TCBs 的前驱指针
OSTCBEventPtr	指向事件控制块的指针
OSTCBMsg	指向传给任务的消息的指针
OSTCBDly	当需要把任务延时若干时钟节拍时要用到这个变量，或者需要把任务挂起一段时间以等待某事件的发生，这种等待是有超时限制的
OSTCBStat	任务的状态字，当.OSTCBStat 为 0 时，任务进入就绪态
OSTCBPrio	任务优先级
OSTCBDelReq	一个布尔量，用于表示该任务是否需要删除

3. 任务控制块的初始化

μC/OS-II 初始化时，所有任务控制块 OS_TCBs 被链接成单向空任务链表，如图 3-5 所示。当任务一旦建立，空任务控制块指针 OSTCBFreeList 指向的任务控制块便赋给了该任务，然后 OSTCBFreeList 的值调整为指向链表中下一个空的任务控制块。一旦任务被删除，任务控制块就还给空任务链表。

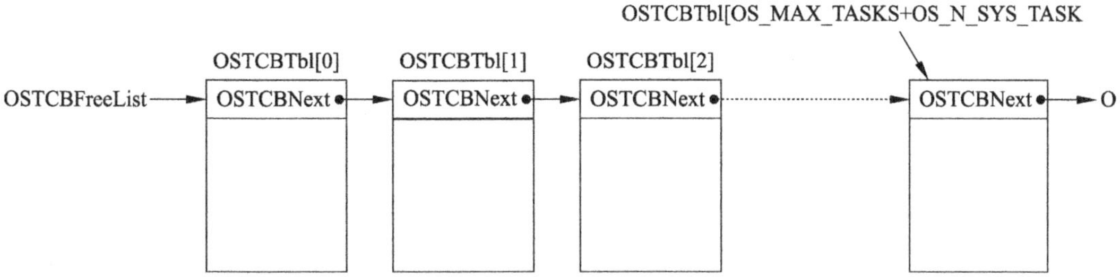

图 3-5　空任务控制块链表 (free OS_TCBs)

任务控制块初始化函数程序：

```
INT8U  OS_TCBInit (INT8U prio, OS_STK *ptos, OS_STK *pbos, INT16U id, INT32U
stk_size, void *pext, INT16U opt)
{
#if OS_CRITICAL_METHOD == 3       //为 CPU 状态寄存器分配存储空间
     OS_CPU_SR  cpu_sr;           //#define OS_CPU_SR   unsigned int
#endif
     OS_TCB    *ptcb;                              //定义任务控制块


     OS_ENTER_CRITICAL();                          //进入临界状态
     ptcb = OSTCBFreeList;                         //从空 TCB 列表中得到一块空 TCB
     if (ptcb != (OS_TCB *)0) {                    //分配空 TCB 成功
          OSTCBFreeList        = ptcb->OSTCBNext;  //更新空 TCB 列表，即减掉一块
          OS_EXIT_CRITICAL();                      //退出临界状态
          ptcb->OSTCBStkPtr    = ptos;             //装载 TCB 中的堆栈指针
          ptcb->OSTCBPrio      = (INT8U)prio;      //装载 TCB 中任务优先级
          ptcb->OSTCBStat      = OS_STAT_RDY;      //任务状态设为就绪
          ptcb->OSTCBDly       = 0;                //任务不延时

#if OS_TASK_CREATE_EXT_EN > 0                      //允许包含创建任务扩展函数代码
          ptcb->OSTCBExtPtr    = pext;             //存储 TCB 扩展指针
          ptcb->OSTCBStkSize   = stk_size;         //存储堆栈大小
          ptcb->OSTCBStkBottom = pbos;             //存储栈底指针
          ptcb->OSTCBOpt       = opt;              //存储任务选项
          ptcb->OSTCBId        = id;               //保存任务 ID
#else
          pext                 = pext;
          stk_size             = stk_size;
          pbos                 = pbos;
```

```
            opt                  = opt;
            id                   = id;              //防止编译器警告,不要删除
#endif

#if OS_TASK_DEL_EN > 0                              //允许包含任务删除代码
            ptcb->OSTCBDelReq = OS_NO_ERR;          //是否允许自动删除
#endif

            ptcb->OSTCBY       = prio >> 3;
            ptcb->OSTCBBitY    = OSMapTbl[ptcb->OSTCBY];//提前计算X,Y,位X,位Y,
            ptcb->OSTCBX       = prio & 0x07;
            ptcb->OSTCBBitX    = OSMapTbl[ptcb->OSTCBX];

#if OS_EVENT_EN > 0
            //能使队列代码产生&&申请队列控制块最大数不为零||能使邮箱代码产生||
            //能使信号量代码产生||能使互斥量代码产生

            ptcb->OSTCBEventPtr  = (OS_EVENT *)0;       //任务没有在事件中挂起
#endif

#if (OS_VERSION >= 251) && (OS_FLAG_EN > 0) && (OS_MAX_FLAGS > 0) && (OS_TASK_DEL_EN > 0)
//OS版本大于等于251&&能使事件标志代码产生&&最大标志数大于零&&
//允许包含任务删除函数
            ptcb->OSTCBFlagNode  = (OS_FLAG_NODE *)0;//任务没有在事件标志中挂起
#endif

#if (OS_MBOX_EN > 0) || ((OS_Q_EN > 0) && (OS_MAX_QS > 0))
//允许邮箱代码产生||允许队列代码产生&&最大队列控制块大于零
            ptcb->OSTCBMsg        = (void *)0;      //没有接收到任务消息
#endif

#if OS_VERSION >= 204                               //ucos版本大于等于204
            OSTCBInitHook(ptcb);
#endif

            OSTaskCreateHook(ptcb);                 //调用用户定义的hook

            OS_ENTER_CRITICAL();                    //进入临界状态
            OSTCBPrioTbl[prio] = ptcb;//任务控制块存到OSTCBPrioTbl中
            ptcb->OSTCBNext     = OSTCBList;        //连入TCB链表
            ptcb->OSTCBPrev     = (OS_TCB *)0;      //前驱为零
            if (OSTCBList !     = (OS_TCB *)0){     //如果链表不为空
                OSTCBList->OSTCBPrev = ptcb;        //前驱指向本身
            }
            OSTCBList         = ptcb;               //本身为表头
            OSRdyGrp         |= ptcb->OSTCBBitY;    //位掩码存入就绪列表组,使任务就绪
            OSRdyTbl[ptcb->OSTCBY] |= ptcb->OSTCBBitX;
```

```
                    OS_EXIT_CRITICAL();          //退出临界状态
          return (OS_NO_ERR);                    //返回成功
     }
     OS_EXIT_CRITICAL();                         //如果分配不成功，也退出临界状态
     return (OS_NO_MORE_TCB);                    //返回没有多余的 TCB
}
```

4. 任务控制块链表

在多任务操作系统中，会创建多个任务。当计算机系统只有一个 CPU 时，每次只能让一个任务运行，其他的任务处于就绪状态，或处于等待状态。为了对这些任务进行管理，μC/OS-II 在任务管理上需要两个链表：一个是空任务块链表，也就是所有任务控制块还未分配给任务，如图 3-5 所示；另一个是任务控制块链表，也就是所有任务控制块已分配给任务，如图 3-6 所示。当建立一个任务时，即将空闲链表的表头指针 OSTCBFreeList 指向的空任务控制块赋给该任务，然后将 OSTCBFreeList 指向链表的下一个空任务控制块。当删除一个任务时，把该任务的任务控制块从任务控制块链表中删除，并把它归还给空任务控制块链表。

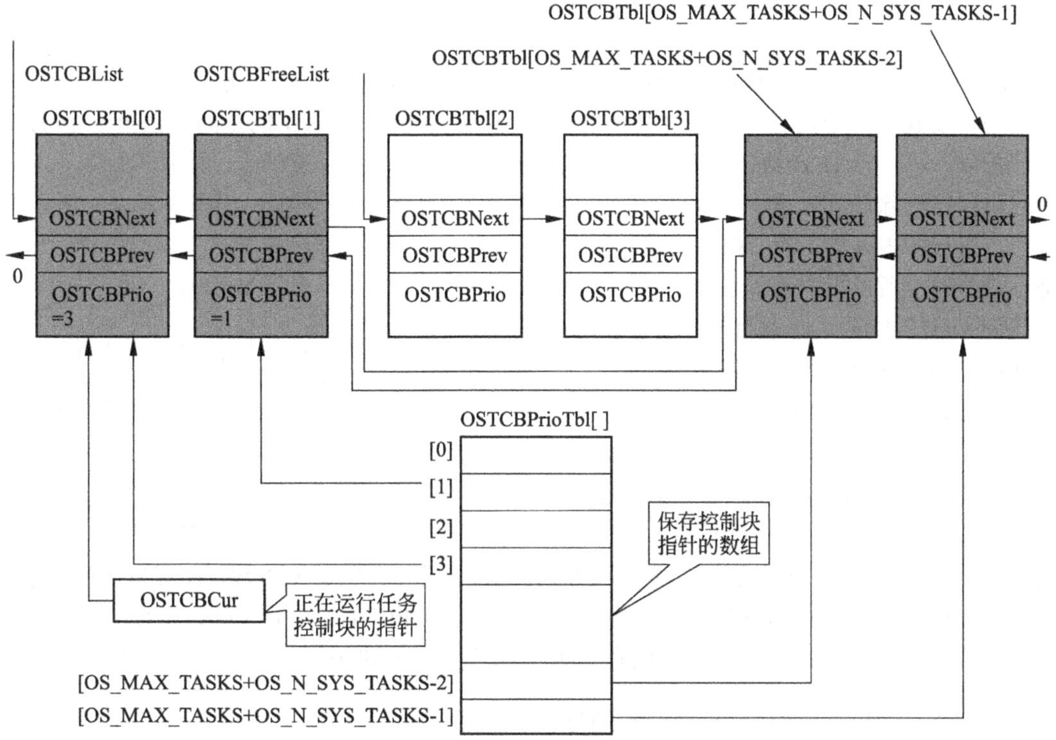

图 3-6　任务控制块链表

3.1.4　任务堆栈

堆栈是在存储器中按后进先出的原则组织的连续存储空间，即后进先出的线性表，用于任务切换和响应中断时保存 CPU 寄存器中的内容及其他任务私有数据。在 μC/OS-II 中

每个任务都有自己的堆栈空间。堆栈必须声明为 OS_STK 类型，并且由连续的内存空间组成。可以静态分配堆栈空间（编译时分配），也可以动态分配堆栈空间（运行时分配）。

1. 任务堆栈的创建

静态堆栈用数组的方式来建立：

```
OS_STK  MyTaskStack[stack_size];
```

C 编译器提供的 malloc()函数动态地分配堆栈空间。在动态分配中，用户要时刻注意内存碎片问题。特别是当用户反复地建立和删除任务时，内存堆中可能会出现大量的内存碎片，导致没有足够大的一块连续内存区域可用做任务堆栈，这时 malloc()便无法成功地为任务分配堆栈空间。

```
OS_STK  *pstk;

pstk = (OS_STK *)malloc(stack_size);
if(pstk != (OS_STK *)0) {              /* 确认 malloc()能得到足够的内存空间 */
    Create the task;
}
```

图 3-7（a）表示了一块能被 malloc()动态分配的 3KB 的内存堆。为了讨论问题方便，假定用户要建立三个任务（任务 A，B 和 C），每个任务需要 1KB 的空间。设第一个 1KB 给任务 A，第二个 1KB 给任务 B，第三个 1KB 给任务 C，如图 3-7（b）所示。然后，用户的应用程序删除任务 A 和任务 C，用 free()函数释放内存到内存堆中，如图 3-7（c）所示。现在，用户的内存堆虽有 2KB 的自由内存空间，但它是不连续的，所以用户不能建立另一个需要 2KB 内存的任务（即任务 D）。如果用户不会去删除任务，使用 malloc()是非常可行的。

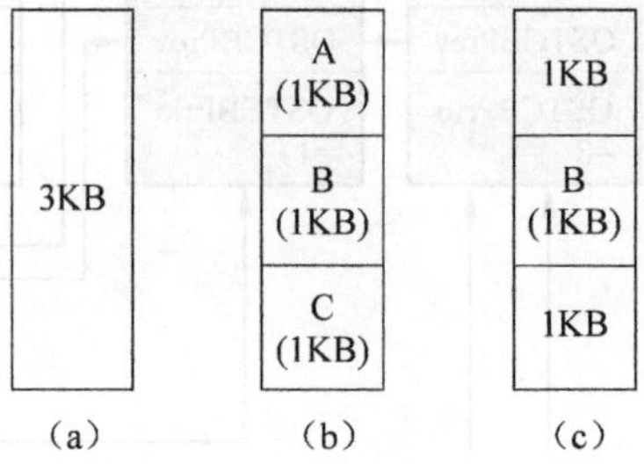

图 3-7 内存碎片

2. μC/OS-II 的堆栈增长方向

μC/OS-II 支持的处理器的堆栈既可以从上（高地址）往下（低地址）增长也可以从下往上增长。用户在创建任务时必须知道堆栈是怎样增长的，因为用户必须把堆栈的栈顶传递给创建任务的原语，当 OS_CPU.H 文件中的 OS_STK_GROWTH 置为 0 时，用户需要将堆栈的最低内存地址传递给任务创建函数，OS_CPU.H 文件中的 OS_STK_GROWTH 置为 1 时，用户需要将堆栈的最高内存地址传递给任务创建函数。程序代码如下：

```
OS_STK  TaskStack[TASK_STACK_SIZE];

#if OS_STK_GROWTH == 0
    OSTaskCreate(task, pdata, &TaskStack[0], prio);
#else
    OSTaskCreate(task, pdata, &TaskStack[TASK_STACK_SIZE-1], prio);
#endif
```

任务所需的堆栈的容量是由应用程序指定的。用户在指定堆栈大小的时候必须考虑用户的任务所调用的所有函数的嵌套情况，任务所调用的所有函数会分配的局部变量的数目，以及所有可能的中断服务程序嵌套的堆栈需求。另外，用户的堆栈必须能储存所有的 CPU 寄存器。

3. 任务堆栈的初始化

应用程序在创建一个新任务的时候，必须把在系统启动这个任务时 CPU 各寄存器所需要的初始数据（任务指针、任务堆栈指针、程序状态字等）事先存放在任务的堆栈中。μC/OS-II 在创建任务函数 OSTaskCreate()中通过调用任务堆栈初始化函数 OSTaskStkInit()来完成任务堆栈初始化的工作。

由于各种处理器的寄存器及对堆栈的操作方式各不相同，因此该函数需要用户在进行 μC/OS-II 的移植时，根据所使用的处理器由用户来编写。

其实，任务堆栈的初始化就是对该任务的虚拟处理器的初始化（复位）。

3.2 任务调度

当系统处于多道程序设计时，通常就会有多个进程（任务）同时竞争 CPU。只要有两个或更多的进程（任务）处于就绪状态，这种情况就会发生。如果只有一个 CPU 可用，那么就必须选择下一个要运行的进程。在操作系统中，完成选择工作的这一部分称为调度程序（Scheduler），该程序使用的算法称为调度算法（Scheduler Algorithm）。

3.2.1 基本概念

1. 不可剥夺型内核

不可剥夺型内核要求每个任务主动放弃 CPU 的使用权。不可剥夺型调度法也称为合作型多任务，各任务彼此合作共享一个 CPU。异步事件还是由中断服务来处理。中断服务可使一个高优先级的任务由挂起态变为就绪态，但中断服务以后，使用权还是回到原来被中断了的那个任务，直到该任务主动放弃 CPU 的使用权，一个新的高优先级的任务才能获得 CPU 的使用权。

不可剥夺型内核的一个优点是响应中断快。在任务级，不可剥夺型内核允许使用不可重入函数。每个任务都可以调用不可重入函数，而不必担心其他任务可能正在使用该函数，从而造成数据的破坏，因为每个任务要运行到完成时，才释放 CPU 的使用权。当然该不可重入函数本身不得有放弃 CPU 使用权的企图。

使用不可剥夺型内核时，任务级响应时间比前/后台系统快得多。此时的任务级响应时间取决于最长的任务的执行时间。

不可剥夺型内核的另一个优点是：几乎无须使用信号量保护共享数据，正在运行的任务占有 CPU，而不必担心被别的任务抢占；但这也不是绝对的，在某种情况下，信号量还是用得着的。处理共享 I/O 设备时，仍须使用互斥型信号量。例如，打印机的使用，仍须满足互斥条件。图 3-8 表示不可剥夺型内核的运行情况。

图 3-8（1）中任务在运行过程中，中断来了。若此时中断是开着，则 CPU 由中断进

入中断服务子程序，如图 3-8（2）所示。在中断服务子程序中，使一个更高优先级的任务进入就绪态，如图 3-8（3）所示。中断服务完成后，中断返回指令，是 CPU 回到原来被中断的任务，如图 3-8（4）所示，继续执行被中断了的代码如图 3-8（5）所示，直到该任务完成，调用一个内核服务函数，以释放 CPU 的使用权给其他任务，如图 3-8（6）所示。内核读到有个优先级更高的任务已进入就绪态，然后内核做任务切换，这个优先级最高的任务才开始处理中断服务程序标志的事件。

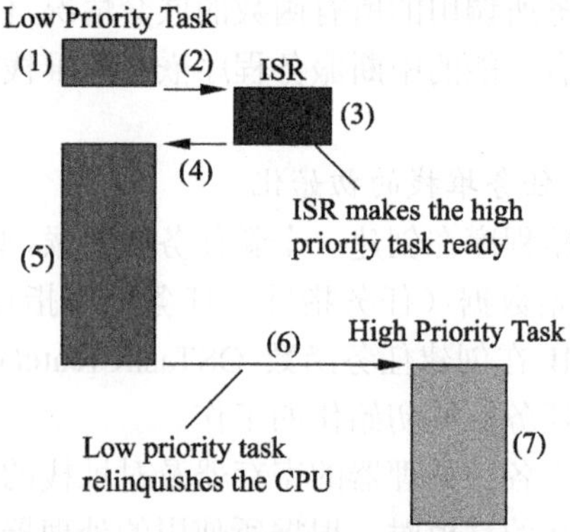

图 3-8　不可剥夺型内核

不可剥夺型内核最大的缺陷在于其响应时间。高优先级的任务已进入就绪态，但还是不能运行，需要等待，也许要等很长时间，直到当前运行的任务释放 CPU。与前/后台系统一样，不可剥夺型内核的任务响应时间是不确定的，无法确定何时最高优先级的任务能获得 CPU 的使用权，这完全取决于应用程序何时释放 CPU。

总之，不可剥夺型内核允许每个任务运行，直到该任务自愿放弃 CPU 的使用权。中断可以打入正在运行的任务。中断服务完成后，将 CPU 使用权还给被中断了的任务。任务级的响应要大大好于前/后台系统，但仍是不可确定的。商业软件几乎没有不可剥夺型内核。

2. 可剥夺型内核

当系统响应时间很重要时，需使用可剥夺型内核。μC/OS-II 及绝大多数商业的实时内核都是可剥夺型内核。最高优先级的任务一旦就绪，总能得到 CPU 的使用权。当一个正在运行着的任务使一个比它优先级高的任务进入了就绪态时，当前任务的 CPU 使用权就被剥夺了。或者说被挂起了。更高优先级的任务立刻得到了 CPU 的使用权。如果是中端服务子程序（ISR）使一个高优先级的任务进入就绪态，中断完成时，中断了的任务被挂起，优先级高的任务开始运行。

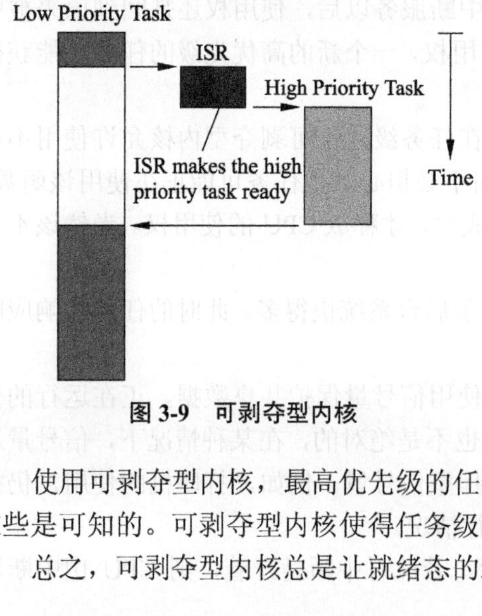

图 3-9　可剥夺型内核

可剥夺型内核的执行过程如图 3-9 所示。在图 3-9 中，任务在运行过程中，有中断请求，如果此时中断是开着的，CPU 由中断向量进入中断服务子程序（ISR）。中断服务子程序 ISR 使一个更高优先级的任务进入就绪态，当 ISR 完成时，进行任务调度，使优先级最高的任务得到调度，而不是返回原来被中断了的任务去执行，高优先级的任务运行结束后，内核发生另一次任务切换，被中断了的任务得以继续运行。

使用可剥夺型内核，最高优先级的任务何时可以执行，何时可以得到 CPU 的使用权，这些是可知的。可剥夺型内核使得任务级响应时间得以最优化。

总之，可剥夺型内核总是让就绪态的最高优先级的任务先运行，中断服务程序可以抢占 CPU。中断服务完成时，内核让此时优先级最高的任务运行（不一定是那个被中断了的任务）。任务级系统响应时间得到了最优化，而且是可知的。

3. 调度

调度是内核的主要职责之一，就是决定该轮到哪个任务运行了。多数实时内核是基于优先级调度法的。每个任务根据其重要程度的不同，被赋予一定的优先级。基于优先级的调度法是指，CPU 总是让处于就绪态的、优先级最高的任务先运行。然而，高优先级任务何时掌握 CPU 的使用权，由使用的内核的类型确定。基于优先级的内核有不可剥夺型和可剥夺型。

4. 可抢先、不可抢先、完全可抢先

可抢先是指当前进程在其时间片未用完时就可被更高优先级的进程抢用 CPU（自己则进入就绪态）。不可抢先是指除非自愿或时间片到，当前进程不可以被更高优先级的进程抢用 CPU。可抢先的程度越高，对实时要求就越好。实时操作系统经常要求完全可抢先。

完全可抢先是指在任何时间，不管当前进程处于用户态还是核心态，都可以随时被更高优先级的进程抢用 CPU。抢用通常是在中断处理时发生的，但中断处理并不一定发生抢用。

5. 任务优先级

每个任务都有其优先级。任务越重要，赋予的优先级应越高。就大多数内核而言，每个任务的优先级是由用户决定的。对于最高优先权算法，其关键在于是采用静态优先权，还是动态优先权，以及如何确定任务的优先权。

应用程序执行过程中各个任务优先级不变，称之为静态优先权。在静态优先权系统中，各个任务以及它们的时间约束在程序编译时是已知的。

应用程序执行过程中，各任务的优先级是可变的，称之为动态优先权。实时内核应当避免出现优先级反转问题。μC/OS-II 具有这一功能。

6. μC/OS-II 任务的优先级别

μC/OS-II 可以管理多达 64 个任务，但建议保留 4 个最高优先级和 4 个最低优先级的任务，供以后 μC/OS-II 的版本使用。然而，目前 μC/OS-II 实际上只使用了两个优先级别：OS_LOWEST_PRIO 和 OS_LOWEST_PRIO−1（OS_CFG.H）。即使这样，留给用户使用的任务仍可多达 56 个。优先级的值越低，表示任务的优先级越高。

每个任务被赋予不同的优先级，从 0 级到最低优先级 OS_LOWEST_PRIO，包括 0 和 OS_LOWEST_PRIO 在内（文件 OS_CFG.H）。当 μC/OS-II 初始化时，最低优先级 OS_LOWEST_PRIO 总是被赋给空闲任务。

用户可以根据应用程序的需要，在文件 OS_CFG.H 中通过给表示最低优先级别的常数 OS_LOWEST_PRIO 赋值的方法，来说明应用程序中任务优先级别的数目。该常数一旦被定义，则意味着系统中可供使用的优先级别为：0，1，2，…，OS_LOWEST_PRIO，共 OS_LOWEST_PRIO+1 个。

通常，系统总是把最低优先级别 OS_LOWEST_PRIO 自动赋给空闲任务。如果应用程序中还使用了统计任务，系统则会把优先级别 OS_LOWEST_PRIO−1 自动赋给统计任务，因此用户任务可以使用的优先级别是：0，1，2，…，OS_LOWEST_PRIO−2，共 OS_LOWEST_PRIO−1 个。

3.2.2 调度的时机

一般情况下，在单CPU系统中，处在就绪状态的用户进程数可能不止一个。同时，系统进程（任务）也可能需要使用处理机，这就要求进程（任务）调度程序按照一定的策略，动态地把处理机分配给处于就绪队列中的某一个进程（任务）使之执行。本节介绍进程调度发生的时机以及进程调度引起的进程上下文切换等。

1．进程调度的时机

在并发执行的环境下，引起进程调度的事件如下。

1）完成任务

正在执行的进程运行完成，主动释放对CPU的控制。

2）等待资源

由于等待某些资源或事件发生，正在运行的进程不得不放弃CPU，进入等待状态。

3）运行时间结束

在分时系统中，当前进程使用完规定的时间片，时钟中断，使该进程让出CPU。

4）进入睡眠状态

执行的进程自己调用阻塞原语将自己阻塞起来，进入睡眠等待状态。

5）发现标志

执行完系统调用，即核心处理完进入事件后，从系统程序返回用户进程时，可认为系统进程执行完毕，从而可调度新的用户进程执行。

以上都是在CPU执行不可剥夺方式下引起进程调度的原因。当CPU执行方式是可剥夺时，引起进程调度的事件除了上述5种外，还应再加上优先级变化的情况。

6）优先级变化

就绪队列中某任务的优先级高于当前执行进程的优先级时，将引起进程调度。

2．进程上下文切换

从表面看，进程切换的功能是很简单的。在某一时刻，一个正在运行的任务被中断，操作系统指定另一个任务为运行状态，并把控制权交给这个进程。但是这会引发若干问题，如什么事件触发进程的切换？为实现进程切换，操作系统必须对它控制的各种数据结构做些什么？

1）进程何时切换

任务切换可以在操作系统从当前正在运行的任务中获得控制权的任何时刻发生。表3-2给出了可能把控制权交给操作系统的事件。

表 3-2　把控制权交给操作系统的事件

机　制	原　因	使　用
中断	当前指令的外部执行	对异步外部事件的反应
陷阱	与当前指令的执行相关	处理一个错误或异常条件
管理程序调用	显式请求	调用操作系统函数

首先考虑系统中断。实际上，可以区分两种类型的系统中断，许多操作系统中也是这么做的。一种称为中断，另一种称为陷阱。中断是因为与当前正在运行的进程无关的某种

类型的外部事件，如完成一次 I/O 操作。陷阱与当前正在运行的进程所产生的错误或异常条件相关，如文件访问。对于普通中断，控制首先转移给中断处理程序，它做一些基本的辅助工作，然后转到与已经发生的中断的特点类型相关的操作系统例程。对于陷阱，操作系统确定错误或异常条件是否是致命的。如果是，当前正在运行的进程被转换到退出状态，并发生进程切换；如果不是，操作系统的动作取决于错误的种类和操作系统的设计。可以试图恢复或通知用户，操作系统可能会进行一次进程切换或者继续执行当前正在运行的进程。

最后，操作系统可能被来自正在执行的程序的管理程序激活。例如，一个用户进程正在运行，并且正在执行一条请求 I/O 操作的指令，如打开文件，这个调用导致转移到作为操作系统代码一部分的一个例程。通常，使用系统调用会导致把用户进程置为阻塞状态。

2）进程切换的内容

进程的上下文由正文段、数据段、硬件寄存器的内容以及有关的数据结构组成。硬件寄存器主要包括存放 CPU 将要执行的下条指令的虚地址的程序计数器 PC，指出机器与进程相关联的硬件状态的处理机状态寄存器 PSW，存放过程调用时所传递参数的通用寄存器 R 和堆栈指针寄存器 S 等。数据结构包括 PCB 等在内的所有与执行该进程有关的管理和控制用表格、数组、链等。当进程调度发生时，系统要进行进程上下文切换。进程上下文切换主要包括以下方面。

（1）决定是否要进行以及是否允许进行上下文切换

检查分析进程调度原因，以及当前执行进程的资格和 CPU 执行方式的检查等，在操作系统中，进程上下文切换程序在如上所述的时机进行上下文的切换。

（2）保存当前执行进程的上下文

当前执行的进程是指要停止执行的进程。如果上下文切换程序不是被那个当前执行进程调用，且不属于该进程，则所保存的上下文应该是之前执行进程的上下文，以便该进程下次执行时恢复它的上下文。

（3）选择一个处于就绪态的进程

按照某种进程调度算法选择一个处于就绪态的进程。

（4）使被选中的进程执行

恢复被选中进程的上下文，为它分配处理机使之执行。

3.2.3　操作系统常用的调度算法

同时处于就绪态的进程经常有多个，因此需要一个 CPU 调度算法来决定哪一个就绪进程先运行。衡量 CPU 调度算法的标准有 CPU 利用率、用户程序响应时间、系统吞吐量、公平合理性、设备利用率等。以下是常见的 CPU 调度算法。

1. 先来先服法

在所有就绪进程中，最先进入就绪态的进程最先进入运行态。

2. 轮转调度法

又称时间片法，系统赋予每个进程一段时间（时间片），允许它运行一个时间片。若时间片结束，该进程还在运行，则它被强行撤出，CPU 交给另一个进程；若该进程已结束，则 CPU 在进程终止时加以切换。

3. 优先级调度法

不同进程的重要程度和紧急程度是不同的，优先级调度算法给每个进程赋予一个优先级，带有最高优先级的进程最先执行。优先级调度算法分为静态优先级和动态优先级两种。动态优先级可以防止优先级高的进程不停地执行，例如可以在每一个时钟中断时降低正在运行的进程的优先级。这样一来，该进程必然在某个时刻优先级低于其他进程，从而被切换出 CPU。

4. 短作业优先

该算法最先执行占用 CPU 时间最短的进程。

5. 最短剩余时间优先

剩余运行时间最短的进程最先运行。

6. 最高响应比优先

该算法最先执行响应比最高的进程。响应比公式为：1+等待时间/估计运行时间。

7. 多级反馈法

该算法结合了先来先服务（FIFO）、RR、优先级算法和短作业优先（SJF）算法。该算法有多个队列，同一队列中的进程优先级相同，不同队列中进程的优先级不同；最高优先级上的进程运行一个时间片，次高级上的进程运行两个时间片，再下一级运行 4 个时间片，以此类推；每当一个进程在一个优先级队列中用完它的时间片后，就下移一级，进入另一个队列；在低优先级队列中等待时间过长的进程，将移入高优先级队列；调度程序在将进程从等待操作中释放后将提高该进程的优先级。

3.2.4 实时系统中的调度

调度的实质是一种资源分配，因而调度算法是指根据系统的资源分配策略所规定的资源分配算法。对于不同的系统和系统目标，通常采用不同的调动算法。目前存在多种调度算法，实时调度的调度算法有时间片轮转调度法、非抢占优先级调度算法、基于时钟中断抢占的优先权调度算法和立即抢占的优先权调度等。

1. 对实时系统的要求

由于在实时系统中，无论是硬实时任务，还是软实时任务，它们都联系着一个截止时间。为保证系统的正常工作，不致发生难以预料的后果，实时调度必须能满足实时任务对截止时间的要求。为此，对实时系统提出以下要求。

1）提供必要的调度信息

就绪时间：这是该任务成为就绪状态的起始时间，在周期任务情况下，它就是事先已预知的一串时间序列，而在非周期任务的情况下，也可能预知。

开始截止时间和完成截止时间：对于典型的实时应用只需知道开始截止时间，或者知道完成截止时间。

处理时间：一个任务从开始执行直至完成所需的时间。在某些情况下，该时间也是系统提供的。

资源要求：任务执行时所需的一组资源。

优先级：如果某任务的开始时间已经错过就会引起系统故障，此时，则应为该实时任务赋予“绝对”优先级；如果对系统的继续运行无重大影响，则可赋予“相对”优先级，供调度程序参考。

2）调度方式

在实时控制系统中，广泛采用抢占调度方式，特别是对那些要求严格的实时系统。因为这种调度方式既具有较大的灵活性，又能获得极小的调度延迟；但这种调度方式也比较复杂。对于一些小的实时系统，如果能预知任务的开始截止时间，则实时任务的调度可采用非剥夺式调度方式，以简化调度程序和任务调动所花费的系统开销。但在设计这种调度方式时，应使所有的实时任务都比较小，并在执行完关键性程序和临界区后，能及时地将自己阻碍起来，以便释放出处理机，供调度程序区调度开始截止时间即将到达的任务。

3）具有快速响应外部中断的能力

每当紧迫的外部事件请求中断时，系统应能及时响应。这不仅要求系统具有快速硬件中断机构，而且应使禁止中断的时间间隔尽量短，以免贻误时机（其他紧迫任务）。

4）快速任务分派

在完成任务调动后，便应进行任务切换。为了提高分派程序执行任务切换的速度，应使操作系统中的每个运行功能单位适当得小，以减少任务切换的时间开销。

2. 实时调度算法

现代大多数的实时控制系统，对响应时间的要求通常是几百毫秒至几十微秒。对于这样严格的要求，下面介绍几种实时调度算法。

1）时间片轮转调度算法

这是一种常用于分时系统的调度算法。当一个实时任务到达时，它被挂在轮转队列的末尾，等待着属于自己的时间片到来。这种调度算法仅能获得秒级的响应时间，只使用于一般实时信息处理系统，而不能用于要求严格的实时控制系统中。

2）非抢占优先权调度算法

这是一种常用于多道批处理系统的调度算法。当一个优先级高的实时任务到达时，它被安排在就绪队列的队首，等待当前任务自我终止或运行完成后才能被调度执行。这种调度算法在做了精心的处理后，有可能获得数秒至数百毫秒级的响应时间，因而可用于要求不太严格的实时控制系统中。

3）基于时钟中断抢占的优先级调度算法

在某实时任务到达后，如果该任务的优先级高于当前任务的优先级，在实时中断到达时，调度程序便剥夺当前任务的执行，将处理机分配给高优先权任务。这种调度算法能获得较好的响应效果，其调度延迟可降为几十毫秒至几毫秒，因此它可用于大多数的实时系统中。

4）立即抢占的优先权调度

在这种调度策略中，要求操作系统具有快速响应外部事件中断的能力。一旦出现外部中断，只要当前任务未处于临界区，便能立即剥夺当前任务的执行，把处理机分配给请求中断的紧迫任务，这种调度延迟可低到几毫秒至 100 微秒，甚至更低。

3.2.5 μC/OS-II 的任务调度

为系统中处于就绪态的任务分配 CPU 是多任务操作系统的核心工作。这项工作涉及两项技术：一是判断哪些任务处于就绪状态；二是进行任务调度。所谓任务调度，就是通过一个算法在就绪任务中确定应该立即运行的任务，操作系统用于负责这项工作的程序模块叫做调度器。

在μC/OS-II中，任务调度器的主要工作是在任务就绪表中查找具有最高优先级别的就绪任务，实现任务的切换。

1. 任务就绪表

μC/OS-II进行任务调度的依据就是任务就绪表。为了能够使系统清楚地知道，系统中哪些任务已经就绪，哪些还没有就绪，μC/OS-II在RAM中设立了一个记录表，系统中的每个任务都在这个表中占据一个位置，并用这个位置的状态（1或者0）来表示任务是否处于就绪状态，这个表就叫做任务就绪状态表，简称任务就绪表。

为加快访问任务就绪表的速度，系统定义了一个变量OSRdyGrp来表明就绪表每行中是否存在就绪任务。也就是说在OSRdyGrp中，任务按优先级分组，8个任务为一组。OSRdyGrp中的每一位表示8组任务中每一组中是否有进入就绪态的任务。任务进入就绪态时，就绪表OSRdyTbl[]中的相应元素的相应位也置位。就绪表OSRdyTbl[]数组的大小取决于OS_LOWEST_PRIO（见文件OS_CFG.H）。当用户的应用程序中任务数目比较少时，减少OS_LOWEST_PRIO的值可以降低μC/OS-II对RAM（数据空间）的需求量。

OSRdyGrp和OSRdyTbl[]之间的关系如图3-10所示。任务的优先级号用priority（或prio）表示，priority的3～5位“YYY”表示该任务在就绪表中的行位置，及OSRdyGrp中对应的Bit位；priority中的0～2位“XXX”表示该任务在就绪表中的列位置，即OSRdyTbl[priority>>3]对应OSRdyGrp的Bit位。

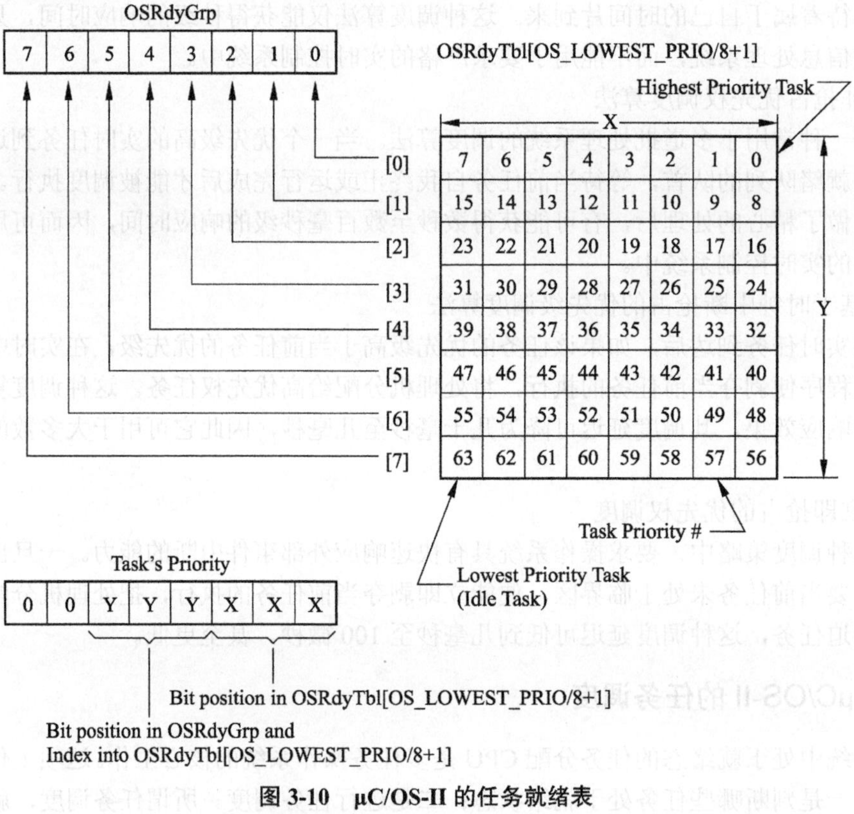

图3-10 μC/OS-II的任务就绪表

为确定下次该哪个优先级的任务运行了，内核调度器总是将 OS_LOWEST_PRIO 在就绪表中相应字节的相应位置 1。

OSMapTbl[]是在 ROM 中的屏蔽字，用于限制 OSRdyTbl[]数组的元素下标在 0～7 之间，如表 3-3 所示。

表 3-3　OSMapTbl[]的值

Index	Bit Mask（Binary）
0	00000001
1	00000010
2	00000100
3	00001000
4	00010000
5	00100000
6	01000000
7	10000000

2. 对任务就绪表的操作

1）使任务进入就绪态

通过上面的分析，对变量 OSRdyGrp 和就绪表 OSRdyTbl[]数组进行如下操作，将任务就绪表中 bit 位置 1，就可以使优先级号为 prio 的任务进入就绪表。使任务进入就绪态的代码如下：

```
OSRdyGrp              |= OSMapTbl[prio >> 3];
OSRdyTbl[prio >> 3]   |= OSMapTbl[prio & 0x07];
```

2）使任务脱离就绪态

使任务脱离就绪态就是使就绪任务表数组 OSRdyTbl[]中相应元素的相应位清零，而对于 OSRdyGrp，只有当被删除任务所在任务组中全组任务一个都没有进入就绪态时，才将相应位清零。也就是说 OSRdyTbl[prio>>3]所有的位都是零时，OSRdyGrp 的相应位才清零。使任务脱离就绪态的代码如下：

```
if((OSRdyTbl[prio>>3]&=~OSMapTbl[prio & 0x07])==0)
    OSRdyGrp &=~OSMapTbl[prio >> 3];
```

3）查找就绪态的优先级最高的任务

有了任务就绪表，任务调动就变得简单了，只需要在任务就绪表中找到处于就绪态的优先级最高的任务。为了找到那个进入就绪态的优先级最高的任务，并不需要从 OSRdyTbl[0]开始扫描整个就绪任务表，只需要查另外一张表，即优先级判定表 OSUnMapTbl[256]，如图 3-11 所示。

OSUnMapTbl[]表的构造方法如下。

表中第 n+1 个成员 OSUnMapTbl[n]的值为：从 bit0 位开始，搜索值为 n 的二进制码中第一次出现 1 的位数。例如：

```
INT8U  const  OSUnMapTbl[256] = {
    0, 0, 1, 0, 2, 0, 1, 0, 3, 0, 1, 0, 2, 0, 1, 0,      /* 0x00 to 0x0F */
    4, 0, 1, 0, 2, 0, 1, 0, 3, 0, 1, 0, 2, 0, 1, 0,      /* 0x10 to 0x1F */
    5, 0, 1, 0, 2, 0, 1, 0, 3, 0, 1, 0, 2, 0, 1, 0,      /* 0x20 to 0x2F */
    4, 0, 1, 0, 2, 0, 1, 0, 3, 0, 1, 0, 2, 0, 1, 0,      /* 0x30 to 0x3F */
    6, 0, 1, 0, 2, 0, 1, 0, 3, 0, 1, 0, 2, 0, 1, 0,      /* 0x40 to 0x4F */
    4, 0, 1, 0, 2, 0, 1, 0, 3, 0, 1, 0, 2, 0, 1, 0,      /* 0x50 to 0x5F */
    5, 0, 1, 0, 2, 0, 1, 0, 3, 0, 1, 0, 2, 0, 1, 0,      /* 0x60 to 0x6F */
    4, 0, 1, 0, 2, 0, 1, 0, 3, 0, 1, 0, 2, 0, 1, 0,      /* 0x70 to 0x7F */
    7, 0, 1, 0, 2, 0, 1, 0, 3, 0, 1, 0, 2, 0, 1, 0,      /* 0x80 to 0x8F */
    4, 0, 1, 0, 2, 0, 1, 0, 3, 0, 1, 0, 2, 0, 1, 0,      /* 0x90 to 0x9F */
    5, 0, 1, 0, 2, 0, 1, 0, 3, 0, 1, 0, 2, 0, 1, 0,      /* 0xA0 to 0xAF */
    4, 0, 1, 0, 2, 0, 1, 0, 3, 0, 1, 0, 2, 0, 1, 0,      /* 0xB0 to 0xBF */
    6, 0, 1, 0, 2, 0, 1, 0, 3, 0, 1, 0, 2, 0, 1, 0,      /* 0xC0 to 0xCF */
    4, 0, 1, 0, 2, 0, 1, 0, 3, 0, 1, 0, 2, 0, 1, 0,      /* 0xD0 to 0xDF */
    5, 0, 1, 0, 2, 0, 1, 0, 3, 0, 1, 0, 2, 0, 1, 0,      /* 0xE0 to 0xEF */
    4, 0, 1, 0, 2, 0, 1, 0, 3, 0, 1, 0, 2, 0, 1, 0       /* 0xF0 to 0xFF */
};
```

图 3-11　优先级判定表 OSUnMapTb1[]

```
OSUnMapTbl[1] =0       (1)d  =(0000 0001)b,  第 0 位有 1，故值为 0
OSUnMapTbl[20]=2       (20)d  =(0001 0100)b, 第 2 位有 1，故值为 2
OSUnMapTbl[90]=1       (90)d  =(0101 1010)b, 第 1 位有 1，故值为 1
```

试想如果当前只有优先级 1、9、23 三个任务处于就绪状态，OSRdyGrp 的值应该为（0000 0111）B，OSRdyTbl[0]=(XXXX XX10)B，因此通过该算法：

```
y=OSUnMapTbl[OSRdyGrp]=OSUnMapTbl[7]=0
    OSUnMapTbl[OSRdyTbl[0]])=OSUnMapTbl[2]=1
    OSPrioHighRdy=(INT8U)((0 << 3) + 1=1
```

从而最高优先级值为 1。

采用数组进行查找对访问效率有很大的提高，因此，在操作系统实现代码中，这类查找表经常出现。

因而如果要查找就绪态的优先级最高的任务，通过查找 OSUnMapTbl[OSRdyGrp]的值，即可确定最高优先级任务的优先级号 OSPrioHighRdy 的 3～5 位，即图 3-10 中的优先级 Priority 的“YYY”的值，并得到变量的值，记做 y= OSUnMapTbl[OSRdyGrp]。然后通过扫描表变量 OSRdyTbl[OSRdyGrp]，查找 OSUnMapTbl[OSRdyTbl[OSRdyGrp]]的值，得到 OSPrioHighRdy 的 0~2 位，即图 3-10 中的优先级 Priority 的“XXX”位，记做 x= OSUnMapTbl[OSRdyTbl[y]]。最后 OSPrioHighRdy 的值通过 y<<3+ x 即可计算出来。程序代码如下所示：

```
y     = OSUnMapTbl[OSRdyGrp];
x     = OSUnMapTbl[OSRdyTbl[y]];
prio  = (y << 3) + x;
```

再例如，如果 OSRdyGrp 的值为二进制 01101000，即 0x68 查 OSUnMapTbl[0x68]得到 3，它相应于 OSRdyGrp 中的第三位 bit3，这里假设最右边的一位是第 0 位 bit0。类似地，如果 OSRdyTbl[3]的值是二进制 11100100，即 0xe4，则 OSUnMapTbl[OSRdyTbc[3]]的值是

2，即第二位。于是任务的优先级 Prio 就等于 26（3×8+2）。利用这个优先级的值，查任务控制块优先级表 OSTCBPrioTbl[]，得到指向相应任务的任务控制块 OS_TCB 的工作就完成了。

3. μC/OS-II 的任务调度

任务调度是实时内核最重要的工作之一。μC/OS-II 是抢占式实时多任务内核，采用基于优先级的任务调度。优先级最高的任务一旦准备就绪，则拥有 CPU 的所有权，处于运行态。μC/OS-II 每个任务的优先级是唯一的，任务调度所花的时间为常数，与应用程序中建立的任务数无关。

μC/OS-II 的任务调度分为任务级的任务调度和中断级的任务调度，所采用的调度算法都是基于优先级的任务调度。任务级的任务调度由函数 OSSched()完成，中断级的调度由函数 OSIntExt()完成，中断级的任务调度将在第 5 章介绍。μC/OS-II 的任务调度的主要功能如下。

（1）查找当前就绪表中最高优先级任务的优先级值。

（2）调用 OS_TASK_SW()函数进行任务切换，切换到新任务执行。

OSSched()的代码如下：

```
void OSSched(void)
{
    INT8U y;


    OS_ENTER_CRITICAL();              //关中断
    if((OSLockNesting==0)&&(OSIntNesting == 0)){
        y= OSUnMapTbl[OSRdyGrp];//进入就绪态的任务在 OSRdyTbl[]中的相应位置位
        OSPrioHighRdy=(INT8U)((y << 3) + OSUnMapTbl[OSRdyTbl[y]]);
        if(OSPrioHighRdy!=OSPrioCur) {
            OSTCBHighRdy=OSTCBPrioTbl[OSPrioHighRdy];
            OSCtxSwCtr++;        //统计计数器加 1,以跟踪任务切换次数
            OS_TASK_SW();        //任务切换
        }
    }
    OS_EXIT_CRITICAL();               //开中断
}
```

先得到 OSTCBHighRdy，然后和 OSTCBCur 做比较。因为这个比较是两个指针型变量的比较，在 8 位和一些 16 位微处理器中这种比较相对较慢。而在 μC/OS-II 中是两个整数的比较。并且，除非用户实际需要做任务切换，在查任务控制块优先级表 OSTCBPrioTbl[]时，不需要用指针变量来查 OSTCBHighRdy。综合这两项改进，即用整数比较代替指针的比较和当需要任务切换时再查表，使得 μC/OS-II 比 μC/OS 在 8 位和一些 16 位微处理器上要更快一些。为实现任务切换，OSTCBHighRdy 必须指向优先级最高的那个任务控制块 OS_TCB，这是通过将以 OSPrioHighRdy 为下标的 OSTCBPrioTbl[]数组中的那个元素赋给 OSTCBHighRdy 来实现的。最后宏调用 OS_TASK_SW()来完成实际上的

任务切换。

OSSched()的所有代码都属临界段代码。在寻找进入就绪态的优先级最高的任务过程中，为防止中断服务子程序把一个或几个任务的就绪位置位，中断是被关掉的。为缩短切换时间，OSSched()全部代码都可以用汇编语言编写。为增加可读性、可移植性和将汇编语言代码最少化，OSSched()是用C语言编写的。

4. 任务切换

当多任务内核决定运行另外的任务时，它保存正在运行任务的当前状态（Context），即CPU寄存器中的全部内容。这些内容保存在任务自己的栈区之中。入栈工作完成以后，就是把下一个将要运行的任务的当前状况从该任务的栈中重新装入CPU的寄存器，并开始下一个任务的运行，这个过程叫做任务切换。

μC/OS-II的任务切换很简单，由以下两步完成，将被挂起任务的微处理器寄存器推入堆栈，然后将较高优先级的任务的寄存器值从栈中恢复到寄存器中。在μC/OS-II中，就绪任务的栈结构总是看起来跟刚刚发生过中断一样，所有微处理器的寄存器都保存在栈中。换句话说，μC/OS-II运行就绪态的任务所要做的一切，只是恢复所有的CPU寄存器并运行中断返回指令。为了做任务切换，运行 OS_TASK_SW()，人为模仿了一次中断。多数微处理器有软中断指令或者陷阱指令TRAP来实现上述操作。中断服务子程序或陷阱处理（Trap Hardler），也称做事故处理（Exception Handler），必须提供中断向量给汇编语言函数OSCtxSw()。OSCtxSw()除了需要OS_TCBHighRdy指向即将被挂起的任务，还需要让当前任务控制块 OSTCBCur 指向即将被挂起的任务。OS_TASK_SW()是宏调用，通常含有微处理器的软中断指令，μC/OS-II使用宏定义，将与实际处理器相关的软件中断机制封装起来，使之可以在多种处理器开发平台上移植。任务切换的示意性代码如下：

```
void OSCtxSw(void)
{
将寄存器压入当前堆栈;
OSTCBCur——>OSTCBStkPtr=SP;
OSTCBCur=OSTCBHighRdy;
SP=OSTCBHighRdy——>OSTCBStkPtr;
将寄存器弹出;
执行中断返回指令;
}
```

μC/OS-II的任务级任务切换基本过程如下。

（1）将当前任务的PC位置、通用寄存器数据、CPU的状态入栈。

（2）修改全局变量OSPrioCur（当前任务优先级变量）的值为全局变量OSPrioHighRdy（最高优先级任务优先级）的值，即把最高就绪任务优先级设置为新的当前任务优先级。

（3）修改原任务TCB的第一个成员（指向栈顶的指针*OSTCBStkPtr）的值为当前SP寄存器，以便再次返回。

（4）获取最高优先级的任务控制块中第一个成员（指向堆栈栈顶指针*OSTCBStkPtr）的值到SP寄存器。

（5）修改OSTCBCur的值为新就绪最高优先级任务的任务控制块地址。

（6）将新任务的 PC 位置、通用寄存器数据、CPU 的状态出栈，开始执行新的任务。

图 3-12 示意 μC/OS-II 在调用 OS_TASK_SW()之前一些变量和数据结构的状况。这里构造了一个假想的 CPU，该 CPU 有 7 个寄存器，分别是一个堆栈指针 SP，一个程序计数器 PC，一个状态寄存器 PSW，4 个通用寄存器（R1，R2，R3，R4）。

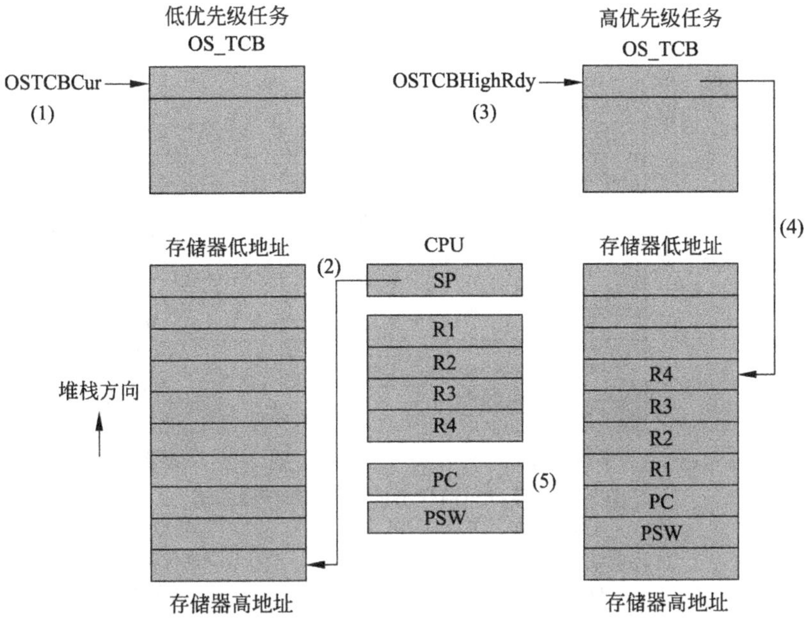

图 3-12　μC/OS-II 调用 OS_TASK_SW()前的数据结构

在图 3-12 中表示的意义如下。

（1）OSTCBCur 指向即将被挂起的任务（低优先级的任务）。

（2）CPU 的堆栈指针（SP 寄存器）指向即将被挂起任务的栈顶。

（3）OSTCBHighRdy 指向任务切换后运行的任务的任务控制块 OS_TCB。

（4）OS_TCB 中的 OSTCBStkPtr 指向即将运行的任务的栈顶。

（5）即将运行的任务的堆栈中存有准备装回到 CPU 寄存器中的一些值。

图 3-13 示意调用 OS_TASK_SW()以及保存被挂起任务的 CPU 寄存器之后，一些变量和数据结构的状况。在图 3-13 中表示的意义如下。

（1）调用含有软中断指令的函数 OS_TASK_SW()，强制处理器保存 PSW 和 PC 的当前值。

（2）软中断的执行从保存通用寄存器开始，顺序是 R1，R2，R3，R4。

（3）然后堆栈指针寄存器被保存在当前任务的 OS_TCB 中。此时，CPU 的 SP 寄存器和 OSTCBCur->OSTCBStkPtr 都指向当前任务堆栈的同一位置。

图 3-14 示意执行任务切换后的 CPU 寄存器之后变量和数据结构的状况，表示的意义如下。

（1）由于新的当前任务是要重新开始运行的任务，任务切换代码将 OSTCBHighRdy 复制到 OSTCBCur。

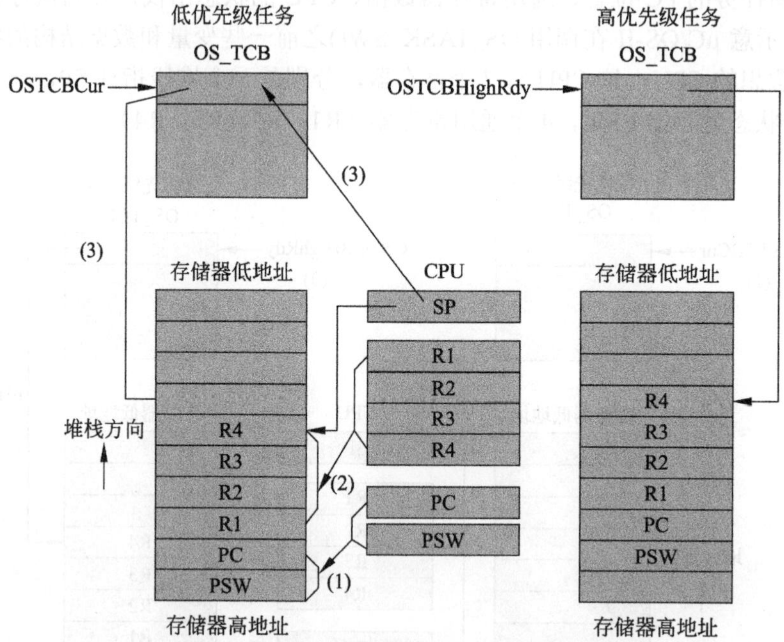

图 3-13 保存当前任务的 CPU 寄存器的值

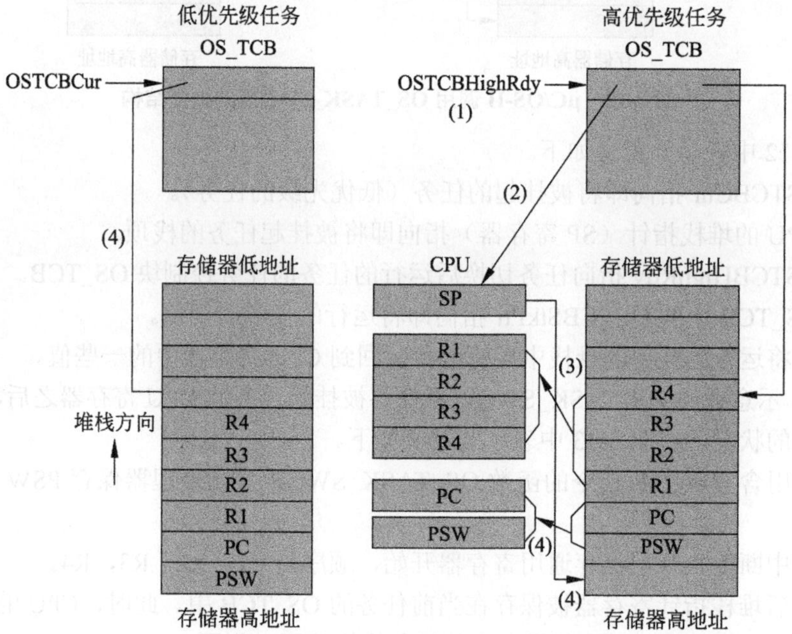

图 3-14 重新装入要运行的任务

（2）从 OS_TCB 中找出将要重新开始运行的任务的堆栈指针（在 OSTCBHighRdy->）OSTCBStkPtr 中），装入 CPU 的 SP 寄存器。此时，SP 寄存器指向堆栈中存有寄存器 R4 值的位置。

（3）按相反的方向从堆栈中弹出通用寄存器。

（4）通过执行中断返回指令，PC 和 PSW 的值装回到 CPU 中。此时，由于程序计数器 PC 的值变了，重新开始运行的任务代码从 PC 指向的那一点开始运行，于是切换到新任务代码的过程完成了。

5．给调度器上锁和开锁

给调度器上锁函数 OSSchedlock()用于禁止任务调度，直到任务完成后调用给调度器开锁函数 OSSchedUnlock()为止。调用 OSSchedlock()的任务保持对 CPU 的控制权，尽管有优先级更高的任务进入了就绪态。然而，此时中断是可以被识别的，中断服务也能得到（假设中断是开着的）。OSSchedlock()和 OSSchedUnlock()必须成对使用。变量 OSLockNesting 跟踪 OSSchedLock()函数被调用的次数，以允许嵌套的函数包含临界段代码，这段代码其他任务不得干预。μC/OS-II 允许嵌套深度达 255 层。当 OSLockNesting 等于零时，调度重新得到允许。函数 OSSchedLock()和 OSSchedUnlock()的使用要非常谨慎，因为它们影响 μC/OS-II 对任务的正常管理。

当 OSLockNesting 减到零的时候，OSSchedUnlock()调用 OSSched。OSSchedUnlock()是被某任务调用的，在调度器上锁的期间，可能有什么事件发生了并使一个更高优先级的任务进入就绪态。

调用 OSSchedLock()以后，用户的应用程序不得使用任何能将现行任务挂起的系统调用。也就是说，用户程序不得调用 OSMboxPend()、OSQPend()、OSSemPend()、OSTaskSuspend (OS_PRIO_SELF)、OSTimeDly()或 OSTimeDlyHMSM()，直到 OSLockNesting 回零为止。因为调度器上了锁，用户就锁住了系统，任何其他任务都不能运行。

当低优先级的任务要发消息给多任务的邮箱、消息队列、信号量时（详见第 7 章），用户不希望高优先级的任务在邮箱、队列和信号量没有得到消息之前就取得了 CPU 的控制权，此时，用户可以使用禁止调度器函数。

给调度器上锁的程序清单：

```
void OSSchedLock(void)
{
     if(OSRunning==TRUE) {
          OS_ENTER_CRITICAL();
          OSLockNesting++;
          OS_EXIT_CRITICAL();
     }
}
```

给调度器开锁的程序清单：

```
void OSSchedUnlock(void)
{
     if(OSRunning==TRUE) {
          OS_ENTER_CRITICAL();
          if(OSLockNesting > 0) {
               OSLockNesting--;
               if((OSLockNesting | OSIntNesting)==0) {
                    OS_EXIT_CRITICAL();
```

```
                    OSSched();
                } else {
                    OS_EXIT_CRITICAL();
                }
            } else {
                OS_EXIT_CRITICAL();
            }
        }
}
```

3.3 μC/OS-II 的系统任务

操作系统除了要管理用户任务之外，也总会有一些内部事务需要处理，最起码要有一个没有用户任务可执行时需要做的事情，因为计算机是不能停下来的。为了与用户任务相区别，这种系统自己所需要的任务叫做系统任务。

μC/OS-II 预定义了两个系统任务：空闲任务和统计任务。其中，空闲任务是每个应用程序必须使用的，统计任务则是应用程序可以根据实际需要来选择使用的。

3.3.1 空闲任务

μC/OS-II 总是建立一个空闲任务，这个任务在没有其他任务进入就绪态时投入运行。这个空闲任务 OSTaskIdle()永远设为最低优先级，即 OS_LOWEST_PRIO。空闲任务 OSTaskIdle()什么也不做，只是在不停地给一个 32 位的名叫 OSIdleCtr 的计数器加 1，统计任务使用这个计数器以确定现行应用软件实际消耗的 CPU 时间。下面的程序清单是空闲任务的代码。在计数器加 1 前后，中断是先关掉再开启的，因为 8 位以及大多数 16 位微处理器的 32 位加 1 需要多条指令，所以要防止高优先级的任务或中断服务子程序从中打入。空闲任务不可能被应用软件删除。

空闲任务的代码如下：

```
void OSTaskIdle(void *pdata)
{
      pdata = pdata;
      for(;;){
            OS_ENTER_CRITICAL();
            OSIdleCtr++;
            OS_EXIT_CRITICAL();
            OSTaskIdleHook();     /* Call user definable HOOK     */
      }
}
```

注意：代码中的 pdata=pdata；是为了防止编译器报错而使用的一个程序设计技巧，因为空闲任务没有用参数 pdata，而有些 C 编译器会对这种情况报错（说定义了参数却没有使用），有了这行代码，编译器就不会报错。OSTaskIdleHook()是调用用户定义的外连函数。

3.3.2 统计任务

μC/OS-II 提供了一个运行时间统计的任务 OSTaskStat()。如果用户将系统定义常数 OS_TASK_STAT_EN 设为 1，这个任务就会建立。一旦得到了允许，OSTaskStat()每秒钟运行一次，计算当前的 CPU 利用率。换句话说，OSTaskStat()告诉用户应用程序使用了多少 CPU 时间，用百分比表示，这个值放在一个有符号 8 位整数 OSCPUsage 中，精读度是一个百分点。

CPU 利用率的计算方法如式（3-1）所示。

$$OSCPUUsage(\%)=100\times(1-OSIdleCtr/OSIdleCtrMax) \quad (3\text{-}1)$$

其中：OSIdleCtr 表示空闲计数器的值，也就是每秒钟空闲任务运行的次数；OSIdleCtrMax 表示计数器 OSIdleCtr 的最大计数值，也就是每秒钟运行任务的次数。

但是由于 OSIdleCtr、OSIdleCtrMax 都是整数运行，OSIdleCtr/OSIdleCtrMax 运算的结果永远为 0，所以式（3-1）应该重写成式（3-2）：

$$OSCPUUsage(\%) = 100 - ((100 \times OSIdleCtr) / OSIdleCtrMax) \quad (3\text{-}2)$$

将 OSIdleCtr 乘以 100，限制了 OSIdleCtr 的最大值，特别是当处理器特别快时。为了使 OSIdleCtr 与 100 的乘积不溢出，OSIdleCtr 的值任何时候都不能大于 42 949 672。对于高速处理器，OSIdleCtr 很快就会达到这个值。为解决这个潜在的问题，只需将 OSIdleCtrMax 除以 100，如式（3-3）所示。

$$OSCPUUsage(\%) = (100 - (OSIdleCtr / (OSIdleCtrMax / 100)) \quad (3\text{-}3)$$

统计任务的代码如下：

```
void OSTaskStat(void *pdata)
{
    INT32U run;
    INT8S usage;


    pdata=pdata;
    while(OSStatRdy == FALSE) {
        OSTimeDly(2 * OS_TICKS_PER_SEC);
    }
    for(;;){
        OS_ENTER_CRITICAL();
        OSIdleCtrRun = OSIdleCtr;
        run          = OSIdleCtr;
        OSIdleCtr    = 0L;
        OS_EXIT_CRITICAL();
        if(OSIdleCtrMax > 0L) {
            usage = (INT8S)(100L - 100L * run / OSIdleCtrMax);
            if(usage > 100) {
                OSCPUUsage = 100;
            } else if(usage < 0) {
                OSCPUUsage = 0;
            } else {
```

```
                OSCPUUsage = usage;
            }
        } else {
            OSCPUUsage = 0;
        }
        OSTaskStatHook();
        OSTimeDly(OS_TICKS_PER_SEC);
    }
}
```

因为用户的应用程序必须先建立一个起始任务 TaskStart()，当主程序 main()调用系统启动函数 OSStart()的时候，μC/OS-II 只有三个要管理的任务：TaskStart()、OSTaskIdle()和 OSTaskStat()。请注意，任务 TaskStart()的名称是无所谓的，叫什么名字都可以。因为 μC/OS-II 已经将空闲任务的优先级设为最低，即 OS_LOWEST_PRIO，统计任务的优先级设为次低，即 OS_LOWEST_PRIO−1。启动任务 TaskStart()总是优先级最高的任务。

统计任务函数 OSTaskStat()最后还调用了统计任务外界接入函数 OSTaskStatHook()，这是由用户定义的函数，这个函数能使统计任务得到扩展。

下面介绍一下 μC/OS-II 的外界接口函数，μC/OS-II 的接口函数有 9 个，分别是：

```
void  OSInitHookBegin(void)
void  OSInitHookEnd(void)
void  OSTaskCreateHook(OS_TCB *ptcb)
void  OSTaskDelHook(OS_TCB *ptcb)
void  OSTaskIdleHook(void)
void  OSTaskStatHook(void)
void  OSTaskSwHook(void)
void  OSTCBInitHook(OS_TCB *ptcb)
void  OSTimeTickHook(void)
```

这些接口函数都在 OS_CPU_C.C 文件中，通常由处理器移植 μC/OS-II 的人完成；但是，如果将配置常数 OS_CPU_HOOKS_EN 定义为 0，就可以在另一个文件里重新声明这些接口函数。OS_CPU_HOOKS_EN 是在 OS_CFG.H 文件中提供的众多的配置常数之一。每个使用 μC/OS-II 的项目，其要求各不相同，其 OS_CFG.H 文件也不一样。

1. OSInitHookBegin()

进入 OSInit()函数后，OSInitHookBegin()就会立即被调用。这个函数使得用户可以将具有自己特点的代码放在 OSIint()函数中。

2. OSInitHookEnd()

OSInitHookEnd()与 OSInitHookBegin()函数相似，只是它在 OSInit()函数返回之前被调用。

3. OSTaskCreateHook()

当用 OSTaskCreate()或 OSTaskCreateExt()建立任务的时候就会调用 OSTaskCreateHook()。该函数允许用户或使用用户的移植实例的用户扩展 μC/OS-II 的功能。当 μC/OS-II 设置完自己的内部结构后，会在调用任务调度程序之前调用 OSTaskCreateHook()。该函数被调用的时候中断是禁止的。因此用户应尽量减少该函数中的代码以缩短中断的响应时间。

当 OSTaskCreateHook()被调用的时候，它会收到指向已建立任务的 OS_TCB 的指针，这样它就可以访问所有的结构成员了。

只用当 OS_CFG.H 中的 OS_CPU_HOOKS_EN 被置为 1 时才会产生 OSTaskCreateHook() 的代码。这样，使用用户的移植实例的用户可以在其他的文件中重新定义 Hook 函数。

4. OSTaskDelHook()

当任务被删除的时候就会调用 OSTaskDelHook()。该函数在把任务从 μC/OS-II 的内部任务链表中解开之前被调用。当 OSTaskDelHook()被调用的时候，它会收到指向正被删除任务的 OS_TCB 的指针，这样它就可以访问所有的结构成员了。OSTaskDelHook()可以用来检验 TCB 扩展是否被建立了（一个非空指针）并进行一些清除操作。OSTaskDelHook()不返回任何值。

只用当 OS_CFG.H 中的 OS_CPU_HOOKS_EN 被置为 1 时才会产生 OSTaskDelHook() 的代码。

5. OSTaskIdleHook()

空闲任务 OSTaskIdel()中会调用 OSTaskIdleHook(),可以在这个函数中写入任务用户代码。可以借助 OSTaskIdleHook()，让 CPU 执行 STOP 指令，从而进入低功耗模式。当应用系统由电池供电时，这种方式特别有用。OSTaskIdel()是永远处于就绪态的，固不要在 OSTaskIdleHook()中调用任务可以使任务挂起的 pend 函数、OSTimeDly()函数以及 OSTaskSusPend()函数。

6. OSTimeTickHook()

OSTaskTimeHook()在每个时钟节拍都会被 OSTaskTick()调用。实际上，OSTaskTimeHook()是在节拍被 μC/OS-II 真正处理,并通知用户的移植实例或应用程序之前被调用的。OSTaskTimeHook()没有任何参数，也不返回任何值。

只有当 OS_CFG.H 中的 OS_CPU_HOOKS_EN 被置为 1 时才会产生 OSTaskTimeHook() 的代码。

7. OSTaskSwHook()

当发生任务切换的时候调用 OSTaskSwHook()。不管任务切换是通过 OSCtxSw()还是 OSIntCtxSw()来执行的都会调用该函数。OSTaskSwHook()可以直接访问 OSTCBCur 和 OSTCBHighRdy，因为它们是全局变量。OSTCBCur 指向被切换出去的任务的 OS_TCB，而 OSTCBHighRdy 指向新任务的 OS_TCB。注意在调用 OSTaskSwHook()期间中断一直是被禁止的。因为代码的多少会影响到中断的响应时间，所以用户应尽量使代码简化。OSTaskSwHook()没有任何参数，也不返回任何值。

只用当 OS_CFG.H 中的 OS_CPU_HOOKS_EN 被置为 1 时才会产生 OSTaskSwHook() 的代码。

例如，用户想计算每个任务的运行时间，记录每个任务的运行次数和总的运行时间，可以编写如下 OSTaskSwHook(void)程序代码。每当 μC/OS-II 从一个低优先级的任务切换到一个高优先级的任务时，该接口函数被调用。

```
void  OSTaskSwHook(void)
{
       INT16U          time;
       TASK_USER_DATA  *puser;


       time=PC_ElapsedStop();            /* This task is done           */
       PC_ElapsedStart();                /* Start for next task         */
       puser=OSTCBCur->OSTCBExtPtr;      /* Point to used data          */
       if(puser!=(TASK_USER_DATA *)0) {
           puser->TaskCtr++;             /* Increment task counter       */
           puser->TaskExecTime= time;    /* Update the task's execution time */
           puser->TaskTotExecTime += time; /* Update the task's total execution
                                              time */
       }
}
```

8. OSTaskStatHook()

OSTaskStatHook()每秒钟都会被 OSTaskStat()调用一次。用户可以用 OSTaskStatHook()来扩展统计功能。例如，用户可以保持并显示每个任务的执行时间、每个任务所用的 CPU 份额，以及每个任务执行的频率等。OSTaskStatHook()没有任何参数，也不返回任何值。

只用当 OS_CFG.H 中的 OS_CPU_HOOKS_EN 被置为 1 时才会产生 OSTaskStatHook()的代码。

9. OSTCBInitHook()

OSTCBInit()函数在调用 OSTaskCreateHook()之前，会先调用 OSTCBInitHook()，这样用户可以在 OSTCBInitHook()函数中做一些与初始化控制块 OS_TCB 有关的处理。OSTCBInitHook()会收到指向新添加任务的任务控制块的指针，而这个新添加任务的任务控制块绝大部分已经初始化完成，但是还没有链接到已经建立任务的链表中。

3.4 μC/OS-II 的初始化和任务的启动

3.4.1 μC/OS-II 的初始化

在调用 μC/OS-II 的任何其他服务之前，μC/OS-II 要求用户首先调用系统初始化函数 OSIint()。OSIint()初始化 μC/OS-II 所有的变量和数据结构。

OSInit()建立空闲任务，这个任务总是处于就绪态的。空闲任务 OSTaskIdle()的优先级总是设成最低，即 OS_LOWEST_PRIO。如果统计任务允许 OS_TASK_STAT_EN 和任务建立扩展都设为 1，则 OSInit()还得建立统计任务 OSTaskStat()并且让其进入就绪态。OSTaskStat 的优先级总是设为 OS_LOWEST_PRIO−1。

以上两个任务的任务控制块（OS_TCBs）是用双向链表链接在一起的。OSTCBList

指向这个链表的起始处。当建立一个任务时，这个任务总是被放在这个链表的起始处。换句话说，OSTCBList 总是指向最后建立的那个任务。链的终点指向空字符 NULL（也就是零）。

因为这两个任务都处在就绪态，在就绪任务表 OSRdyTbl[]中的相应位置是设为 1 的。还有，因为这两个任务的相应位是在 OSRdyTbl[]的同一行上，即属同一组，故 OSRdyGrp 中只有一位是设为 1 的。

μC/OS-II 还初始化了 4 个空数据结构缓冲区，如图 3-15 所示。每个缓冲区都是单向链表，允许 μC/OS-II 从缓冲区中迅速得到或释放一个缓冲区中的元素。注意，空任务控制块在空缓冲区中的数目取决于最多任务数 OS_MAX_TASKS，这个最多任务数是在 OS_CFG.H 文件中定义的。μC/OS-II 自动安排总的系统任务数 OS_N_SYS_TASKS。控制块 OS_TCB 的数目也就自动确定了。当然，包括足够的任务控制块分配给统计任务和空闲任务。指向空事件表 OSEventFreeList 和空队列表 OSQFreeList 的指针将在任务间通信与同步中讨论。指向空存储区的指针表 OSMemFreeList 将在存储管理中讨论。经过初始化后，系统中的数据结构如图 3-16 所示。

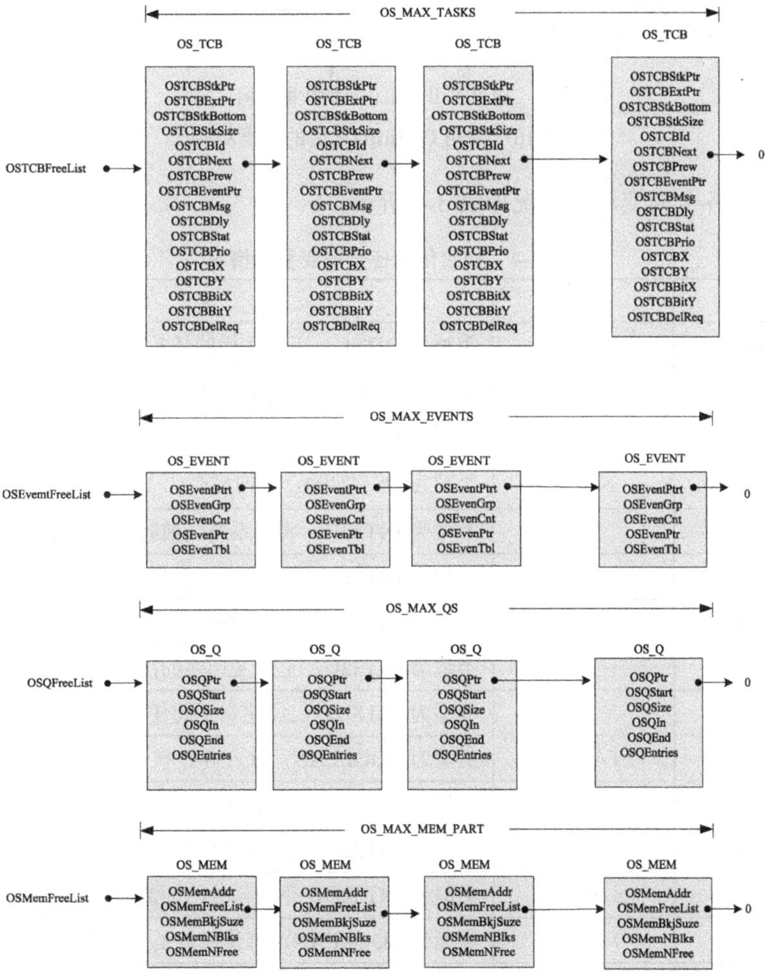

图 3-15　系统中的数据结构

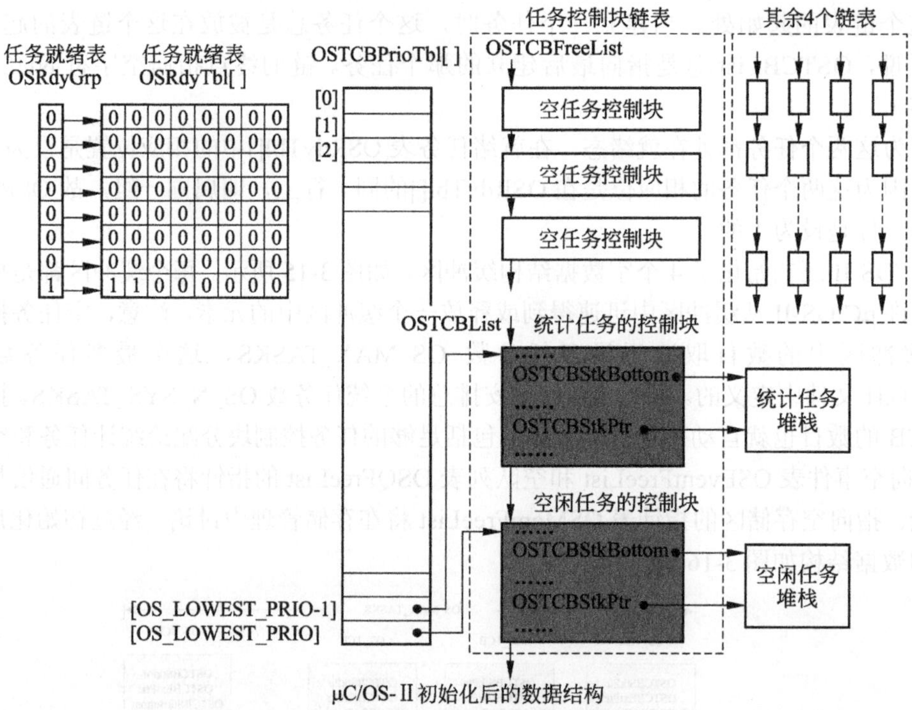

图 3-16 调用 OSInit()之后的数据结构

初始化后，各全局变量的情况如表 3-4 所示。

表 3-4 初始化后各全局变量的情况

变 量	值	说 明
OSPrioCur	0	类型为 INT8U，正在运行的任务的优先级
OSPrioHighRdy	0	类型为 INT8U，具有最高优先级别的就绪任务的优先级
OSTCBCur	NULL	类型为 OS_TCB*，指向正在运行任务控制块的指针
OSTCBHighRdy	NULL	类型为 OS_TCB*，指向最高优先级就绪任务控制块的指针
OSTime	0L	类型为 INT32U，表示系统当前时间（节拍数）
OSIntNesting	0	类型为 INT8U，存放中断嵌套的层数（0～255）
OSLockNesting	0	类型为 INT8U，调用了 OSSchedLock 的嵌套层数
OSCtxSwCtr	0	类型为 INT32U，上下文切换的次数
OSTaksCtr	2	类型为 INT8U，已经建立了的任务数
OSRunning	FALSE	类型为 BOOLEAN，μC/OS-II 核是否正在运行的标志
OSCPUUsage	0	类型为 INT8S，存放 CPU 的利用率（%）的变量
OSIdleCtrRun	0L	类型为 INT32U，表示每秒空闲任务计数的最大值
OSIdleCtr	0L	类型为 INT32U，空闲任务的计数器
OSStatRdy	FALSE	类型为 BOOLEAN，统计任务是否就绪的标志
OSIntExity	0	类型为 INT8U，用于函数 OSInitExt()

3.4.2 μC/OS-II 的启动

多任务的启动是用户通过调用 OSStart()实现的。然而，启动 μC/OS-II 之前，用户至少要建立一个应用任务，程序清单如下：

```
void main(void)
{
    OSInit();            /* 初始化 uC/OS-II                          */
    .
    .
    通过调用 OSTaskCreate()或 OSTaskCreateExt()创建至少一个任务;
    .
    .
    OSStart();           /* 开始多任务调度!OSStart()永远不会返回 */
}
```

OSStart()的代码如上面的程序清单所示。当调用 OSStart()时，OSStart()从任务就绪表中找出那个用户建立的优先级最高任务的任务控制块。然后，OSStart()调用高优先级就绪任务启动函数 OSStartHighRdy()，这个文件与选择的微处理器有关。

```
void OSStart(void)
{
    INT8U y;
    INT8U x;

    if(OSRunning==FALSE){
        y              = OSUnMapTbl[OSRdyGrp];
        x              = OSUnMapTbl[OSRdyTbl[y]];
        OSPrioHighRdy  = (INT8U)((y << 3) + x);
        OSPrioCur      = OSPrioHighRdy;
        OSTCBHighRdy   = OSTCBPrioTbl[OSPrioHighRdy];
        OSTCBCur       = OSTCBHighRdy;
        OSStartHighRdy();
    }
}
```

多任务启动后，μC/OS-II 立即进入多任务管理阶段，这时的数据结构如图 3-17 所示。这里假设建立的任务优先级为 6，则各个变量的变化如表 3-5 所示。

表 3-5 初始化后各个变量的值

变　量	值
OSPrioCur	6
OSPrioHighRdy	6
OSTime	0L
OSIntNesting	0
OSLockNesting	0

续表

变　　量	值
OSCtxSwCtr	0
OSTaskCtr	3
OSRunning	TRUE
OSCPUUsage	0
OSIdleCtrMax	0L
OSIdleCtrRun	0L
OSIdleCtr	0L
OSStatRdy	FALSE
OSIntExitY	0

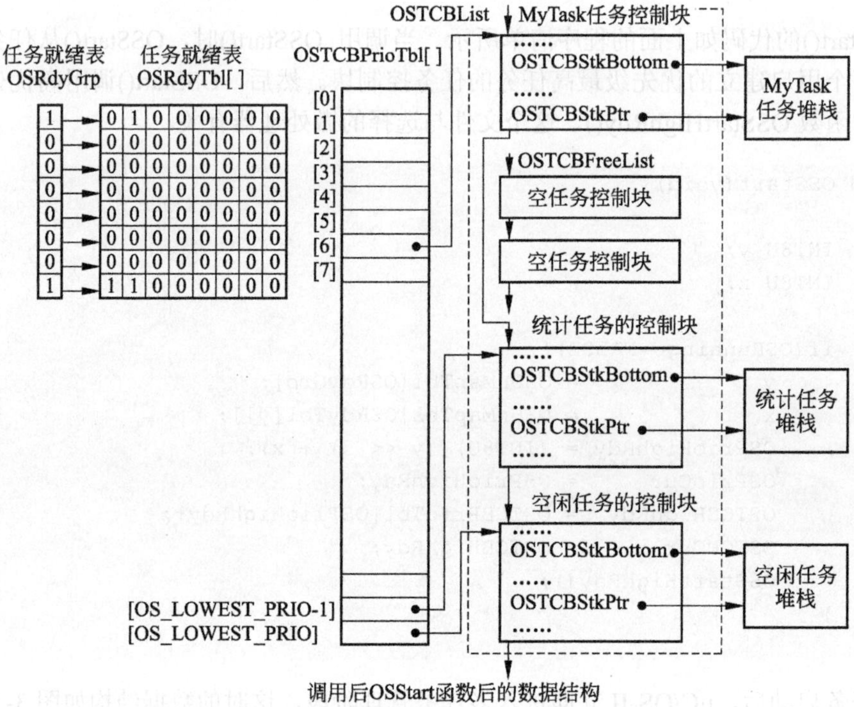

图 3-17　调用 OSStart()以后的数据结构

小　　结

任务是嵌入式实时操作系统 μC/OS-II 中最重要的概念，TCB 是该系统最基本的数据结构。本章详细讨论了任务的概念、任务的构成、任务的 C 语言描述方法，以及 TCB 的构成等基本概念。

操作系统内核实现的关键技术是内核的调度问题，μC/OS-II 的内核调度基于优先级策略，从就绪表里找到优先级最高的任务完成任务切换，从而使该任务获取处理器运行。为了能够使高优先级的任务快速得到运行，μC/OS-II 使用了一些数据结构：包括变量 OSRdyGrp，数组 OSRdyTbl[]，优先级判定表 OSUnMapTbl[]等。

μC/OS-II 最多有 64 个任务，包括两个系统任务：空闲任务和统计任务，空闲任务的优先级最低，并且总是处于就绪状态。

编写 μC/OS-II 的应用程序时，最初要对系统进行初始化，通过调用 OSIint()函数完成系统的初始化，然后调用创建任务函数创建应用任务，任务创建后必须调用 OSStart()函数实现多任务的启动。

习　题

1．μC/OS-II 的 TCB 是怎样定义的？

2．什么是任务？μC/OS-II 的任务有几种基本状态？分别是什么？给出各个状态之间的转换图。

3．什么是任务调度？μC/OS-II 是怎样实现任务调度的？

4．实时系统常用的调度算法有哪些？

5．空闲任务代码中为什么没有延时语句？

6．μC/OS-II 初始化后系统的数据结构怎样变化？

7．μC/OS-II 启动后，即调用 OSStart()后，系统的数据结构怎样？

8．说明变量 OSRdyGrp 的作用。

9．说明优先级判定表 OSUnMapTbl[]的作用。为什么这样来定义 OSUnMapTbl[]？

10．数组 OSRdyTbl[]有什么用途？

11．说明从任务就绪表里查找最高优先级就绪任务的方法。

12．简述 μC/OS-II 的任务切换原理。

第4章 任务管理

μC/OS-II 可以管理多达 64 个任务，但建议保留 4 个最高优先级和 4 个最低优先级的任务，供以后 μC/OS-II 的版本使用。然而，目前的 μC/OS-II 实际上只使用了两个优先级别：OS_LOWEST_PRIO 和 OS_LOWEST_PRIO−1。即使这样，留给用户使用的任务仍多达 56 个。优先级的值越低，表示任务的优先级越高。

本章的主要内容有：

- μC/OS-II 的任务管理函数及其使用方法。
- μC/OS-II 函数的使用实例。

4.1 任务的基本操作

4.1.1 任务创建

μC/OS-II 系统提供了任务创建的系统调用，用户可以通过“任务创建”函数创建新的任务，当要把新任务加入系统时，μC/OS-II 创建该任务所要求的 TCB 信息，并为任务分配空间，初始化任务空间，分配任务堆栈等信息，并把刚创建的任务置于就绪态，进行任务调度等。任务的建立可以在多任务环境启动之前，也可以在正在运行任务时建立。中断处理程序中不能建立任务。一个任务必须为无限循环结构，且不能有返回值。

1. 创建任务函数 OSTaskCreate()

OSTaskCreate()建立一个新任务。OSTaskCreate()是为了与先前的 μC/OS 版本保持兼容，在 OSTaskCreateExt()函数中新增加了许多特性。

OSTaskCreate()函数的原型如下：

```
INT8U OSTaskCreate(void (*task)(void *pd), void *pdata, OS_STK *ptos, INT8U
prio);
```

参数如下。

- task：指向任务代码的指针。
- pdata：指向一个数据结构，该结构用来在建立任务时向任务传递参数。
- ptos：指向任务堆栈栈顶的指针。任务堆栈用来保存局部变量、函数参数、返回地址以及任务被中断时的 CPU 寄存器内容。任务堆栈的大小决定于任务的需要及预计的中断嵌套层数。计算堆栈的大小，需要知道任务的局部变量所占的空间，可能产生嵌套调用的函数，及中断嵌套所需空间。如果初始化常量 OS_STK_GROWTH 设为 1，堆栈被设为从内存高地址向低地址增长，此时 ptos 应该指向任务堆栈空间的最高地址。反之，如果 OS_STK_GROWTH 设为 0，堆栈将从内存的低地址向高地址增长。
- prio：任务的优先级。每个任务必须有一个唯一的优先级作为标识。数字越小，优先级越高。

返回值如下。

OSTaskCreate()的返回值为下述之一。
- OS_NO_ERR：函数调用成功。
- OS_PRIO_EXIST：具有该优先级的任务已经存在。
- OS_PRIO_INVALID：参数指定的优先级大于 OS_LOWEST_PRIO。
- OS_NO_MORE_TCB：系统中没有 OS_TCB 可以分配给任务了。

注意:
- 任务堆栈必须声明为 OS_STK 类型。
- 在任务中必须调用 μC/OS 提供的下述过程之一：延时等待、任务挂起、等待事件发生（等待信号量，消息邮箱、消息队列），以使其他任务得到 CPU。
- 用户程序中不能使用优先级 0、1、2、3，以及 OS_LOWEST_PRIO-3、OS_LOWEST_PRIO-2、OS_LOWEST_PRIO-1、OS_LOWEST_PRIO。这些优先级由 μC/OS 系统保留，其余的 56 个优先级提供给应用程序。

应用创建任务函数 OSTaskCreate()的示意性代码如下，这里传递给任务 Task1()的参数 pdata 不使用，所以指针 pdata 被设为 NULL。注意到程序中设定堆栈向低地址增长，传递的栈顶指针为高地址&Task1Stk [1023]。如果在程序中设定堆栈向高地址增长，则传递的栈顶指针应该为&Task1Stk [0]。

```
OS_STK  Task1Stk[1024];

void main(void)
{
        INT8U err;

        .
        OSInit();                        /* 初始化 μC/OS-II */
        .
        OSTaskCreate(Task1,
                     (void *)0,
                     &Task1Stk[1023],
                     25);

        .
        OSStart();                       /* 启动多任务环境 */
}


void Task1(void *pdata)
{
        pdata = pdata;
```

```
        for(;;){
            .                       /* 任务代码 */
            /* 在任务体中必须调用如下函数之一： */
            /*   OSMboxPend() */
            /*   OSQPend() */
            /*   OSSemPend() */
            /*   OSTimeDly() */
            /*   OSTimeDlyHMSM() */
            /*   OSTaskSuspend()      (挂起任务本身) */
            /*   OSTaskDel()          (删除任务本身) */
            .
```

2. 创建任务函数 OSTaskCreateExt()

OSTaskCreateExt()建立一个新任务。与 OSTaskCreate()不同的是，OSTaskCreateExt()允许用户设置更多的细节内容。任务的建立可以在多任务环境启动之前，也可以在正在运行的任务中建立，但在中断处理程序中不能建立新任务。一个任务必须为无限循环结构，且不能有返回点。OSTaskCreateExt()函数的原型如下：

```
INT8U OSTaskCreateExt(void (*task)(void *pd), void *pdata, OS_STK *ptos,INT8U
prio, INT16U id, OS_STK *pbos, INT32U stk_size, void *pext, INT16U opt);
```

参数如下。

- task：指向任务代码的指针。
- pdata：指针指向一个数据结构，该结构用来在建立任务时向任务传递参数。
- ptos：指向任务堆栈栈顶的指针。
- prio：任务的优先级。每个任务必须有一个唯一的优先级作为标识。数字越小，优先级越高。
- id：是任务的标识，目前这个参数没有实际的用途，但保留在 OSTaskCreateExt()中供今后扩展，应用程序中可设置 id 与优先级相同。
- pbos：指向堆栈底端的指针。
- stk_size：指定任务堆栈的大小。
- pext：一个用户定义数据结构的指针，可作为 TCB 的扩展。例如，当任务切换时，用户定义的数据结构中可存放浮点寄存器的数值、任务运行时间、任务切入次数等信息。
- opt：存放与任务相关的操作信息。opt 的低 8 位由 μC/OS 保留，用户不能使用。用户可以使用 opt 的高 8 位。

返回值如下。

OSTaskCreateExt()的返回值为下述之一。

- OS_NO_ERR：函数调用成功。
- OS_PRIO_EXIST：具有该优先级的任务已经存在。
- OS_PRIO_INVALID：参数指定的优先级大于 OS_LOWEST_PRIO。
- OS_NO_MORE_TCB：系统中没有 OS_TCB 可以分配给任务了。

注意：

- 任务堆栈必须声明为 OS_STK 类型。

- 在任务中必须进行 μC/OS 提供的下述过程之一：延时等待、任务挂起、等待事件发生（等待信号量、消息邮箱、消息队列），以使其他任务得到 CPU。
- 用户程序中不能使用优先级 0、1、2、3，以及 OS_LOWEST_PRIO-3，OS_LOWEST_PRIO-2，OS_LOWEST_PRIO-1，OS_LOWEST_PRIO。这些优先级由 μC/OS 系统保留，其余 56 个优先级提供给应用程序。

应用任务创建函数 OSTaskCreateExt()的示意性代码如下，这里使用了一个用户自定义的数据结构 TASK_USER_DATA（标识（1）），在其中保存了任务名称和其他一些数据。任务名称可以用标准库函数 strcpy()初始化（标识（2））。在本例中，允许堆栈检查操作（标识（4）），程序可以调用 OSTaskStkChk()函数。本例中设定堆栈向低地址方向增长（标识（3））。本例中 OS_STK_GROWTH 设为 1。程序注释中的 TOS 意为堆栈顶端（Top–Of–Stack），BOS 意为堆栈底端（Bottom–Of–Stack）。

```
typedef struct {                          /*  用户定义的数据结构   (1)*/
      char    TaskName[20];
      INT16U  TaskCtr;
      INT16U  TaskExecTime;
      INT32U  TaskTotExecTime;
} TASK_USER_DATA;


OS_STK           TaskStk[1024];
TASK_USER_DATA    TaskUserData;


void main(void)
{
        INT8U err;

        .
        OSInit();                                        /* 初始化μC/OS-II */
        .
        strcpy(TaskUserData.TaskName, "MyTaskName"); /*  任务名 (2)*/
        err = OSTaskCreateExt(Task,
                   (void *)0,
                   &TaskStk[1023],                       /*  堆栈向低地址增长 (TOS)  (3)*/

                   10,
                   &TaskStk[0],                          /*  堆栈向低地址增长 (BOS)  (3)*/
                   1024,
                   (void *)&TaskUserData,                /* TCB 的扩展 */
                   OS_TASK_OPT_STK_CHK);                 /*  允许堆栈检查 (4)*/
        .
        OSStart();                                       /* 启动多任务环境 */
}

void Task(void *pdata)
```

```
{
        pdata = pdata;                    /* 此句可避免编译中的警告信息 */
        for (;;) {
            .                             /* 任务代码 */
            /* 在任务体中必须调用如下函数之一：                          */
            /*    OSMboxPend()                                        */
            /*    OSQPend()                                            */
            /*    OSSemPend()                                          */
            /*    OSTimeDly()                                          */
            /*    OSTimeDlyHMSM()                                      */
            /*    OSTaskSuspend()      (挂起任务本身)                   */
            /*    OSTaskDel()          (删除任务本身)                   */
            .
```

4.1.2 任务删除

删除一个任务就是把任务置于睡眠态。即把被删除任务的任务控制块从任务控制块链表中删除，并归还给空任务控制块链表，然后从任务就绪表中把该任务的就绪状态位置 0。μC/OS-II 中通过 OSTaskDel()函数来删除任务自身或者除了空闲任务之外的其他任务。

OSTaskDel()函数的原型如下：

```
INT8U OSTaskDel(INT8U prio);
```

参数如下。

prio：指定要删除任务的优先级，如果任务不知道自己的优先级，用参数 OS_PRIO_SELF 代替。

返回值如下。

OSTaskDel()的返回值为下述之一。

- OS_NO_ERR：函数调用成功。
- OS_TASK_DEL_IDLE：错误操作，试图删除空闲任务。
- OS_TASK_DEL_ ERR：错误操作，指定要删除的任务不存在。
- OS_PRIO_INVALID：参数指定的优先级大于 OS_LOWEST_PRIO。
- OS_TASK_DEL_ISR：错误操作，试图在中断处理程序中删除任务。

注意：

- OSTaskDel()将判断用户是否试图删除 μC/OS 中的空闲任务。
- 在删除占用系统资源的任务时要谨慎，此时，为安全起见可以使用另一个函数 OSTaskDelReq()。

应用任务删除函数 OSTaskDel()的示意性代码如下：

```
void TaskX(void *pdata)
{
        INT8U err;
```

```
        for(;;){
            .
            .
            err=OSTaskDel(10);          /* 删除优先级为 10 的任务    */
            if(err==OS_NO_ERR){
                .                       /* 任务被删除 */
                .
            }
            .
            .
        }
}
```

有时候，任务会占用一些内存缓冲区或信号量之类的资源。这时，如果另一个任务试图删除该任务，这些被占用的资源就会因为没有被释放而丢失。这会导致存储器漏洞，是任何嵌入式系统无法接受的。因此，必须想办法让拥有这些资源的任务在使用完资源后，先释放资源，再删除自己。μC/OS-II 通过 OSTaskDelReq()函数完成该功能。具体的做法是：在需要被删除的任务中调用 OSTaskDelReq()检测是否有其他任务的删除请求，如果有，则释放自身占用的资源，然后调用 OSTaskDel()删除自身。

OSTaskDelReq()函数的原型如下：

```
INT8U OSTaskDel(INT8U prio);
```

参数如下。

prio：要求删除任务的优先级。如果参数为 OS_PRIO_SELF，则表示调用函数的任务正在查询是否有来自其他任务的删除请求。

返回值如下。

OSTaskDelReq()的返回值为下述之一。

- OS_NO_ERR：删除请求已经被任务记录。
- OS_TASK_NOT_EXIST：指定的任务不存在。发送删除请求的任务可以等待此返回值，看删除是否成功。
- OS_TASK_DEL_IDLE：错误操作，试图删除空闲任务。
- OS_PRIO_INVALID：参数指定的优先级大于 OS_LOWEST_PRIO 或没有设定 OS_PRIO_SELF 的值。
- OS_TASK_DEL_REQ：当前任务收到来自其他任务的删除请求。

注意：OSTaskDelReq()将判断用户是否试图删除 μC/OS 中的空闲任务。

应用请求删除其他任务的示意性代码如下：

```
void TaskThatDeletes(void *pdata)         /* 任务优先级 5   */
{
        INT8U err;
```

```
        for(;;){
            .
            .
            err=OSTaskDelReq(10);          /* 请求任务 10 删除自身 */
            if(err==OS_NO_ERR) {
                while (OSTaskDelReq(10)!=OS_TASK_NOT_EXIST) {
                    OSTimeDly(1);          /* 等待任务删除 */
                }
                .                          /* 任务 10 已被删除 */
            }
            .
            .
        }
}

void TaskToBeDeleted(void *pdata)         /* 任务优先级 10 */
{
    .
    .
    pdata=pdata;
    for(;;){
        OSTimeDly(1);
        if(OSTaskDelReq(OS_PRIO_SELF)==OS_TASK_DEL_REQ) {
            /* 释放任务占用的系统资源 */
            /* 释放动态分配的内存 */
            OSTaskDel(OS_PRIO_SELF);
        }
    }
}
```

4.1.3 任务挂起与恢复

在操作系统中将任务挂起是很有用的。任务可以挂起自己或者其他任务。挂起任务是通过调用 OSTaskSuspend()函数来完成的。当前任务挂起后，只有其他任务才能唤醒它。唤醒挂起任务需要调用函数 OSTaskResume()。任务挂起后，系统会重新进行任务调度，运行下一个优先级最高的就绪任务。

1. 任务挂起

任务的挂起是可以叠加到其他操作上的。如任务被挂起时正在进行延时操作，那么任务的唤醒就需要两个条件：延时的结束以及其他任务的唤醒操作。又如，任务被挂起时正在等待信号量，当任务从信号量的等待队列中清除后也不能立即运行，而必须等到唤醒操作后才能运行。

OSTaskSuspend()函数的原型如下：

```
INT8U OSTaskSuspend(INT8U prio);
```

参数如下。

prio：指定要获取挂起的任务优先级，也可以指定参数OS_PRIO_SELF，挂起任务本身。

返回值如下。

OSTaskSuspend()的返回值为下述之一。

- OS_NO_ERR：函数调用成功。
- OS_TASK_SUSPEND_IDLE：试图挂起μC/OS-II中的空闲任务。此为非法操作。
- OS_PRIO_INVALID：参数指定的优先级大于OS_LOWEST_PRIO或没有设定OS_PRIO_SELF的值。
- OS_TASK_SUSPEND_PRIO：要挂起的任务不存在。

注意：

- *在程序中OSTaskSuspend()和OSTaskResume()应该成对使用。*
- *用OSTaskSuspend()挂起的任务只能用OSTaskResume()唤醒。*

应用任务的挂起函数的示意性代码如下：

```
void Task1(void *pdata)
{
        INT8U err;


        for(;;){
            .
            .
            err=OSTaskSuspend(OS_PRIO_SELF);          /* 挂起当前任务      */
            .                      /* 当其他任务唤醒被挂起任务时，任务可继续运行 */
            .
            .
        }
}
```

2. 任务恢复

OSTaskResume()函数的原型如下：

```
INT8U OSTaskResume(INT8U prio);
```

参数如下。

prio：指定要唤醒任务的优先级。

返回值如下。

OSTaskResume()的返回值为下述之一。

- OS_NO_ERR：函数调用成功。
- OS_TASK_RESUME_PRIO：要唤醒的任务不存在。
- OS_TASK_NOT_SUSPENDED：要唤醒的任务不在挂起状态。

- OS_PRIO_INVALID：参数指定的优先级大于或等于 OS_LOWEST_PRIO。

应用任务恢复函数的示意性代码如下：

```
void Task2(void *pdata)
{
        INT8U err;


        for(;;){
            .
            .
            err=OSTaskResume(10);         /* 唤醒优先级为 10 的任务     */
            if(err==OS_NO_ERR) {
                .                         /* 任务被唤醒                 */
                .
            }
            .
            .
        }
}
```

4.1.4 其他任务管理函数

1. 改变任务的优先级

在建立任务时，会分配给任务一个优先级，在程序运行期间，可以通过调用函数OSTaskChangPrio()改变任务的优先级。OSTaskChangPrio()函数的原型如下：

```
INT8U OSTaskChangePrio(INT8U oldprio, INT8U newprio);
```

参数如下。

- oldprio：任务原来的优先级。
- newprio：任务的新优先级。

返回值如下。

OSTaskChangePrio()的返回值为下述之一。

- OS_NO_ERR：任务优先级成功改变。
- OS_PRO_INVALID：参数中的任务原先优先级或新优先级大于或等于 OS_LOWEST_PRIO。
- OS_PRIO_EXIST：参数中的新优先级已经存在。
- OS_PRIO_ERR：参数中的任务原来的优先级不存在。

注意：参数中的新优先级必须是没有使用过的，否则会返回错误码。在 OSTaskChangePrio()中还会先判断要改变优先级的任务是否存在。

应用改变任务优先级函数的示意性代码如下：

```
void TaskX(void *data)
{
        INT8U  err;


        for(;;){
            .
            .
            err=OSTaskChangePrio(10,15);
            .
            .
        }
}
```

2. 获取任务的信息

OSTaskQuery()用于获取任务信息，函数返回任务 TCB 的一个完整的拷贝。应用程序必须建立一个 OS_TCB 类型的数据结构，容纳返回的数据。需要提醒用户的是，在对任务 OS_TCB 对象中的数据操作时要谨慎，尤其是数据项 OSTCBNext 和 OSTCBPrev。它们分别指向 TCB 链表中的后一项和前一项。一般来说，本函数只用于了解任务正在干什么，它是一个很有用的调试工具。OSTaskQuery()函数的原型如下：

```
INT8U OSTaskQuery(INT8U prio, OS_TCB *pdata);
```

参数如下。

- prio：指定要获取 TCB 内容的任务优先级，也可以指定参数 OS_PRIO_SELF，获取调用任务的信息。
- pdata：指向一个 OS_TCB 类型的数据结构，容纳返回的任务 TCB 的一个拷贝。

返回值如下。

OSTaskQuery()的返回值为下述之一。

- OS_NO_ERR：函数调用成功。
- OS_PRIO_ERR：参数指定的任务非法。
- OS_PRIO_INVALID：参数指定的优先级大于 OS_LOWEST_PRIO。

应用获取任务的信息函数的示意性代码如下：

```
void Task(void *pdata)
{
        OS_TCB  task_data;
        INT8U   err;
        void   *pext;
        INT8U   status;


        pdata=pdata;
        for(;;){
            .
            .
```

```
        err=OSTaskQuery(OS_PRIO_SELF, &task_data);
        if(err==OS_NO_ERR) {
           pext=task_data.OSTCBExtPtr;    /* 获取TCB扩展数据结构的指针   */
           status=task_data.OSTCBStat; /* 获取任务状态          */
              .
              .
        }
        .
        .
    }
}
```

3．堆栈检验函数

OSTaskStkChk()用于检查任务堆栈状态，计算指定任务堆栈中的未用空间和已用空间。使用OSTaskStkChk()函数要求所检查的任务是被OSTaskCreateExt()函数建立的，且opt参数中OS_TASK_OPT_STK_CHK操作项打开。OSTaskStkChk()函数的原型如下：

```
INT8U OSTaskStkChk(INT8U prio, OS_STK_DATA *pdata);
```

参数如下。

- prio：指定要获取堆栈信息的任务优先级，也可以指定参数OS_PRIO_SELF，获取调用任务本身的信息。
- pdata：指向一个类型为OS_STK_DATA的数据结构，其中包含如下信息。

```
INT32U OSFree;          /* 堆栈中未使用的字节数              */
INT32U OSUsed;          /* 堆栈中已使用的字节数              */
```

返回值如下。

OSTaskStkChk()的返回值为下述之一。

- OS_NO_ERR：函数调用成功。
- OS_PRIO_INVALID：参数指定的优先级大于OS_LOWEST_PRIO，或未指定OS_PRIO_SELF。
- OS_TASK_NOT_EXIST：指定的任务不存在。
- OS_TASK_OPT_ERR：任务用OSTaskCreateExt()函数建立的时候没有指定OS_TASK_OPT_STK_CHK操作，或者任务是用OSTaskCreate()函数建立的。

注意：

- 函数的执行时间是由任务堆栈的大小决定的，事先不可预料。
- 在应用程序中可以把OS_STK_DATA结构中的数据项OSFree和OSUsed相加，可得到堆栈的大小。
- 虽然原则上该函数可以在中断程序中调用，但由于该函数可能执行很长时间，所以实际中不提倡这种做法。

应用堆栈检验函数的示意性代码如下：

```
void Task(void *pdata)
{
    OS_STK_DATA stk_data;
    INT32U      stk_size;


    for(;;){
      .
      .
      err=OSTaskStkChk(10, &stk_data);
      if(err==OS_NO_ERR) {
         stk_size=stk_data.OSFree + stk_data.OSUsed;
      }
      .
      .
    }
}
```

4.2 应用举例

4.2.1 任务的状态转变举例

例 4-1 为了展现任务的各种基本状态及其变迁过程，设计只有 Task0、Task1 两个任务的应用程序，任务 Task0 不断地挂起自己，再被任务 Task1 解挂，两个任务不断地切换执行。通过本例，读者可以清晰地了解到任务在各个时刻的状态以及状态变迁的原因。

操作系统的配置如下：

```
/*
*********************************************************************************
*                         μC/OS-II CONFIGURATION
*********************************************************************************
*/

#define OS_MAX_EVENTS        2   /* Max.number of event control blocks in your
application ... */
                                 /* ... MUST be > 0                          */
#define OS_MAX_FLAGS         5   /* Max. number of Event Flag Groups in your
application ... */
                                 /* ... MUST be > 0                        */
#define OS_MAX_MEM_PART      5   /* Max. number of memory partitions ...    */
                                 /* ... MUST be > 0                          */
#define OS_MAX_QS            2   /* Max.number of queue control blocks in your
application ... */
                                 /* ... MUST be > 0                          */
#define OS_MAX_TASKS        11   /* Max. number of tasks in your application...*/
```

```
                                  /* ... MUST be >= 2                  */

#define OS_LOWEST_PRIO       12  /* Defines the lowest priority that can be
assigned ...        */
                                  /* ... MUST NEVER be higher than 63!   */

#define OS_TASK_IDLE_STK_SIZE   512 /* Idle task stack size (# of OS_STK wide
entries)       */

#define OS_TASK_STAT_EN        1   /* Enable (1) or Disable(0) the statistics task */
#define OS_TASK_STAT_STK_SIZE   512   /* Statistics task stack size (# of
OS_STK wide entries)    */

#define OS_ARG_CHK_EN          1   /* Enable (1) or Disable (0) argument checking */
#define OS_CPU_HOOKS_EN        1   /* μC/OS-II hooks are found in the processor
port files    */


                                  /* ---------- EVENT FLAGS ---------- */
#define OS_FLAG_EN             1   /* Enable (1) or Disable (0) code generation
for EVENT FLAGS */
#define OS_FLAG_WAIT_CLR_EN    1   /* Include code for Wait on Clear EVENT
FLAGS */
#define OS_FLAG_ACCEPT_EN      1   /*    Include code for OSFlagAccept() */
#define OS_FLAG_DEL_EN         1   /*    Include code for OSFlagDel()  */
#define OS_FLAG_QUERY_EN       1   /*    Include code for OSFlagQuery() */


                                  /* -------- MESSAGE MAILBOXES -------- */
#define OS_MBOX_EN             1   /* Enable (1) or Disable (0) code generation
for MAILBOXES      */
#define OS_MBOX_ACCEPT_EN      1   /*   Include code for OSMboxAccept() */
#define OS_MBOX_DEL_EN         1   /*   Include code for OSMboxDel()  */
#define OS_MBOX_POST_EN        1   /*   Include code for OSMboxPost() */
#define OS_MBOX_POST_OPT_EN    1   /*  Include code for OSMboxPostOpt()   */
#define OS_MBOX_QUERY_EN       1   /*   Include code for OSMboxQuery() */


                                  /* -------- MEMORY MANAGEMENT -------- */
#define OS_MEM_EN              1   /* Enable (1) or Disable (0) code generation
for MEMORY MANAGER */
#define OS_MEM_QUERY_EN        1   /*    Include code for OSMemQuery() */


                                  /* -- MUTUAL EXCLUSION SEMAPHORES -- */
#define OS_MUTEX_EN            1   /* Enable (1) or Disable (0) code generation
for MUTEX   */
#define OS_MUTEX_ACCEPT_EN     1   /*  Include code for OSMutexAccept() */
```

```
#define OS_MUTEX_DEL_EN      1    /* Include code for OSMutexDel() */
#define OS_MUTEX_QUERY_EN    1    /* Include code for OSMutexQuery() */


                                  /* -------- MESSAGE QUEUES -------- */
#define OS_Q_EN              1    /* Enable (1) or Disable (0) code generation
for QUEUES   */
#define OS_Q_ACCEPT_EN            1   /*    Include code for OSQAccept()  */
#define OS_Q_DEL_EN               1   /*    Include code for OSQDel()    */
#define OS_Q_FLUSH_EN             1   /*    Include code for OSQFlush()   */
#define OS_Q_POST_EN              1   /*    Include code for OSQPost()   */
#define OS_Q_POST_FRONT_EN        1   /*   Include code for OSQPostFront() */
#define OS_Q_POST_OPT_EN          1   /*    Include code for OSQPostOpt() */
#define OS_Q_QUERY_EN             1   /*    Include code for OSQQuery()  */


                                      /* ----------SEMAPHORES ---------- */
#define OS_SEM_EN                 1   /* Enable (1) or Disable (0) code generation
for SEMAPHORES    */
#define OS_SEM_ACCEPT_EN          1   /*   Include code for OSSemAccept() */
#define OS_SEM_DEL_EN             1   /*   Include code for OSSemDel() */
#define OS_SEM_QUERY_EN           1   /*   Include code for OSSemQuery() */


                                      /* -------- TASK MANAGEMENT -------- */
#define OS_TASK_CHANGE_PRIO_EN 1      /*  Include code for OSTaskChangePrio() */
#define OS_TASK_CREATE_EN         1   /* Include code for OSTaskCreate() */
#define OS_TASK_CREATE_EXT_EN     1   /* Include code for OSTaskCreateExt() */
#define OS_TASK_DEL_EN            1   /* Include code for OSTaskDel() */
#define OS_TASK_SUSPEND_EN        1   /* Include code for OSTaskSuspend() and
OSTaskResume()  */
#define OS_TASK_QUERY_EN          1   /*  Include code for OSTaskQuery() */


                                      /* -------- TIME MANAGEMENT -------- */
#define OS_TIME_DLY_HMSM_EN       1   /* Include code for OSTimeDlyHMSM() */
#define OS_TIME_DLY_RESUME_EN     1   /* Include code for OSTimeDlyResume() */
#define OS_TIME_GET_SET_EN        1   /* Include code for OSTimeGet() and
OSTimeSet()*/


                                      /* --------- MISCELLANEOUS --------- */
#define OS_SCHED_LOCK_EN          1   /*    Include code for OSSchedLock()
and OSSchedUnlock()    */


#define OS_TICKS_PER_SEC          200 /* Set the number of ticks in one second */
```

```
typedef INT16U   OS_FLAGS;          /* Date type for event flag bits (8, 16
or 32 bits) */
```

该应用程序的源代码如下：

```
#include "includes.h"

/*
*********************************************************************************************************
*                                              CONSTANTS
*********************************************************************************************************
*/

#define  TASK_STK_SIZE                 512       /* Size of each task's stacks
(# of WORDs)            */
#define  N_TASKS                       10       /* Number of identical tasks */

/*
*********************************************************************************************************
*                                              VARIABLES
*********************************************************************************************************
*/

OS_STK        TaskStk[N_TASKS][TASK_STK_SIZE];     /* Tasks stacks   */
OS_STK        TaskStartStk[TASK_STK_SIZE];
char          TaskData[N_TASKS];                      /* Parameters to pass to
each task        */

/*
*********************************************************************************************************
*                                          FUNCTION PROTOTYPES
*********************************************************************************************************
*/

        void Task0(void *pdata);
        void Task1(void *pdata);  /* Function prototypes of tasks */
        void  TaskStart(void *data); /* Function prototypes of Startup task */
static  void  TaskStartCreateTasks(void);
/*
*********************************************************************************************************
*                                               MAIN
*********************************************************************************************************
*/

void  main(void)
{
    PC_DispClrScr(DISP_FGND_WHITE + DISP_BGND_BLACK);  /* Clear the screen */
```

```
    OSInit();                         /* Initialize µC/OS-II */

    PC_DOSSaveReturn();               /* Save environment to return to DOS */
    PC_VectSet(µCOS, OSCtxSw);  /* Install µC/OS-II's context switch vector */
    OSTaskCreate(TaskStart, (void *)0, &TaskStartStk[TASK_STK_SIZE - 1], 0);
    OSStart();                        /* Start multitasking */
}


/*
*********************************************************************************
*                                    TaskStart
*********************************************************************************
*/
void  TaskStart(void *pdata)
{
#if OS_CRITICAL_METHOD==3     /* Allocate storage for CPU status register */
    OS_CPU_SR  cpu_sr;
#endif
    char       s[100];
    INT16S     key;


    pdata=pdata;                   /* Prevent compiler warning          */


    OS_ENTER_CRITICAL();
    PC_VectSet(0x08, OSTickISR); /* Install µC/OS-II's clock tick ISR    */
    PC_SetTickRate(OS_TICKS_PER_SEC);  /* Reprogram tick rate            */
    OS_EXIT_CRITICAL();
    TaskStartCreateTasks();           /* Create all the application tasks */
    for(;;){

        if(PC_GetKey(&key)==TRUE)   {  /* See if key has been pressed */
           if(key==0x1B) {             /* Yes, see if it's the ESCAPE key */
              PC_DOSReturn();         /* Return to DOS  */
           }
        }

        OSCtxSwCtr=0;                   /* Clear context switch counter  */
        OSTimeDlyHMSM(0, 0, 1, 0);     /* Wait one second  */
    }
}

/*
```

```
*********************************************************************************
*                              TaskStartCreateTasks
*********************************************************************************
*/

void TaskStartCreateTasks(void)
{
INT8U i;
for(i = 0; i < N_TASKS; i++) // Create tasks
{
TaskData[i] = i; // Each task will display its own information
}
OSTaskCreate(Task0, (void *)&TaskData[0], &TaskStk[0][TASK_STK_SIZE - 1], 5);
OSTaskCreate(Task1, (void *)&TaskData[1], &TaskStk[1][TASK_STK_SIZE - 1], 6);
}

/*
*********************************************************************************
*                                    TASKS
*********************************************************************************
*/

void Task0(void *pdata)
{
INT8U i;
INT8U err;
i=*(int *)pdata;
for (;;)
{
printf("Application tasks switched %d times!\n\r",++i);
printf("TASK_0 IS RUNNING..................... . . . . ...........\n\r");
printf("task_1 is suspended!\n\r");
printf("**************************************************\n\r");
err=OSTaskSuspend(5); // suspend itself
}
}

void Task1(void *pdata)
{
INT8U i;
INT8U err;
i=*(int *)pdata;
for (;;)
{
OSTimeDly(150);
printf("Application tasks switched %d times!\n\r",++i);
printf("task_0 is suspended!\n\r");
```

```
printf("TASK_1 IS RUNNING.........................................\n\r");
printf("**************************************************\n\r");
OSTimeDly(150);
err=OSTaskResume(5);                               /* resume task0 */
}
}
```

程序的运行结果如图 4-1 所示。

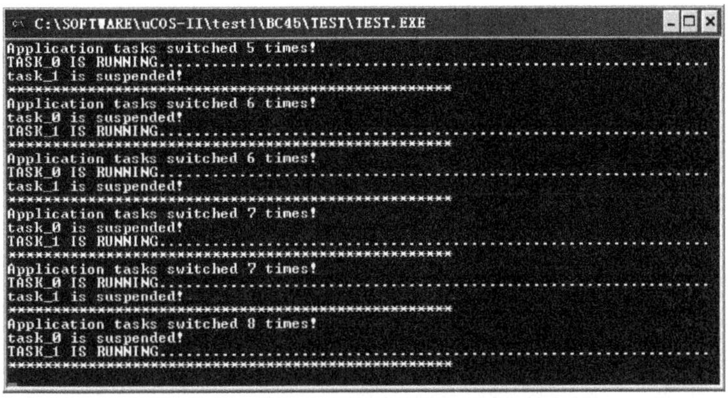

图 4-1　例 4-1 的应用程序运行结果

4.2.2　堆栈功能检测应用举例

例 4-2　本例演示 μC/OS-II 的堆栈检查功能。每个任务已经使用的堆栈空间和剩余的堆栈空间都可以显示出来，同时，还显示堆栈检查函数 OSTaskStkChk()的运行时间。该例表明，如果一个堆栈使用量很大，堆栈检查的时间就比较短。本例使用 OSTaskCreateExt()函数建立任务，Task1 这个任务检查建立的 4 个任务的堆栈使用情况，这 4 个任务是由 TaskStart()建立的三个任务和 TaskStart()任务本身。Task2 任务是向屏幕输出两个字符串“hello”和“world”，这两个字符串交替出现，Task3 任务是向屏幕输出两个字符串“task3”和“running”，这两个字符串也是交替出现，同时 Task3 任务还初始化了一个 500B 的数组，这就占用了 Task3()的堆栈，因而可以看到程序运行后，Task3()的空闲空间比 Task2()少了 502B(500B 的数组和一个 2B 的整型变量)。

本例中 main()函数调用 PC_ElapsedInit()函数，初始化时间测量功能；这个功能用来计算 OSTaskStakChk()函数的运行时间，精确地记录 PC_ElapsedStart()和 PC_ElapsedStop()函数的调用时刻。

该程序的源代码清单如下：

```
/*
*********************************************************************************
*                                  μC/OS-II
*                            The Real-Time Kernel
*
*          (c) Copyright 1992—2002, Jean J. Labrosse, Weston, FL
```

```
*                         All Rights Reserved
*
*                           EXAMPLE 4-2
**********************************************************************************
*/
#include "includes.h"
/*
**********************************************************************************
*                           CONSTANTS
**********************************************************************************
*/

#define          TASK_STK_SIZE        512   /* Size of each task's stacks (# of
WORDs)        */

#define          TASK_START_ID        0     /* Application tasks IDs        */
#define          TASK_1_ID            2
#define          TASK_2_ID            3
#define          TASK_3_ID            4

#define          TASK_START_PRIO      10    /* Application tasks priorities */
#define          TASK_1_PRIO          11
#define          TASK_2_PRIO          12
#define          TASK_3_PRIO          13

/*
**********************************************************************************
*                           VARIABLES
**********************************************************************************
*/

OS_STK         Task1StartStk[TASK_STK_SIZE]; /* Startup   task stack  */
OS_STK         Task1Stk[TASK_STK_SIZE];      /* Task #1   task stack  */
OS_STK         Task2Stk[TASK_STK_SIZE];      /* Task #2   task stack  */
OS_STK         Task3Stk[TASK_STK_SIZE];      /* Task #3   task stack  */


/*
**********************************************************************************
*                       FUNCTION PROTOTYPES
**********************************************************************************
*/


        void  TaskStart(void *data);   /* Function prototypes of tasks*/
static  void  TaskStartCreateTasks(void);
static  void  TaskStartDispInit(void);
        void  Task1(void *data);
```

```
        void  Task2(void *data);
        void  Task3(void *data);
  /*
*********************************************************************************
*                                    MAIN
*********************************************************************************
*/

void main(void)
{
     OS_STK *ptos;
     OS_STK *pbos;
     INT32U  size;
     OSInit();                     /* Initialize μC/OS-II */

     PC_DOSSaveReturn();           /* Save environment to return to DOS */
     PC_VectSet(μCOS, OSCtxSw); /* Install μC/OS-II's context switch vector */
     PC_ElapsedInit();              /* Initialized elapsed time measurement */
     ptos        = &TaskStartStk[TASK_STK_SIZE - 1];    /* TaskStart() will
     use Floating-Point       */
     pbos        = &TaskStartStk[0];
     size        = TASK_STK_SIZE;
     OSTaskStkInit_FPE_x86(&ptos, &pbos, &size);
     OSTaskCreateExt(TaskStart,
                    (void *)0,
                    ptos,
                    TASK_START_PRIO,
                    TASK_START_ID,
                    pbos,
                    size,
                    (void *)0,
                    OS_TASK_OPT_STK_CHK | OS_TASK_OPT_STK_CLR);

   OSStart();                      /* Start multitasking */
}

/*
*********************************************************************************
*                              STARTUP TASK
*********************************************************************************
*/

void  TaskStart(void *pdata)
{
#if OS_CRITICAL_METHOD == 3  /* Allocate storage for CPU status register */
     OS_CPU_SR  cpu_sr;
#endif
```

```
    INT16S    key;
    pdata = pdata;          /* Prevent compiler warning                */
    TaskStartDispInit();    /* Setup the display                       */

    OS_ENTER_CRITICAL();  /* Install μC/OS-II's clock tick ISR        */
    PC_VectSet(0x08, OSTickISR);
    PC_SetTickRate(OS_TICKS_PER_SEC);/* Reprogram tick rate */
    OS_EXIT_CRITICAL();
    OSStatInit();              /* Initialize μC/OS-II's statistics */
    TaskStartCreateTasks();  /* Create all other tasks */
    for(;;) {
        if(PC_GetKey(&key)) {       /* See if key has been pressed */
            if(key == 0x1B) {      /* Yes, see if it's the ESCAPE key */
                PC_DOSReturn();    /* Yes, return to DOS */
            }
        }
        OSCtxSwCtr = 0;                /* Clear context switch counter */
        OSTimeDly(OS_TICKS_PER_SEC); /* Wait one second */
    }
}

/*
**********************************************************************
*                        INITIALIZE THE DISPLAY
**********************************************************************
*/
static  void  TaskStartDispInit(void)
{
    PC_DispStr( 0, 6,"        ", DISP_FGND_BLACK + DISP_BGND_LIGHT_GRAY);
    PC_DispStr( 0, 7,"        ", DISP_FGND_BLACK + DISP_BGND_LIGHT_GRAY);
    PC_DispStr(0,8,"          ", DISP_FGND_BLACK + DISP_BGND_LIGHT_GRAY);
    PC_DispStr(0,9, "Task       Total Stack  Free Stack  Used Stack
    ExecTime (uS)     ", DISP_FGND_BLACK + DISP_BGND_LIGHT_GRAY);
    PC_DispStr( 0, 10, "---------  -------  ------  ------  --------- ",
    DISP_FGND_BLACK + DISP_BGND_LIGHT_GRAY);
    PC_DispStr(0,11,"          ", DISP_FGND_BLACK + DISP_BGND_LIGHT_GRAY);
    PC_DispStr(0,12,"TaskStart():", DISP_FGND_BLACK + DISP_BGND_LIGHT_GRAY);
    PC_DispStr(0,13,"Task1() ", DISP_FGND_BLACK + DISP_BGND_LIGHT_GRAY);
    PC_DispStr(0,14,"Task2() ", DISP_FGND_BLACK + DISP_BGND_LIGHT_GRAY);
    PC_DispStr(0,15,"Task3() ", DISP_FGND_BLACK + DISP_BGND_LIGHT_GRAY);
    PC_DispStr(0,16,"          ", DISP_FGND_BLACK + DISP_BGND_LIGHT_GRAY);
    PC_DispStr(0,17,"          ", DISP_FGND_BLACK + DISP_BGND_LIGHT_GRAY);
    PC_DispStr(0,18,"          ", DISP_FGND_BLACK + DISP_BGND_LIGHT_GRAY);
    PC_DispStr(0,19,"          ", DISP_FGND_BLACK + DISP_BGND_LIGHT_GRAY);
    }

/*
```

```
*************************************************************************************
*                              CREATE TASKS
*************************************************************************************
*/
static  void  TaskStartCreateTasks(void)
{       OSTaskCreateExt(Task1,
                        (void *)0,
                        &Task1Stk[TASK_STK_SIZE - 1],
                        TASK_1_PRIO,
                        TASK_1_ID,
                        &Task1Stk[0],
                        TASK_STK_SIZE,
                        (void *)0,
                        OS_TASK_OPT_STK_CHK | OS_TASK_OPT_STK_CLR);
     OSTaskCreateExt(Task2,
                        (void *)0,
                        &Task2Stk[TASK_STK_SIZE - 1],
                        TASK_2_PRIO,
                        TASK_2_ID,
                        &Task2Stk[0],
                        TASK_STK_SIZE,
                        (void *)0,
                        OS_TASK_OPT_STK_CHK | OS_TASK_OPT_STK_CLR);
     OSTaskCreateExt(Task3,
                        (void *)0,
                        &Task3Stk[TASK_STK_SIZE - 1],
                        TASK_3_PRIO,
                        TASK_3_ID,
                        &Task3Stk[0],
                        TASK_STK_SIZE,
                        (void *)0,
                        OS_TASK_OPT_STK_CHK | OS_TASK_OPT_STK_CLR);
   }


/*
*************************************************************************************
*                               TASK #1
*
* Description: This task executes every 100 mS and measures the time it task
to perform stack checking for each of the 5 application tasks.  Also, this
* task displays the statistics related to each task's stack usage.
*************************************************************************************
*/
void  Task1(void *pdata)
{
    INT8U      err;
```

```
    OS_STK_DATA data;           /* Storage for task stack data */
    INT16U     time;            /* Execution time (in uS) */
    INT8U      i;
    char       s[80];
    pdata = pdata;
    for(;;){
       for(i = 0; i < 6; i++) {
           PC_ElapsedStart();
           err  = OSTaskStkChk(TASK_START_PRIO + i, &data);
           time = PC_ElapsedStop();
           if(err == OS_NO_ERR) {
               sprintf(s, "%4ld      %4ld      %4ld      %6d",
                          data.OSFree + data.OSUsed,
                          data.OSFree,
                          data.OSUsed,
                          time);
               PC_DispStr(19, 12 + i, s, DISP_FGND_BLACK + DISP_BGND_
               LIGHT_GRAY);
           }
       }
       OSTimeDlyHMSM(0, 0, 0, 100);          /* Delay for 100 mS */
    }
}

/*
*****************************************************************************
*                              TASK #2
*
* Description: This task displays a clockwise rotating wheel on the screen.
*****************************************************************************
*/

void  Task2(void *data)
{

    data = data;
    for(;;) {
       PC_DispStr(70, 14 ,"hello", DISP_FGND_BLACK + DISP_BGND_LIGHT_GRAY);
       OSTimeDly(10);
       PC_DispStr(70, 14 ,"world", DISP_FGND_BLACK + DISP_BGND_LIGHT_GRAY);
       OSTimeDly(10);
    }
}
/*
*****************************************************************************
*                              TASK #3
*
```

```
* Description: This task displays a counter-clockwise rotating wheel on the
screen.
*
* Note(s)    : I allocated 500 bytes of storage on the stack to artificially
'eat' up stack space.
*********************************************************************************
*/

void  Task3(void *data)
{
      char    dummy[500];
      INT16U  i;
      data = data;
      for(i = 0; i < 499; i++) {        /* Use up the stack with 'junk' */
          dummy[i] = '?';
      }
      for(;;){
          PC_DispStr(70, 15 ,"task3   ", DISP_FGND_BLACK + DISP_BGND_LIGHT_GRAY);
          OSTimeDly(20);
          PC_DispStr(70, 15 ,"running", DISP_FGND_BLACK + DISP_BGND_LIGHT_GRAY);
          OSTimeDly(20);
       }
}
```

程序的运行结果如图 4-2 所示。

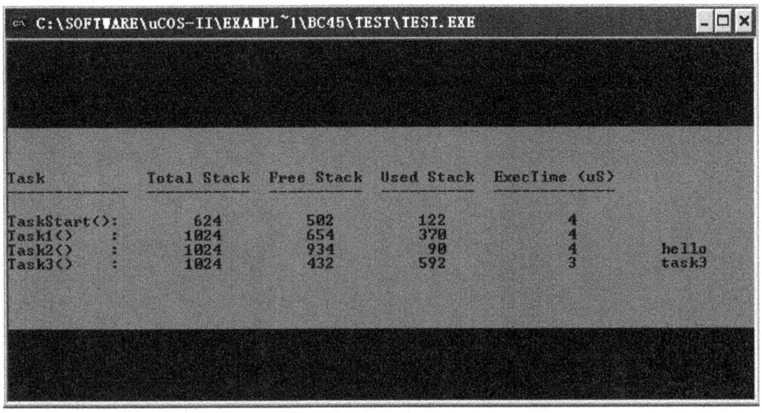

图 4-2　例 4-2 的应用程序运行结果

小　　结

μC/OS-II 是一个实时内核的多任务操作系统，它的任务管理函数有：任务创建 OSTaskCreat()，任务删除 OSTaskDel()，任务挂起 OSTaskSuspend()，任务恢复 OSTaskResume()等。

习　题

1．编写一个有三个任务的应用程序，每个任务均会在显示器上显示该任务运行的字符串，并让三个任务具有不同的等待时间，观察应用程序运行中任务被调度的情况。

2．编写一个有三个任务的应用程序，每个任务均会在显示器上显示一个字符，并让一个任务查询另外两个任务的信息，并在显示器上显示出来。

3．编写一个有三个任务的应用程序，并让其中两个任务在你认为合适的时候删除自己。

第5章　中断管理

中断/异常是由软件或硬件产生的，是用来引起操作系统注意的重要信号。它通常代表某个事件的发生，需要处理器暂停当前正在执行的任务，着手处理所发生的事件，处理完毕再返回来执行先前的任务。在事件驱动的实时系统中，中断/异常用来确保产生信号的事件能够得到快速响应，并由事件处理程序（即中断/异常处理程序）做出及时处理。

本章主要内容：

- 中断的基本概念。
- 中断处理过程。
- 中断评价指标。
- μC/OS-II 的中断和中断服务程序。

5.1　中断概述

5.1.1　中断的基本概念

中断/异常机制是嵌入式实时操作系统内核的重要成分，用于管理和实时处理来自内部（处理器部分）或外部（处理器之外的硬件）产生的事件。内部事件通常是事先设定好的，如溢出、地址越界等。引起中断的事件称为中断源。

操作系统内核中从识别中断源到对事件做出相应的这段处理程序（不包括事件处理本身的代码）叫做中断接管程序（或中断伺服程序）。具体完成事件处理的程序叫做中断处理程序或中断服务子程序 ISR。

但在每个实际系统中，会把中断区分成更细的类别。不同的操作系统区分的粗细不同。按照引起中断的事件性质，通常区分为三个类别：中断、自陷和异常。

中断，是由于处理器外部的原因而改变程序执行流程的事件，它属于异步事件，又称为硬件中断或外部中断。

自陷，表示通过处理器所拥有的软件指令可预期地使处理器正在执行的程序流程发生变化，以执行特定的程序，例如 Motorola 68000 系列中的 Trap 指令，ARM 中的 SWI 指令和 Intel 80×86 中的 INT 指令。自陷是显式的事件，需要无条件地执行处理。

异常，是指处理器自动产生的异常事件。例如被 0 除、执行非法指令、内存保护故障等。当异常事件发生时，处理器也需要无条件地挂起当前运行的程序，执行特定的处理程序。自陷或异常称为同步事件。

在一个实时操作系统中，自陷和异常事件属于操作系统内部范畴处理的问题，相应的中断处理程序是能够实时地完成事件的处理的。而中断是来自外部的异常事件，需要用户编写相应的异步事件处理程序，该程序的执行时间必须满足实时系统的时间特性要求。

在嵌入式实时系统中，为了方便对中断的管理，RTOS 内核通常接管中断的处理，RTOS 内核接管中断的处理机制主要包括两个部分：面向应用的编程接口部分和面向底层的处理部分。面向应用的编程接口部分的任务之一就是提供支持用户安装中断处理例程的接口。面向底层的处理部分是整个中断管理的核心，它又可以分为两个部分：中断向量表部分和中断处理部分。中断向量表部分主要指中断向量表的定位和向量表中内容的表现形式。一般在嵌入式内核中都提供一个中断向量表，其表项的向量号应与处理器中所描述的向量对应。向量表表项的内容表现形式一般有两种：最常见的形式一种就是在向量位置存储中断服务程序的入口地址，用于转移到具体的中断服务程序；另外一种形式则是在中断向量位置直接存放具体的中断服务程序，此方式仅针对向量号彼此之间有一定的间隔，且此间隔足以存放中断处理程序。

根据系统内核的可抢占性和非抢占性，系统内核接管中断一般分为两种模式。在非抢占式内核的中断处理模式中，当中断处理过程中有高优先级任务就绪时，在中断处理结束后不好立即切换到高优先级任务，必须先从中断处理返回到被中断的低优先级任务中，等待任务完成后，再切换到高优先级任务，如图 5-1（a）所示。在抢占式内核的中断处理模式中，如果在中断处理过程中有高优先级任务就绪，中断结束后直接返回到高优先级任务，等高优先级任务执行完，再执行之前引发中断的任务，如图 5-1（b）所示。

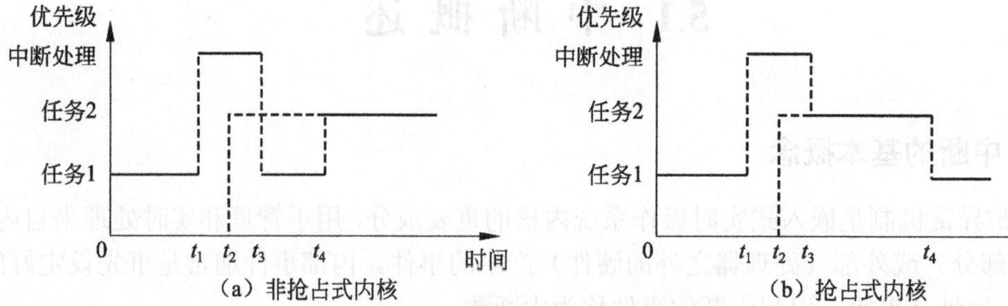

图 5-1 两种中断处理模式

实时内核一般要求提供中断管理机制，实现用户管理中断的接口。有这层接口，可以减少用户因为需要关心硬件上如何处理中断而带来的不便。

5.1.2 中断处理过程

一般的中断处理过程分为中断检测、中断响应和中断处理三个过程。其中前两个过程是由硬件完成的，中断处理是由实时内核中中断管理功能所提供的。

1. 中断检测

中断检测在每条指令结束时进行，检测是否有中断请求或是满足异常条件。

2. 中断响应

中断响应定义为从中断发生到开始执行用户的中断服务子程序代码来处理这个中断的时间。

3. 中断处理

中断处理即执行中断服务子程序。中断服务子程序即处理中断、自陷、异常等中断事件。尽管导致中断、自陷和异常的事件不同，但是大都具有相同的中断服务程序结构。一般的中断服务程序执行流程如下。

（1）保存中断服务子程序将要使用的所有寄存器内容，以便在退出中断服务程序之前进行恢复。

（2）如果中断向量被多个设备所共享，为了确定产生该中断的信号设备，需要轮询这些设备中的中断状态寄存器。

（3）获取中断相关的其他信息。

（4）对中断进行具体的处理。

（5）恢复保存的上下文。

（6）执行中断的退出指令，使 CPU 的控制返回到被中断的程序继续执行。

在实时多任务操作系统中，中断服务程序通常包括以下内容。

- 中断前导——完成保存中断现场，进入中断处理。
- 用户中断服务程序——完成中断的具体处理，这部分代码往往可以由用户自己定义，通常用高级语言编写。
- 中断后续——恢复中断现场，退出中断处理。

在实时内核中，中断前导和中断后续通常由实时内核的中断接管程序来实现。硬件中断发生后，中断接管程序获得控制权，先由中断接管程序进行处理，然后才将控制权交给相应的中断服务程序。用户中断服务程序执行完以后，返回到中断接管程序。

5.1.3 中断评价指标

中断使得 CPU 可以在事件发生时才予以处理，而不必让微处理器连续不断地查询是否有事件发生。通过两条特殊指令——关中断和开中断，可以让微处理器不响应或响应中断。在实时环境中，关中断的时间应尽量短。关中断影响中断延迟时间。关中断时间太长，可能会引起中断丢失。微处理器一般允许中断嵌套，也就是说，在中断服务期间，微处理器可以识别另一个更重要的中断，并服务于那个更重要的中断。

中断性能评价一般从以下几个方面考虑。

1. 中断延迟

实时内核最重要的指标可能就是中断延迟。所有实时系统在进入临界区代码之前，都要关中断；执行完临界区代码后，再开中断。关中断时间越长，中断延迟就越长。中断延迟的表达式为：

中断延迟=关中断的最长时间+开始执行中断服务子程序第 1 条指令的时间

2. 响应

响应定义为从中断发生到开始执行用户中断服务程序代码来处理中断的时间。中断响应时间包括处理中断前的全部开销。在内核抢占的实时系统中，中断响应时间表达式为：

中断响应时间=中断延迟+保存 CPU 内部寄存器的时间+内核中断服务程序入口的执行时间

3. 中断恢复时间

对于可剥夺型内核，中断恢复时间定义为微处理器返回到被中断的程序代码所需要的时间，或返回到更高优先级任务的时间。对于可剥夺的那个内核，中断恢复时间表达式为：

中断恢复时间=判断是否有优先级更高的任务进入了就绪态的时间
+恢复优先级更高的任务的 CPU 内部寄存器的时间
+执行中断返回指令的时间

4. 中断处理时间

一般来说，中断服务的时间应该是尽可能短的，但对于处理时间并没有绝对的限制，不是说一定要在多长时间之内完成。在大多数情况下，中断服务程序应根据中断来源，从中断请求设备取得数据或状态，并通知该处理此事件的任务。当然应该考虑到，通知一个任务去做事件处理所花的时间是否比处理这个事件所花的时间还多。在中断服务中，通知一个任务做时间处理（通过信号量、邮箱或消息队列）是需要一定时间的。如果事件处理需花的时间短于给一个任务发通知的时间，就应该考虑在中断服务子程序中做事件处理，并在中断服务子程序中开中断，以允许优先级更高的中断打入并优先得到服务。

5.2 μC/OS-II 的中断

μC/OS-II 中，任务在运行过程中，因内部或外部异步事件的请求中止当前任务，而去处理异步事件所要求的任务的过程叫做中断。因中断请求而运行的程序叫做中断服务子程序（ISR），中断服务子程序的入口地址叫做中断向量。

5.2.1 μC/OS-II 的中断服务子程序 ISR

1. μC/OS-II 的中断服务子程序

μC/OS-II 中，中断服务子程序要用汇编语言来编写。如果用户使用的 C 语言编译器支持在线汇编语言，则可以直接将中断服务子程序放在 C 语言的程序文件中。

中断服务子程序的示意性代码如下：

```
保存全部 CPU 寄存器;
调用 OSIntEnter 或 OSIntNesting 直接加 1;
If(OSIntNesting==1){
        OSTCBCur->OSTCBStkPtr=SP;}
清中断源;
重新开中断;
执行用户代码做中断服务;
调用 OSIntExit();
恢复所有 CPU 寄存器;
执行中断返回指令;
```

用户代码应该将全部 CPU 寄存器推入当前任务栈。μC/OS-II 需要知道用户在做中断服务，故用户应该调用 OSIntEnter()，或者将全程变量 OSIntNesting 直接加 1（如果用户使用的微处理器有存储器直接加 1 的单条指令）。如果用户使用的微处理器没有这样的指令，必须先将 OSIntNesting 读入寄存器，再将寄存器加 1，然后再写回到变量 OSIntNesting 中去，就不如调用 OSIntEnter()。OSIntNesting 是共享资源。OSIntEnter()把上述三条指令用开中断、关中断保护起来，以保证处理 OSIntNesting 时的排他性。直接给 OSIntNesting 加 1 比调用 OSIntEnter()快得多，可能时，直接加 1 更好。要注意的是，在有些情况下，从 OSIntEnter()返回时，会把中断开了。遇到这种情况，在调用 OSIntEnter()之前要先清中断源，否则，中断将连续反复打入，用户应用程序就会崩溃。

上述两步完成以后，用户可以开始服务于叫中断的设备。这一段完全取决于应用。μC/OS-II 允许中断嵌套，因为 μC/OS-II 跟踪嵌套层数 OSIntNesting。然而，为允许中断嵌套，在多数情况下，用户应在开中断之前先清中断源。

调用脱离中断函数 OSIntExit()标志着中断服务子程序的终止，OSIntExit()将中断嵌套层数计数器减 1。当嵌套计数器减到零时，所有中断，包括嵌套的中断就都完成了，此时 μC/OS-II 要判定有没有优先级较高的任务被中断服务子程序（或任一嵌套的中断）唤醒了。如果有优先级高的任务进入了就绪态，μC/OS-II 就返回到那个优先级高的任务，OSIntExit()返回到调用点。保存的寄存器的值是在这时恢复的，然后是执行中断返回指令。注意，如果调度被禁止了（OSLockNesting>0），μC/OS-II 将被返回到被中断的任务。

以上描述的详细解释如图 5-2 所示。

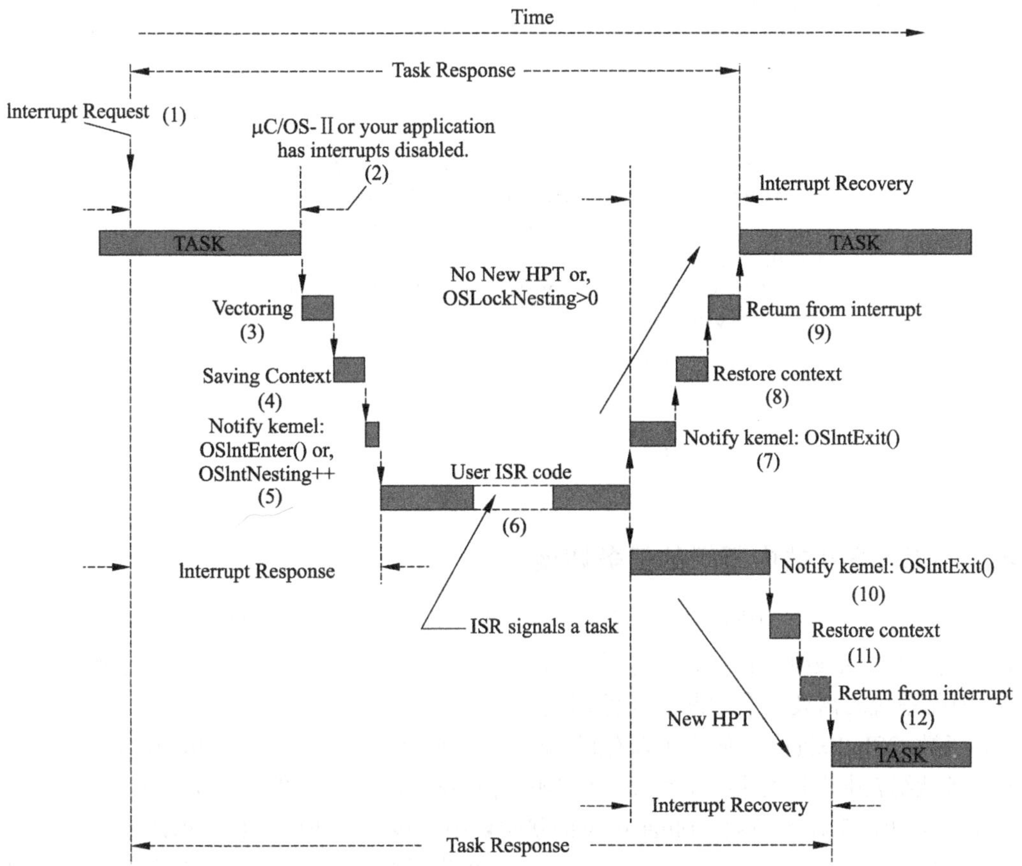

图 5-2　中断的响应过程

2. 进入 μC/OS-II 中断函数 OSIntEnter()

函数 OSIntEnter()的作用就是把全局变量 OSIntNesting 加 1，从而用它来记录中断嵌套的层数。函数 OSIntEnter()的代码如下：

```
void OSIntEnter (void)
{
    OS_ENTER_CRITICAL();
```

```
    OSIntNesting++;
    OS_EXIT_CRITICAL();
}
```

3. 退出 μC/OS-II 中断函数 OSIntExit()

函数 OSIntExit()标志着中断服务子程序的终止。它将中断嵌套层数计数器减 1，当嵌套计数器减到 0 时，所有嵌套的中断就都完成了。此时，μC/OS-II 需要判断是否有优先级更高的任务被中断服务子程序（或任一层嵌套的中断）唤醒。如果有优先级更高的任务进入了就绪态，μC/OS-II 就返回到更高优先级的任务，而不是返回到被中断的任务。函数 OSIntExit()的代码如下：

```
void OSIntExit (void)
{#if OS_CRITICAL_METHOD==3
    OS_CPU_SR cpu_sr;
#endif
    OS_ENTER_CRITICAL();                                            (1)
    if((--OSIntNesting | OSLockNesting) == 0) {                     (2)
        OSIntExitY    = OSUnMapTbl[OSRdyGrp];                       (3)
        OSPrioHighRdy = (INT8U)((OSIntExitY << 3) +
                        OSUnMapTbl[OSRdyTbl[OSIntExitY]]);
        if(OSPrioHighRdy != OSPrioCur) {
            OSTCBHighRdy  = OSTCBPrioTbl[OSPrioHighRdy];
            OSCtxSwCtr++;
            OSIntCtxSw();                                           (4)
        }
    }
    OS_EXIT_CRITICAL();
}
```

5.2.2 μC/OS-II 的中断级的任务切换

μC/OS-II 在运行完中断服务子程序之后，不一定返回到被中断的任务，而是要通过一次任务调度来决定返回的去向（返回被中断的任务还是运行一个具有更高优先级的就绪任务），因此系统还需要一个中断级任务调度器。

从函数 OSIntExit()的代码中可以看到，函数在中断嵌套层数计数器为 0，调度器未被锁定且从任务就绪表中查找到的最高就绪任务又不是被中断的任务的条件下将要进行任务切换，完成这个任务切换工作的函数 OSIntCtxSwt()就叫做中断级任务切换函数。和任务级切换函数 OSCtxSw()一样，中断级任务切换函数 OSIntCtxSwt()也用汇编语言来编写。其示意性代码如下：

```
OSIntCtxSw()
{
OSTCBCur=OSTCBHighRdy;              //任务控制块 TCB 的切换
OSPrioCur=OSPrioHighRdy;
SP=OSTCBHighRdy->OSTCBStkPtr;       //是 SP 指向待运行任务堆栈
用出栈指令把 R1,R2…弹出 CPU 的通用寄存器;
RETI;                               //中断返回,使 PC 指向待运行任务
}
```

小 结

嵌入式实时操作系统的中断用来管理和实时处理来自内部或外部产生的事件，评价中断性能的指标一般包括中断延迟、中断响应、中断恢复时间和中断服务时间。

μC/OS-II 中，任务在运行过程中，因内部或外部异步事件的请求中止当前服务，而转去处理异步事件所要求的任务的过程叫做中断。μC/OS-II 允许中断嵌套，进入 μC/OS-II 中断的函数是 OSIntEnter()，退出 μC/OS-II 中断的函数是 OSIntExit()。

μC/OS-II 中断级的任务切换函数 OSIntCtxSwt()要用汇编语言来编写，中断级的任务切换要完成任务控制块 TCB 的切换，SP 要指向运行任务的堆栈，恢复 CPU 的通用寄存器，PC 指向待运行任务代码。

μC/OS-II 的中断服务程序的工作通常是由中断激活一个任务来完成的。

习 题

1．简述 μC/OS-II 的中断响应过程。

2．简述 μC/OS-II 中断级的任务切换原理。

3．说明在中断服务子程序中加 if(OSIntNesting==1){…}的原因。

第6章 时 间 管 理

时间管理能为应用系统的实时响应提供支持，保证系统运行的实时性、有序性，以提高整个嵌入式系统的性能。在实时系统中，时钟具有非常重要的作用，它就像操作系统的“脉搏”，是任务调度的时间基准。

本章主要内容：

- 时钟节拍和时钟机制。
- μC/OS-II 的时钟。
- 时钟中断服务程序。
- μC/OS-II 的时间管理及应用实例。

6.1 时 钟

时钟又称定时器，它对于任何多道程序设计系统的操作都是至关重要的。时钟负责维护时间，并且防止一个进程垄断 CPU，此外还有其他功能。

6.1.1 时钟硬件

在计算机里通常使用两种类型的时钟，比较简单的时钟被连接到 110V 或 220V 的电源线上，这样每个电压周期产生一个中断，频率是 52Hz 或 60Hz。另一种类型的时钟由三个部件构成：晶体振荡器、计数器和存储寄存器，如图 6-1 所示。当把一块石英晶体适当地切割并且安装在一定的压力之下时，它就可以产生非常精确的周期性信号，典型的频率范围是几百兆赫兹，具体的频率值与所选的晶体有关。使用电子器件可以将这一基础信号乘以一个小的整数来获得高达 1000MHz 的频率甚至更高的频率。在任何一台计算机里通常都可以找到至少一个这样的电路，它给计算机的各种电路提供同步信号。该信号被送到计数器，使其递减计数至 0，当计数器变为 0 时，产生一个 CPU 中断。

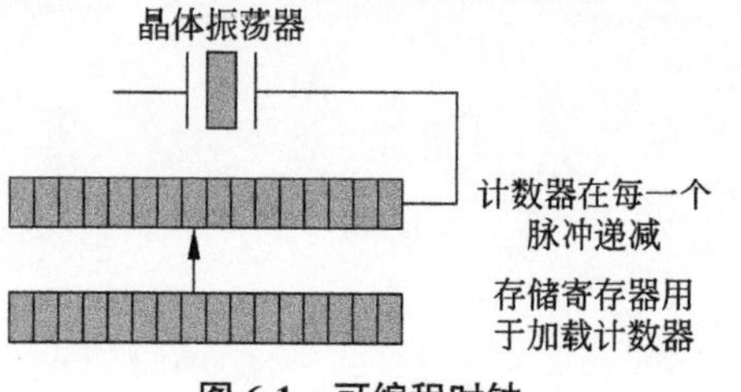

图 6-1 可编程时钟

可编程时钟通常具有几种操作模式。在一次完成模式下，当时钟启动时，它把存储在寄存器的值复制到计数器中，来自晶体的每一个脉冲使计数器减 1。当计数器变为 0 时，产生一个中断并停止工作，直到软件再一次显式地启动它。在方波模式下，当计数器变为 0 并且产生中断之后，存储寄存器的值自动复制到计数器中，并且整个过程无限期地再次重复下去。这些周期性的中断称为时钟滴答。

可编程时钟的优点是其中断频率可以由软件控制。如果采用 5000MHz 的晶体，那么计数器将每隔 2ns 脉动一次。对于（无符号）32 位寄存器，中断可以被编程为从 2ns 时间间隔发生一次到 8.6s 时间间隔发生一次。可编程时钟芯片通常包含两个或三个独立的可编程时钟，并且还具有许多其他选项。

6.1.2 时钟软件

时钟硬件所做的全部工作是根据已知时间间隔产生中断。涉及时间的其他所有工作都必须由软件——时钟驱动程序完成。时钟驱动程序的任务因操作系统而异，但通常包括下面的大多数任务：

- 维护日时间。
- 防止进程超时运行。
- 对 CPU 的使用情况记账。
- 处理用户进程提出的报警系统调用。
- 为系统本身的各个部分提供监视定时器。
- 完成概要剖析、监视和统计信息收集。

时钟的第一个功能是维持正确的日时间，也称为实际时间，这并不难实现，只需要如前面提到的那样在每个时钟节拍将计数器的值加 1 即可。唯一要当心的事情是日时间计数器的位数，对于一个频率为 60Hz 的时钟来说，32 位的计数器仅仅超过两年就会溢出。

时钟的第二个功能是防止进程超时运行。每当启动一个进程时，调度程序就将一个计数器初始化为以时钟节拍为单位的该进程时间片的取值。每次时钟中断时，时钟驱动程序将时间片计数器减 1，当计数器变为 0 时，时钟驱动程序调用调度程序以激活另一个进程。

时钟的第三个功能是 CPU 记账。最精确的记账方法是，每当一个进程启动时，便启动一个不同于主系统定时器的辅助定时器。当进程终止时，读出这个定时器的值就可以知道该进程运行了多长时间。为了正确地记账，当中断发生时应该将辅助定时器保存起来，中断结束后再将其恢复。

在许多系统中，进程可以请求操作系统在一定的时间间隔之后向它报警。报警通常是信号、中断、消息或者类似的东西。需要这类报警的一个应用是网络，当一个数据包在一定时间间隔之内没有被确认时，该数据包必须重发。另一个应用是计算机辅助教学，如果学生在一定时间内没有响应，就告诉他答案。如果时钟驱动程序拥有足够的时钟，它就可以为每个请求设置一个单独的时钟。如果不是这样的情况，它就必须用一个任务量物理时钟来模拟多个虚拟时钟。

操作系统的组成部分也需要设置定时器，这些定时器被称为监视定时器或叫做看门狗定时器。时钟驱动程序用来处理监视定时器的机制和用于用户信号的机制是相同的。唯一的区别是当一个定时器时间到时，时钟驱动程序将调用一个由调用者提供的过程，而不是引发一个信号。这个过程是调用者代码的一部分。被调用的过程可以做任何需要做的工作，甚至可以引发一个中断，但是在内核之中中断通常是不方便的并且信号也不存在。这就是为什么要提供监视定时器机制。值得注意的是，只有当时钟驱动程序与被调用的过程处于相同的地址空间时，监视定时器机制才起作用。

时钟最后要做的事情是剖析。某些操作系统提供了一种机制，通过该机制用户程序可以让系统构造它的程序计数器的一个直方图，这样它就可以了解时间花在了什么地方。当剖析是可能的事情时，在每一时钟节拍驱动程序都要检查当前进程是否正在被进行剖析，如果是，则计算对于与当前程序计数器的区间号（一段地址范围），然后将该区间的值加 1，这一机制也可用来对系统本身进行剖析。

6.1.3 系统时钟

时钟节拍是特定的周期性中断，这就需要用户在系统中设计周期性信号源，产生对微处理器的中断申请信号。时钟的节拍式中断能使系统内核将任务延时若干个（整数倍）时钟节拍，也能在任务等待事件发生时提供等待超时依据。

系统时钟是指操作系统中的内部计数器，提供系统中时间相关的服务。它不同于物理意义上的时钟，是操作系统中的一个"虚拟时钟"，通常由一个定时器/计数器的周期性中断来驱动。

在每个操作系统中，都设计了一个定时器来产生周期性的时钟中断信号，每当有时钟中断到来，该计数器的值就加 1，时钟中断到来的频率，即每个时钟中断的时间间隔，就是系统时钟的最小计时单位，称它为时钟粒度。

时钟粒度的大小决定了操作系统的时间精度以及对外界的响应速度。因为每个时钟中断可以看做是一个抢占剥夺点，当有时钟中断到来时，如果有高优先级的任务在等待运行，则当前运行的任务被抢占。

实时内核的时钟管理以系统时钟为基础，可以通过提供系统时钟精度来增强系统的实时性，特别是对外部中断的响应。

实时系统一般对时钟精度要求很高，常常是微秒级。大粒度的时钟根本不能满足实时应用的需要，而简单地提高时钟频率，又会增加时钟中断的次数，造成不必要的开销。如果系统的时钟粒度配置到非常高的精度，CPU 的绝大部分时间都可能在处理时钟中断，从而严重影响系统正常工作。

6.2 时钟中断服务程序

在操作系统初始化过程中，会安装一段计时器中断发生时调用的中断服务程序。通常，中断服务程序执行以下任务。

（1）更改系统时钟，包括绝对时间和流失时间的更改。绝对时间以日历的日期、小时、分钟和秒的形式保持，流失时间通常用节拍的形式保持，并指出从加电以来系统运行了多久。

（2）调用注册的内核函数通知预先编制的周期的通道。在下面的讨论中，注册的内核函数称为 announce_time_tick。announce_time_tick 函数是时钟中断处理程序的一部分。调用 announce_time_tick 函数通知内核调度器一个计数器滴答的发生，同时计时器的滴答给软件计时器发送消息。而软件计时器处理设置复制维护计数器每次滴答的计时器。

定时器中断速率是指定时器每秒钟产生的中断个数。每个中断称为一个滴答（tick），表示一个时间单位。例如，如果定时器速率是 1000 个滴答/秒，那么每个滴答表示 1ms 的时间片。定时器中断速率设定在控制寄存器中，其取值范围与输入时钟频率相关。

（3）接收中断，重新初始化计时器控制器，并从中断返回。

每个时钟中断到来，时钟中断服务程序都会被执行。它主要完成系统计时、任务已占用 CPU 时间的计时以及定时器队列的管理等工作。因为时钟中断服务程序执行的频率相当高，每一个系统周期都会被执行一次，这就要求程序的处理必须高效、简捷。应用于普通时钟和高精度时钟，中断处理程序也分为普通时钟中断处理和高精度时钟中断处理。

在普通时钟中断处理程序中，首先完成系统计时，将当前时间加上一个时间片。然后对当前任务进行计时——统计占用的 CPU 时间，最后对各种定时器进行处理。在定时器的管理上，采用一个双向链表管理所有的定时器，将各个定时器按触发系统的绝对时间由近到远进行排序。在每次时钟中断中，会将定时器的时间与当前时间进行比较，如果定时器时间小于或等于当前时间，则说明定时器已经到期，将其从定时器队列移出，并执行该定时器的回调函数。依此处理，直到遇到第一个没有到期的定时器为止。

高精度时钟及其中断服务程序只是作为普通时钟的一种补充，只有在需要的时候才被激活。而且因为其中断产生的频率可能非常高，所有在高精度时钟的中断处理程序中除了最简单的定时器管理之外，不做任何其他处理，以尽可能地减小执行开销。因此，它的中断处理代价是非常小的。在中断处理程序中对于定时器的管理与普通时钟中断处理中的管理基本相同。

时钟中断的处理和其他中断的处理完全相同：首先保持中断现场，将 CPU 内部寄存器的内容保护起来，避免在中断服务程序中被改写；然后将中断嵌套计数变量加 1，以记录中断嵌套层次；然后执行定时服务程序，或向相同的定时服务线程发送消息；退出时将中断嵌套计数变量减 1，判断是否还有未处理中断（看中断嵌套计数变量是否为 0），如果全处理完了（为 0），则进入任务调度，否则（大于 0）恢复 CPU 现场，执行 RETI，由中断返回。具体中断处理内容在中断章节有详细阐述。系统处理定时有两种：一种是在定时中断信号的中断中调用此服务线程；还有一种就是在相同任务中设立定时服务线程，定时中断产生时，发送消息给定时服务线程。使用前一种时，CPU 处于中断状态时间较长，后一种较短，但必须设立系统消息来传递中断信息，而且还得为定时服务线程分配一个较高优先级。

6.3　μC/OS-II 的时钟

μC/OS-II 与大多数计算机系统一样，用硬件定时器产生一个周期为毫秒（ms）级的周期性中断来实现系统时钟。硬件定时器以时钟节拍为周期定时地产生中断，该中断的中断服务程序叫做 OSTickISR()。中断服务程序通过调用时钟节拍函数 OSTimeTick()来完成系统在每个时钟节拍时需要做的工作。

6.3.1　μC/OS-II 的时钟中断服务子程序 ISR

时钟节拍中断服务子程序的示意性代码如下，这段代码必须用汇编语言编写，因为在 C 语言里不能直接处理 CPU 的寄存器。

```
void OSTickISR(void)
{
        保存处理器寄存器的值;
```

```
        调用 OSIntEnter()或是将 OSIntNesting 加 1;
        If(OSIntNesting==1){
            OSTCBCur->OSTCBStkPtr=SP;}
        调用 OSTimeTick();     //节拍处理
        清除中断;
        开中断;
        调用 OSIntExit();
        恢复处理器寄存器的值;
        执行中断返回指令;
}
```

6.3.2 时钟节拍函数 OSTimeTick()

在时钟中断服务程序中调用的 OSTimeTick()是时钟节拍服务函数。该函数的源代码如下：

```
void OSTimeTick (void)
{#if OS_CRITICAL_METHOD==3
    OS_CPU_SR   cpu_sr;
#endif
    OS_TCB *ptcb;

    OSTimeTickHook();
#if OS_TIME_GET_SET_EN>0
    OS_ENTER_CRITICAL();
    OSTime++;
    OS_Exit_CRITICAL();
#endif
    If(OSRunning==TRUE){
    ptcb = OSTCBList;
    while (ptcb->OSTCBPrio != OS_IDLE_PRIO) {
        OS_ENTER_CRITICAL();
        if(ptcb->OSTCBDly != 0) {
            if(--ptcb->OSTCBDly == 0) {
                if(!(ptcb->OSTCBStat & OS_STAT_SUSPEND)) {
                    OSRdyGrp             |= ptcb->OSTCBBitY;
                    OSRdyTbl[ptcb->OSTCBY] |= ptcb->OSTCBBitX;
                } else {
                    ptcb->OSTCBDly = 1;
                }
            }
        }
        ptcb = ptcb->OSTCBNext;
        OS_EXIT_CRITICAL();
    }
 }
}
```

μC/OS-II 在每次响应定时中断时调用 OSTimeTick()做了两件事：一是计算从系统上电以来的时钟节拍数，即给变量 OSTime 加 1；二是从 OSTCBList 开始，沿着 OS_TCB 链表，直到空闲任务，把各个任务控制块的时间延时项 OSTCBDly 减 1，当该项为 0 时，任务就进入了就绪态，而确实被任务挂起函数 OSTaskSuspend()挂起的任务则不会进入就绪态。

6.3.3 时钟节拍任务

OSTimeTick()的执行时间正比于应用程序中建立的任务数，然而，执行时间仍然是可以确定的。也可以从任务级调用 OSTimeTick()，时钟节拍任务 TickTask()程序如下。这样，必须建立一个高于应用程序中所有其他任务优先级的任务。时钟节拍中断服务子程序利用信号量或邮箱给这个高优先级的任务发信号。

```
void TickTask (void *pdata)
{
    pdata = pdata;
    for(;;) {
        OSMboxPend(...);      /* 等待从时钟节拍中断服务程序发来的信号 */
        OSTimeTick();
    }
}
```

时钟节拍中断服务子程序 OSTickISR()如下：

```
void OSTickISR(void)
{
    保存处理器寄存器的值;
    调用 OSIntEnter()或是将 OSIntNesting 加 1;

    发送一个'空'消息(例如,(void *)1)到时钟节拍的邮箱;

    调用 OSIntExit();
    恢复处理器寄存器的值;
    执行中断返回指令;
}
```

6.3.4 时钟节拍中断服务子程序举例

例 6-1 设计三个任务 Task1、Task2、Task3，创建一个信号量 InterruptSem。

整个系统的运行流程如下。

（1）在 TaskStart 任务中，创建并启动任务 Task1、Task2、Task3，优先级分别为 11、12、13。TaskStart 中利用函数 PC_VectSet(0x08，OSTickISR)设定时钟中断，利用函数 PC_SetTickRate(OS_TICKS_PER_SEC)将时钟节拍改变到 OS_TICKS_PER_SEC 指定的 200Hz。

（2）任务 Task1 睡眠 200tick。

（3）任务 Task2 开始执行，任务 Task2 获得信号量 InterruptSem。

（4）任务 Task2 睡眠 500tick，任务 Task3 投入运行，打印输出语句后延时，任务 Task1 睡眠时间到继续投入运行，它申请信号量 InterruptSem 失败被阻塞。

（5）任务 Task3 投入运行，循环打印输出语句。期间时钟中断不断产生，在中断处理程序中对任务 Task2 的睡眠时间进行计数。

（6）Task2 睡眠时间到后恢复运行，并释放信号量 InterruptSem。

（7）Task1 获得信号量 InterruptSem 后抢占 Task2 运行。

（8）Task1 使用完信号量 InterruptSem 后释放该信号量。

（9）系统从步骤（2）重复执行，一直运行下去。

例 6-1 程序清单如下：

```
/*
**********************************************************************************
*                                  μC/OS-II
*                           The Real-Time Kernel
**********************************************************************************
*/

#include "includes.h"

/*
**********************************************************************************
*                                  CONSTANTS
**********************************************************************************
*/

#define   TASK_STK_SIZE    512    /* Size of each task's stacks (# of WORDs) */

#define   TASK_START_ID     0     /* Application tasks IDs                  */
#define   TASK_1_ID         2
#define   TASK_2_ID         3
#define   TASK_3_ID         4


#define   TASK_START_PRIO  10     /* Application tasks priorities */
#define   TASK_1_PRIO      11
#define   TASK_2_PRIO      12
#define   TASK_3_PRIO      13


/*
**********************************************************************************
*                                  VARIABLES
**********************************************************************************
*/

OS_STK       TaskStartStk[TASK_STK_SIZE];    /* Startup   task stack */
```

```
OS_STK       Task1Stk[TASK_STK_SIZE];          /* Task #1    task stack */
OS_STK       Task2Stk[TASK_STK_SIZE];          /* Task #2    task stack */
OS_STK       Task3Stk[TASK_STK_SIZE];          /* Task #3   task stack    */
OS_EVENT     *InterruptSem;

/*
*********************************************************************************
*                          FUNCTION PROTOTYPES
*********************************************************************************
*/

             void  TaskStart(void *data);  /* Function prototypes of tasks */
static  void  TaskStartCreateTasks(void);
static  void  TaskStartDispInit(void);
             void  Task1(void *data);
             void  Task2(void *data);
             void  Task3(void *data);

/*
*********************************************************************************
*                                  MAIN
*********************************************************************************
*/

void main (void)
{
    OS_STK *ptos;
    OS_STK *pbos;
    INT32U  size;


    PC_DispClrScr(DISP_FGND_WHITE);/* Clear the screen */
    OSInit();                          /* Initialize μC/OS-II */
    InterruptSem=OSSemCreate(1);
    PC_DOSSaveReturn();                /* Save environment to return to DOS */
    PC_VectSet(uCOS,OSCtxSw); /* Install μC/OS-II's context switch vector */
    ptos       = &TaskStartStk[TASK_STK_SIZE - 1]; /* TaskStart() will use
    Floating-Point */
    pbos       = &TaskStartStk[0];
    size       = TASK_STK_SIZE;
     OSTaskCreateExt(TaskStart,
                              (void *)0,
                 ptos,
                 TASK_START_PRIO,
                 TASK_START_ID,
                 pbos,
                 size,
                 (void *)0,
```

```
                OS_TASK_OPT_STK_CHK | OS_TASK_OPT_STK_CLR);

    OSStart();                    /* Start multitasking */
}

/*
*********************************************************************************************************
*                                           STARTUP TASK
*********************************************************************************************************
*/
void  TaskStart (void *pdata)
{
#if OS_CRITICAL_METHOD == 3      /* Allocate storage for CPU status register */
      OS_CPU_SR  cpu_sr;
#endif
      INT16S     key;

      pdata = pdata;                   /* Prevent compiler warning */
      TaskStartDispInit();             /* Initialize the display */
      OS_ENTER_CRITICAL();
      PC_VectSet(0x08, OSTickISR); /* Install μC/OS-II's clock tick ISR */
      PC_SetTickRate(OS_TICKS_PER_SEC);        /* Reprogram tick rate */
      OS_EXIT_CRITICAL();

      OSStatInit();               /* Initialize μC/OS-II's statistics */

      TaskStartCreateTasks();  /* Create all the application tasks */

      for(;;){
          if(PC_GetKey(&key) == TRUE) { /* See if key has been pressed */
                  if (key == 0x1B) {  /* Yes, see if it's the ESCAPE key */
                          PC_DOSReturn();     /* Return to DOS */
                  }
          }

            OSCtxSwCtr = 0;       /* Clear context switch counter */
            OSTimeDlyHMSM(0, 0, 1, 0);            /* Wait one second */
      }
}

/*
*********************************************************************************************************
*                                        INITIALIZE THE DISPLAY
*********************************************************************************************************
*/

static  void  TaskStartDispInit (void)
{
```

```
    PC_DispStr( 0,  0, " uC/OS-II, The Real-Time Kernel ", DISP_FGND_WHITE +
    DISP_BGND_RED +
    DISP_BLINK);
        PC_DispStr( 0,  1, " ", DISP_FGND_BLACK + DISP_BGND_LIGHT_GRAY);
        PC_DispStr( 0,  2, " ", DISP_FGND_BLACK + DISP_BGND_LIGHT_GRAY);
        PC_DispStr( 0,  3, " Example6-1  Time Interrupt ", DISP_FGND_BLACK +
DISP_BGND_LIGHT_GRAY);
        PC_DispStr( 0,  4, " ", DISP_FGND_BLACK + DISP_BGND_LIGHT_GRAY);
        PC_DispStr( 0,  5, " ", DISP_FGND_BLACK + DISP_BGND_LIGHT_GRAY);
        PC_DispStr( 0,  6, " ", DISP_FGND_BLACK + DISP_BGND_LIGHT_GRAY);
        PC_DispStr( 0,  7, " ", DISP_FGND_BLACK + DISP_BGND_LIGHT_GRAY);
        PC_DispStr( 0,  8, " ", DISP_FGND_BLACK + DISP_BGND_LIGHT_GRAY);
        PC_DispStr( 0,  9, " ", DISP_FGND_BLACK + DISP_BGND_LIGHT_GRAY);
        PC_DispStr( 0, 10, " ", DISP_FGND_BLACK + DISP_BGND_LIGHT_GRAY);
        PC_DispStr( 0, 11, "Task1(): ", DISP_FGND_BLACK + DISP_BGND_LIGHT_GRAY);
        PC_DispStr( 0, 12, "Task2(): ", DISP_FGND_BLACK + DISP_BGND_LIGHT_GRAY);
        PC_DispStr( 0, 13, "Task3(): ", DISP_FGND_BLACK + DISP_BGND_LIGHT_GRAY);
        PC_DispStr( 0, 14, " ", DISP_FGND_BLACK + DISP_BGND_LIGHT_GRAY);
        PC_DispStr( 0, 15, " ", DISP_FGND_BLACK + DISP_BGND_LIGHT_GRAY);
        PC_DispStr( 0, 16, " ", DISP_FGND_BLACK + DISP_BGND_LIGHT_GRAY);
        PC_DispStr( 0, 17, " ", DISP_FGND_BLACK + DISP_BGND_LIGHT_GRAY);
        PC_DispStr( 0, 18, " ", DISP_FGND_BLACK + DISP_BGND_LIGHT_GRAY);
        PC_DispStr( 0, 19, " ", DISP_FGND_BLACK + DISP_BGND_LIGHT_GRAY);
        PC_DispStr( 0, 20, " ", DISP_FGND_BLACK + DISP_BGND_LIGHT_GRAY);
        PC_DispStr( 0, 21, " ", DISP_FGND_BLACK + DISP_BGND_LIGHT_GRAY);
        PC_DispStr( 0, 24, " ", DISP_FGND_BLACK +
        DISP_BGND_LIGHT_GRAY +
        DISP_BLINK);
    }


    /*
    *********************************************************************************
    *                              CREATE TASKS
    *********************************************************************************
    */
    static  void  TaskStartCreateTasks (void)
    {
        OSTaskCreateExt(Task1,
                                     (void *)0,
                                     &Task1Stk[TASK_STK_SIZE - 1],
                                     TASK_1_PRIO,
                                     TASK_1_ID,
                                     &Task1Stk[0],
                                     TASK_STK_SIZE,
                                     (void *)0,
```

```
                                         OS_TASK_OPT_STK_CHK|OS_TASK_OPT_STK_CLR);

    OSTaskCreateExt(Task2,
                                         (void *)0,
                                         &Task2Stk[TASK_STK_SIZE - 1],
                                         TASK_2_PRIO,
                                         TASK_2_ID,
                                         &Task2Stk[0],
                                         TASK_STK_SIZE,
                                         (void *)0,
                                         OS_TASK_OPT_STK_CHK | OS_TASK_OPT_STK_CLR);

    OSTaskCreateExt(Task3,
                                         (void *)0,
                                         &Task3Stk[TASK_STK_SIZE - 1],
                                         TASK_3_PRIO,
                                         TASK_3_ID,
                                         &Task3Stk[0],
                                         TASK_STK_SIZE,
                                         (void *)0,
                                         OS_TASK_OPT_STK_CHK | OS_TASK_OPT_STK_CLR);
}
/*
*********************************************************************************************************
*                                              TASKS
*********************************************************************************************************
*/

void  Task1 (void *pdata)
{
      INT8U  err;
      pdata=pdata;

      for(;;)
      {
             OSTimeDly(100);    /*task1 delay 100 clock ticks*/
             OSSemPend(InterruptSem, 0, &err); /* Acquire semaphore to get
             into the room */
             OSTimeDly(200);
             PC_DispStr(15, 11,"Task1 has Succeed to obtain semaphore" ,
DISP_FGND_YELLOW + DISP_BGND_BLUE);
             OSTimeDly(100);
             OSSemPost(InterruptSem);
             OSTimeDly(200);
             PC_DispStr(15, 11,"Task1 release semaphore " , DISP_FGND_YELLOW +
DISP_BGND_BLUE);
      }
}
```

```
void Task2 (void *pdata)
{    INT8U err;

     pdata=pdata;
     for(;;)
     {
              OSSemPend(InterruptSem, 0, &err); /* Acquire semaphore to get
              into the room */
              OSTimeDly(500);         /*task2 delay 500 clock ticks*/
              PC_DispStr(15, 12, "Task2 has been waked up ", DISP_FGND_YELLOW +
DISP_BGND_BLUE);
              OSTimeDly(100);
              OSSemPost(InterruptSem);
              OSTimeDly(200);
              PC_DispStr(15, 12, "Task2 is sleeping ",  DISP_FGND_YELLOW +
DISP_BGND_BLUE);


     }
}

void  Task3 (void *pdata)
{
      pdata=pdata;
      for(;;)
      {
              PC_DispStr(15, 13, "Task_3 got CPU,and running......!\ ",
DISP_FGND_YELLOW + DISP_BGND_BLUE);
              OSTimeDly(50);
                  PC_DispStr(15, 13, " \ ",  DISP_FGND_YELLOW + DISP_BGND_BLUE);
                  OSTimeDly(50);
              }
}
```

例 6-1 的运行结果如图 6-2 所示。

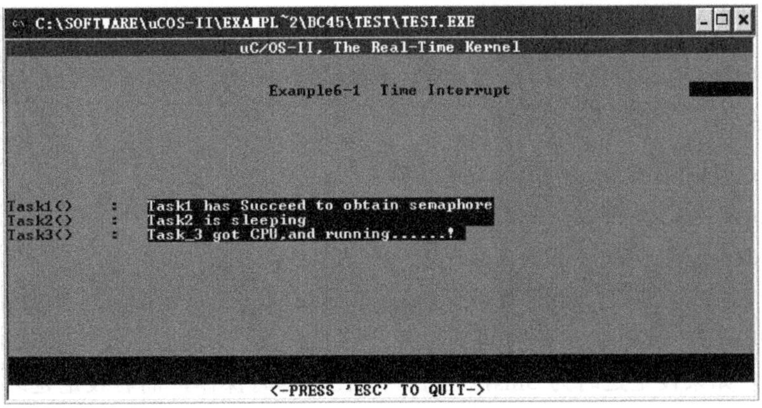

图 6-2　例 6-1 的运行结果

6.4 μC/OS-II时间管理

6.4.1 μC/OS-II时间管理的基本操作

1. 任务延时函数 OSTimeDly()

μC/OS-II 提供了一个可以被任务调用而将任务延时一段特定时间的功能函数 OSTimeDly()。μC/OS-II 规定，除了空闲任务之外的所有任务必须在任务中合适的位置调用系统提供的延时函数 OSTimeDly()，使当前任务的运行延时（暂停）一段时间并进行一次任务调度，以让出 CPU 的使用权。

OSTimeDly()将一个任务延时若干个时钟节拍。如果延时时间大于 0，系统将立即进行任务调度。延时时间的长度可为 0～65 535 个时钟节拍。延时时间为 0，表示不进行延时，函数将立即返回调用者。延时的具体时间依赖于系统每秒有多少时钟节拍。

OSTimeDly()函数的原型如下：

```
void OSTimeDly (INT16U ticks);
```

参数如下。

ticks 表示要延时的时钟节拍数。

返回值：无。

注意：延时时间为 0 表示不进行延时操作，而立即返回调用者。为了确保设定的延时时间，建议用户将设定的时钟节拍数加 1。例如，希望延时 10 个时钟节拍，可设定参数为 11。

2. 按时分秒延时函数 OSTimeDlyHMSM()

OSTimeDlyHMSM()将一个任务延时若干时间。延时的单位是时、分、秒及毫秒，所以使用 OSTimeDlyHMSM()比使用 OSTimeDly()更方便。调用 OSTimeDlyHMSM()后，如果延时时间不为 0，系统立即进行任务调度。

OSTimeDlyHMSM()函数的原型如下：

```
OSTimeDlyHMSM(INT8U hours, INT8U  minutes, INT8U seconds, INT8U milli);
```

参数如下。

- hours：延时小时数，范围为 0～255。
- minutes：延时分钟数，范围为 0～59。
- seconds：延时秒数，范围为 0～59
- milli：延时毫秒数，范围为 0～999。需要说明的是，延时操作函数都是以时钟节拍为单位的。实际的延时时间是时钟节拍的整数倍。例如系统每次时钟节拍间隔是 10ms，如果设定延时为 5ms，将不产生任何延时操作，而若设定延时为 15ms，实际的延时是两个时钟节拍，也就是 20ms。

返回值如下。

OSTimeDlyHMSM()的返回值为下述之一。

- OS_NO_ERR：函数调用成功。
- OS_TIME_INVALID_MINUTES：参数错误，分钟数大于59。
- OS_TIME_INVALID_SECONDS：参数错误，秒数大于59。
- OS_TIME_INVALID_MILLI：参数错误，毫秒数大于999。
- OS_TIME_ZERO_DLY：4个参数全为0。

注意：OSTimeDlyHMSM（0，0，0，0）表示不进行延时操作，而立即返回调用者。另外，如果延时总时间超过65 535个时钟节拍，将不能用OSTimeDlyResume()函数终止延时并唤醒任务。

3. 取消任务的延时函数OSTimeDlyResume()

延时的任务可以不等待延时期满，而是通过其他任务取消延时而使自己处于就绪态。这可以通过指定要恢复的任务的优先级来调用OSTimeDlyResume()函数完成。OSTimeDlyResume()用于唤醒一个用OSTimeDly()或OSTimeDlyHMSM()函数延时的任务。

OSTimeDlyResume()函数的原型如下：

```
OSTimeDlyResume(INT8U prio)
```

参数如下。

prio：指定要唤醒任务的优先级。

返回值如下。

OSTimeDlyResume()的返回值为下述之一。

- OS_NO_ERR：函数调用成功。
- OS_PRIO_INVALID：参数指定的优先级大于OS_LOWEST_PRIO。
- OS_TIME_NOT_DLY：要唤醒的任务不在延时状态。
- OS_TASK_NOT_EXIST：指定的任务不存在。

注意：

- 用户不应该用OSTimeDlyResume()去唤醒一个设置了等待超时操作，并且正在等待事件发生的任务。操作的结果是使该任务结束等待，除非的确希望这么做。
- OSTimeDlyResume()函数不能唤醒一个用OSTimeDlyHMSM()延时，且延时时间总计超过65 535个时钟节拍的任务。例如，如果系统时钟为100Hz，OSTimeDlyResume()不能唤醒延时OSTimeDlyHMSM（0，10，55，350）或更长时间的任务。

4. 获取系统时间函数OSTimeGet()

OSTimeGet()函数获取当前系统时钟数值。系统时钟是一个32位的计数器，记录系统上电后或时钟重新设置后的时钟计数。

OSTimeGet()函数的原型如下：

```
INT32U OSTimeGet(void);
```

返回值如下。

当前时钟计数（时钟节拍数）。

5. 设置系统时间函数 OSTimeSet()

OSTimeSet()函数设置当前系统时钟数值。系统时钟是一个 32 位的计数器，记录系统上电后或时钟重新设置后的时钟计数。

OSTimeSet()函数的原型如下：

```
Void OSTimeSet(INT32U ticks);
```

参数如下。

Ticks：要设置的时钟数，单位是时钟节拍数。

6.4.2 μC/OS-II 时间管理应用举例

例 6-2 设计两个任务 Task1、Task2，任务 Task1 调用函数 OSTimeDlyResume()取消了任务 Task2 的延时。为了观察 Task2 的延时时间的变化，在时钟节拍外连函数 OSTimeTickHook()中输出了任务 Task2 在延时时间到时的时钟节拍数。

本例在 test.c 文件中重新定义了接口函数 OSTimeTickHook(void)，并在函数里输出时钟计数值。该函数在时钟节拍函数 OSTimeTick()中调用。

例 6-2 的程序清单如下：

```
/*
*********************************************************************************************************
*                                              μC/OS-II
*                                        The Real-Time Kernel
*********************************************************************************************************
*/

#include "includes.h"
/*
*********************************************************************************************************
*                                              CONSTANTS
*********************************************************************************************************
*/

#define    TASK_STK_SIZE  512   /* Size of each task's stacks (# of WORDs) */

#define    TASK_START_ID    0   /* Application tasks Ids */
#define    TASK_1_ID        2
#define    TASK_2_ID        3
#define    TASK_START_PRIO 10    /* Application tasks priorities */
#define    TASK_1_PRIO     11
#define    TASK_2_PRIO     12

/*
*********************************************************************************************************
*                                              VARIABLES
```

```
*******************************************************************************
*/

OS_STK     TaskStartStk[TASK_STK_SIZE];          /* Startup   task stack */
OS_STK     Task1Stk[TASK_STK_SIZE];              /* Task #1   task stack */
OS_STK     Task2Stk[TASK_STK_SIZE];              /* Task #2   task stack */
INT8U x=0,y=0;


/*
*******************************************************************************
*                         FUNCTION PROTOTYPES
*******************************************************************************
*/

              void  TaskStart(void *data);   /* Function prototypes of tasks */
static  void  TaskStartCreateTasks(void);
static  void  TaskStartDispInit(void);
              void  Task1(void *data);
              void  Task2(void *data);

/*
*******************************************************************************
*                               MAIN
*******************************************************************************
*/

void main (void)
{

     PC_DispClrScr(DISP_FGND_WHITE); /* Clear the screen */

      OSInit();                      /* Initialize μC/OS-II */
     PC_DOSSaveReturn();             /* Save environment to return to DOS */
     PC_VectSet(uCOS, OSCtxSw);      /* Install μC/OS-II's context switch vector */


       OSTaskCreate(TaskStart, (void *)0, &TaskStartStk[TASK_STK_SIZE - 1],
TASK_START_PRIO);
     OSStart();                              /* Start multitasking   */
}

/*
*******************************************************************************
*                         STARTUP TASK
*******************************************************************************
*/
void  TaskStart (void *pdata)
```

```
{
#if OS_CRITICAL_METHOD == 3  /* Allocate storage for CPU status register */
      OS_CPU_SR  cpu_sr;
#endif
      INT16S    key;


      pdata = pdata;                   /* Prevent compiler warning    */

      TaskStartDispInit();             /* Initialize the display   */

      OS_ENTER_CRITICAL();
      PC_VectSet(0x08, OSTickISR); /* Install μC/OS-II's clock tick ISR */
      PC_SetTickRate(OS_TICKS_PER_SEC);   /* Reprogram tick rate */
      OS_EXIT_CRITICAL();

      OSStatInit();                    /* Initialize μC/OS-II's statistics */

      TaskStartCreateTasks();          /* Create all the application tasks */

      for (;;) {
                 if (PC_GetKey(&key) == TRUE) { /* See if key has been pressed */
                    if (key == 0x1B) {  /* Yes, see if it's the ESCAPE key */
                            PC_DOSReturn();/* Return to DOS */
                    }
                 }

                 OSCtxSwCtr = 0;            /* Clear context switch counter */
                 OSTimeDlyHMSM(0, 0, 1, 0);  /* Wait one second */
      }
}

/*
*********************************************************************************
*                          INITIALIZE THE DISPLAY
*********************************************************************************
*/

static  void  TaskStartDispInit (void)
{
       PC_DispStr( 0,  0, " uC/OS-II, The Real-Time Kernel ", DISP_FGND_WHITE +
DISP_BGND_RED + DISP_BLINK);
       PC_DispStr( 0,  1, " ", DISP_FGND_BLACK + DISP_BGND_LIGHT_GRAY);
       PC_DispStr( 0,  2, " ", DISP_FGND_BLACK + DISP_BGND_LIGHT_GRAY);
       PC_DispStr( 0,  3, " Example6-2  Time Manage ", DISP_FGND_BLACK +
DISP_BGND_LIGHT_GRAY);
       PC_DispStr( 0,  4, " ", DISP_FGND_BLACK + DISP_BGND_LIGHT_GRAY);
       PC_DispStr( 0,  5, " ", DISP_FGND_BLACK + DISP_BGND_LIGHT_GRAY);
```

```
        PC_DispStr( 0,  6, " ", DISP_FGND_BLACK + DISP_BGND_LIGHT_GRAY);
        PC_DispStr( 0,  7, " ", DISP_FGND_BLACK + DISP_BGND_LIGHT_GRAY);
        PC_DispStr( 0,  8, " ", DISP_FGND_BLACK + DISP_BGND_LIGHT_GRAY);
        PC_DispStr( 0,  9, " ", DISP_FGND_BLACK + DISP_BGND_LIGHT_GRAY);
        PC_DispStr( 0, 10, " ", DISP_FGND_BLACK + DISP_BGND_LIGHT_GRAY);
        PC_DispStr( 0, 11, "Task1(): ", DISP_FGND_BLACK + DISP_BGND_LIGHT_GRAY);
        PC_DispStr( 0, 12, "Task2():", DISP_FGND_BLACK + DISP_BGND_LIGHT_GRAY);
        PC_DispStr( 0, 13, "Time Ticker: ", DISP_FGND_BLACK + DISP_BGND_LIGHT_GRAY);
        PC_DispStr( 0, 14, " ", DISP_FGND_BLACK + DISP_BGND_LIGHT_GRAY);
        PC_DispStr( 0, 15, " ", DISP_FGND_BLACK + DISP_BGND_LIGHT_GRAY);
        PC_DispStr( 0, 16, "  ", DISP_FGND_BLACK + DISP_BGND_LIGHT_GRAY);
        PC_DispStr( 0, 17, " ", DISP_FGND_BLACK + DISP_BGND_LIGHT_GRAY);
        PC_DispStr( 0, 18, "  ", DISP_FGND_BLACK + DISP_BGND_LIGHT_GRAY);
        PC_DispStr( 0, 19, " ", DISP_FGND_BLACK + DISP_BGND_LIGHT_GRAY);
        PC_DispStr( 0, 20, " ", DISP_FGND_BLACK + DISP_BGND_LIGHT_GRAY);
        PC_DispStr( 0, 21, " ", DISP_FGND_BLACK + DISP_BGND_LIGHT_GRAY);
        PC_DispStr( 0, 24, "  <-PRESS 'ESC' TO QUIT-> ", DISP_FGND_BLACK +
DISP_BGND_LIGHT_GRAY +

DISP_BLINK);
}

/*
*******************************************************************************************
*                              CREATE TASKS
*******************************************************************************************
*/
static  void  TaskStartCreateTasks (void)
{       OSTaskCreate(Task1,(void *)0,&Task1Stk[TASK_STK_SIZE - 1],TASK_1_PRIO);
        OSTaskCreate(Task2,(void *)0,&Task2Stk[TASK_STK_SIZE - 1],TASK_2_PRIO);
}

/*
*******************************************************************************************
*                                  TASKS
*******************************************************************************************
*/

void  Task1 (void *pdata)
{    pdata=pdata;

     for(;;)
     {
         if(x>50)
                {x=0;
                 y+=2;
                }
               if(y>1)OSTimeDlyResume(TASK_2_PRIO);
```

```
                PC_DispStr(15, 11,"Task2 is resumed! " , DISP_FGND_YELLOW +
DISP_BGND_BLUE);
                OSTimeDly(100);  /*task1 delay 100 clock ticks*/
                PC_DispStr(15, 11," " , DISP_FGND_YELLOW + DISP_BGND_BLUE);
                OSTimeDly(100);
    }
}

void Task2 (void *pdata)
{   pdata=pdata;
    for(;;)
    {
        if(x>50)
                {x=0;
                y+=2;}
            PC_DispStr(15, 12, "Task2 running! ", DISP_FGND_YELLOW +
            DISP_BGND_BLUE);
                OSTimeDly(200);
                PC_DispStr(15,12," ",DISP_FGND_YELLOW + DISP_BGND_BLUE);
                OSTimeDly(200);
                x+=1;
            OSTimeDly(500);
    }
}

/*
*********************************************************************************
*                           OS INITIALIZATION HOOK
*                               (BEGINNING)
*********************************************************************************
*/
void  OSInitHookBegin (void)
{
}

/*
*********************************************************************************
*                           OS INITIALIZATION HOOK
*                                  (END)
*********************************************************************************
*/
void  OSInitHookEnd (void)
{
}

/*
*********************************************************************************
*                             TASK CREATION HOOK
```

```
*******************************************************************************
*/
void  OSTaskCreateHook (OS_TCB *ptcb)
{
      ptcb = ptcb;      /* Prevent compiler warning */
}

/*
*******************************************************************************
*                         TASK DELETION HOOK
*******************************************************************************
*/
void  OSTaskDelHook (OS_TCB *ptcb)
{
      ptcb = ptcb;                    /* Prevent compiler warning */
}

/*
*******************************************************************************
*                           IDLE TASK HOOK
*******************************************************************************
*/
void  OSTaskIdleHook (void)
{
}

/*
*******************************************************************************
*                         STATISTIC TASK HOOK
*******************************************************************************
*/

void  OSTaskStatHook (void)
{

}

/*
*******************************************************************************
*                           TASK SWITCH HOOK
*******************************************************************************
*/
void  OSTaskSwHook (void)
{

}

/*
```

```
*********************************************************************************
*                              OSTCBInit() HOOK
*********************************************************************************
*/
void  OSTCBInitHook (OS_TCB *ptcb)
{
      ptcb = ptcb;                  /* Prevent Compiler warning         */
}

/*
*********************************************************************************
*                               TICK HOOK
*********************************************************************************
*/
INT16U t=1;
char s[5];
void  OSTimeTickHook (void)
{
if(OSTCBPrioTbl[TASK_2_PRIO]->OSTCBDly==1)
     {
                   sprintf(s,"%5d",t);
            PC_DispStr(15,13,s    ,  DISP_FGND_YELLOW + DISP_BGND_BLUE);

     }
    t+=1;
}
```

例 6-2 的程序运行结果如图 6-3 所示。

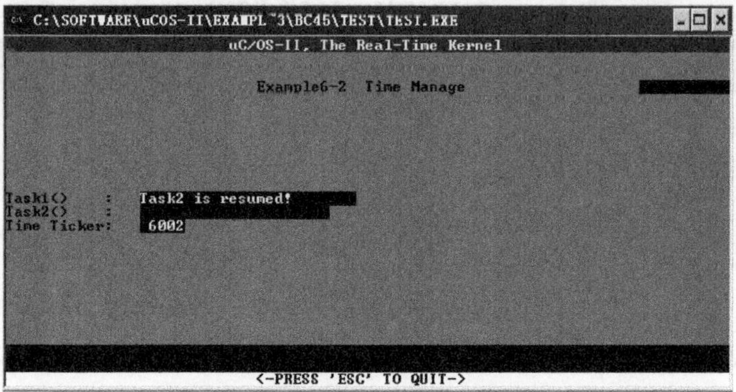

图 6-3　例 6-2 的程序运行结果

小　　结

时钟又称定时器，负责维护时间，防止一个进程垄断 CPU。时钟硬件根据已知时间间隔产生中断，时钟的其他工作由时钟驱动程序完成。

时钟中断服务程序一般要完成更改系统时钟、记录时钟节拍、接收中断，并从中断返回等工作。

μC/OS-II 的时间管理函数中的延时函数 OSTimeDly()和 OSTimeDlyHMSM()，不仅能使任务的运行停止并等待一段时间，更重要的是能使优先级低的任务得到调度，让优先级低的任务能够运行。

习　　题

1．什么是系统时钟？μC/OS-II 的系统时钟是如何实现的？在时钟节拍服务中有什么工作？

2．中断服务程序通常需要执行什么任务？

3．说明 μC/OS-II 的中断级任务切换的实现原理。

4．说明任务延时函数 OSTimeDly()和 OSTimeDlyHMSM()的区别。

第7章　任务的同步与通信

多道程序设计技术、分布式共享技术以及并行处理技术，已经使进程合作成为可能。一组相关进程间的并发操作，允许一个应用程序在单处理机和多处理机上利用 CPU 和 I/O 设备之间的并行性获得加速。然而，在软件实现中，多个进程间的合作会引起一些问题，包括死锁、临界区的存在，以及计算中的非确定性。这些问题会在多个进程间竞争资源或者在共享资源时发生。考虑到任务间可能的相互作用，嵌入式实时操作系统必须提供一种机制支持这种任务间的相互作用。

本章主要内容：

- 同步和通信的基本概念。
- 事件控制块。
- 信号量机制。
- 互斥型信号量。
- 事件标志组。
- 消息邮箱。
- 消息队列。

7.1　同步和通信的基本概念

一个任务经常需要与其他任务通信，例如，第一个任务的输出必须传递给第二个任务。因此在任务之间需要通信，而且最好使用一种结构良好的方式，不要使用中断。下面讨论一下有关任务间通信的问题。

简要地说，任务间的通信有三个问题。第一个问题与上面的叙述有关，即一个任务如何把信息传递给另一个。第二个问题是，确保两个或更多的任务在关键活动中不会出现交叉，例如，在飞机订票系统中的两个任务为不同的客户试图争夺飞机上的最后一个座位。第三个问题与正确的顺序有关（如果该顺序是有关联的话），比如，如果任务 A 产生数据而任务 B 打印数据，那么 B 在打印之前必须等待，直到 A 已经产生一些数据。

7.1.1　竞争条件

在一些操作系统中，协作的进程可能共享一些彼此都能读写的公用存储区。这个公用存储区可能在内存中（可能在内核数据结构中），也可能是一个共享文件。这里共享存储区的位置并不影响通信的本质及其带来的问题。为了理解实际中进程间通信如何工作，我们考虑一个简单但很普遍的例子：一个假脱机打印程序。当一个进程需要一个文件时，它将文件名放在一个特殊的假脱机目录下。另一个进程（打印机守护进程）则周期性地检查是否有文件需要打印，若有就打印并将该文件名从目录中删掉。

设想假脱机目录中有许多槽位，编号依次为 0，1，2，…，每个槽位存放一个文件名。同时假设有两个共享变量：out，指向下一个要打印的文件；in，指向目录下一个空闲槽位。可以把这两个变量保存在一个所有进程都能访问的文件中，该文件的长度为两个字。在某一时刻，0～3 号槽位空（其中的文件已经打印完毕），4～6 号槽位被占用（其中存有排好队列的要打印的文件名）。几乎在同一时刻，进程 A 和进程 B 都决定将一个文件排队打印，这种情况如图 7-1 所示。

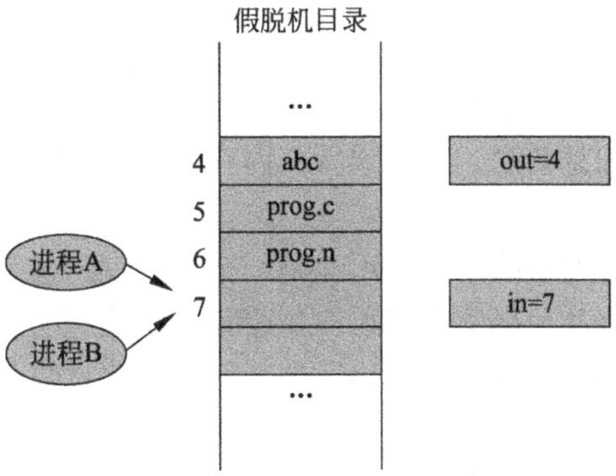

图 7-1　两个进程同时想访问共享文件

在 Murphy 法则（任何可能出错的地方终将出错）生效时，可能发生以下的情况。进程 A 读到 in 的值为 7，将 7 存在一个局部变量 next_free_out 中。此时发生一次时钟中断。CPU 认为进程 A 已运行了足够长的时间，决定切换到进程 B。进程 B 也读取 in，同样得到值为 7，于是将 7 存在局部变量 next_free_shot 中。在这一时刻两个进程都认为下一个可用槽位是 7。

进程 B 现正继续运行，它将其文件名存在槽位 7 中并将 in 的值更新为 8，然后它离开，继续执行其他操作。

最后进程 A 接着从上次中断的地方再次运行。它检查变量 next_free_shot，发现其值为 7，于是将打印文件名存入 7 号槽位，这样就把进程 B 存在那里的文件名覆盖掉。然后它将 next_free_shot+1，得到值为 8，就将 8 存入 in 中。此时，假脱机目录内部是一致的，所有打印机守护进程发现不了任何错误，但进程 B 却永远得不到任何打印输出。类似这样的情况，即两个或多个进程读写某些共享数据，而最后的结果取决于进程运行的精确时序，称为竞争条件。调试包含竞争条件的程序是一件很头疼的事。大多数的测试运行结果都很好，但在极少数情况下会发生一些无法解释的奇怪现象。

7.1.2　同步与通信

在多任务实时系统中，经常需要在任务之间或者中断服务之间进行通信，这种消息传递机制被称为任务间的同步与通信。同步可以分为两种类型：资源同步和活动同步。

资源同步决定对资源的访问是否安全，如两个进程在共享内存进行访问时，就必须进行资源的同步，在一个进程对共享内存进行写操作的时候绝对不能让另一个进程对此区域进行读操作。

活动同步决定多任务程序的执行是否到达一个确定的状态。在多任务系统中，很多时候都是多任务相互协作，共同完成。这样，必然出现某些任务的进度快、某些任务的进度慢的情况，通过活动同步，可以对各个任务的执行情况进行协调。

任务相互通信，以便可以相互传递信息并且协调它们在多任务嵌入式应用中的活动。通常可以是以信号为中心的、或以数据为中心的，或者两者兼有。在以信号为中心的通信中，所有必要的信息在事件信号自身内部传递。在以数据为中心的通信中，信息在传输的数据中携带。当两者结合时，数据传输伴随着事件的通知。

通信可以有以下几个用途。

- 从一个任务向另一个任务传送数据。
- 在任务之间通知事件的发生。
- 允许一个任务控制其他任务的执行。
- 同步活动。

通信的首要用途是一个任务到另一个任务传送数据。在任务之间，可以有数据依赖，一个任务是数据生产者，另一个是消费者。例如，考虑一个特殊的处理任务，它等待数据从消息队列、管道或共享内存中得到。在这种情况下，数据生产者可以是一个I/O设备或另一个任务。

通信的第二个用途是一个任务发送信号通知另一个任务事件的发生。不管是物理设备还是其他任务都可以产生事件。一个任务或者中断服务例程对一个事件负责，如一个I/O时间或一组事件可以通知其他任务这些事件已发生。数据可以伴随或不伴随事件信号，如考虑一个计时器芯片的中断服务例程通知另一个任务所传递的事件到达。

通信的第三个用途是一个任务控制另一个任务的执行。任务可以有一个主/从关系，像过程控制。每个子任务对一个部件负责，如控制系统的各个传感器。主任务给从属任务发送命令来打开或禁止传感器工作。如果从属任务有反馈，那么数据流程既可以是单向的，也可以是双向的。

通信的第四个用途是支持同步活动。当多个任务等待执行屏障时，每个任务等待进入屏障的最后一个任务的信号，以便每个任务可以继续它们自己的运行。

任务间信息的传递一般可以通过以下几个途径。

（1）全局变量。嵌入式系统的操作系统，用户程序的代码和数据一般是链接在一起的，因此，通过全局变量进行任务间的通信是完全可行的。但是，使用全局变量就必须保证在对该变量进行访问或操作时，任务对它是独享的；而且过多地使用全局变量容易造成程序的混乱。

（2）各种消息机制。包括信号量、邮箱、消息队列、互斥等。这些机制各有特点和自己的应用场合。嵌入式实时操作系统一般同时提供它们中间的多种，以适应不同的应用需要。

7.1.3 共享资源

任何为任务所占用的实体都可称为资源。资源可以是输入输出设备，例如打印机、键盘及显示器；资源也可以是一个变量、一个数据结构或一个数组等。可以被一个以上任务使用的资源叫做共享资源。为了防止数据被破坏，每个任务在与共享资源打交道时，必须独占该资源，这叫做互斥。

7.1.4 可重入函数

可重入的代码指的是一段代码（如一个函数）可以被多个任务同时调用，而不必担心会破坏数据。也就是说，可重入型函数在任何时候都可以被中断执行，过一段时间以后又可以继续运行，而不会因为在函数中断的时候被其他任务重新调用，影响函数中的数据。

下面的两个例子可以比较可重入型函数和非可重入型函数。

程序 1：可重入型函数。

```
void swap(int *x,int *y)
{int temp;
  temp=*x;
  *x=*y;
  *y=temp;
}
```

程序 2：非可重入型函数。

```
int temp;
void swap(int *x,int *y)
{
  temp=*x;
  *x=*y;
  *y=temp; }
```

程序 1 使用局部变量 temp 作为变量，多次调用同一个函数，可以保证每次的 temp 不受影响。而程序 2 中的 temp 被定义为全局变量，多次调用函数时，必须受到影响。

7.1.5 临界区

怎样避免竞争条件？实际上凡是涉及共享内存、共享文件以及共享任何资源的情况都会引发与前面类似的错误，要避免这种错误，关键是要找出某种途径来阻止多个进程同时共享的数据。换言之，需要的是互斥，即以某种手段确保当一个进程在使用一个共享变量或文件时，其他进程不能进行同样的操作。

避免竞争条件的问题也可以用一种抽象的方式进行描述。一个进程的一部分时间做内部计算或另外一些不会引发竞争条件的操作。在某些时候进程可能需要访问共享内存或共享文件，或执行另外一些会导致竞争的操作。把对共享内存进行访问的程序片段称为临界区域或临界区。如果能够适当地安排，使得两个进程不可能同时处于临界区中，就能够避免竞争条件。

尽管这样的要求避免了竞争条件，但它还是不能保证使用共享数据的并发进程能够正确和高效地进行协作。对于一个好的解决方案，需要满足以下 4 个条件。

- 任何两个进程不能同时处于其临界区。
- 不应对 CPU 的速度和数量做任何假设。
- 临界区外运行的进程不得阻塞其他进程。
- 不得使进程无限期等待进入临界区。

从抽象的角度看，人们所希望的进程行为如图 7-2 所示。图 7-2 中进程 A 在 *T*1 时刻进入临界区。稍后，在 *T*2 时刻进程 B 试图进入临界区，但是失败了，因为另一个进程已经在该临界区内，而同一时刻只允许一个进程在临界区内。随后，B 被暂时挂起直到 *T*3 时刻 A 离开临界区为止，从而允许 B 立即进入。最后，B 离开（在 *T*4）时刻，回到了临界区中没有进程的原始状态。

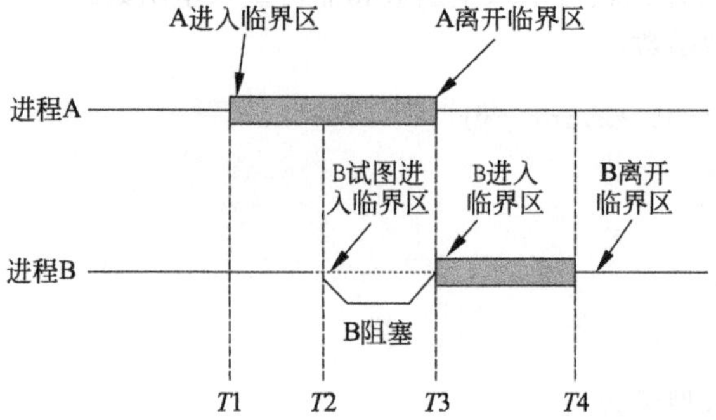

图 7-2 使用临界区的互斥

7.1.6 μC/OS-II 的临界区

1. μC/OS-II 的临界区

同其他内核一样，μC/OS-II 为了处理临界区代码，必须关中断，处理完毕后，再开中断。关中断使得 μC/OS-II 能够避免同时有其他任务或中断进入临界区代码。

μC/OS-II 定义了两个宏来开中断和关中断，以便避免不同 C 编译器厂商选择不同的方法来处理关中断和开中断。μC/OS-II 中的这两个宏调用分别是 OS_ENTER_CRITICAL()和 OS_EXIT_CRITICAL()。因为这两个宏的定义取决于使用的微处理器，固在文件 OS_CPU.H 中可以找到相应的宏定义。

OS_ENTER_CRITICAL()和 OS_EXIT_CRITICAL()总是成对使用的，把临界区代码封装起来，如以下代码所示：

```
{
...
OS_ENTER_CRITICAL();
/*μC/OS-II 的临界区代码*/
OS_EXIT_CRITICAL();
...
}
```

另外，μC/OS-II 提示，不要在临界区中调用 μC/OS-II 提供的功能函数，如 OSTimeDel()等，因为调用 μC/OS-II 的功能函数，中断总是开着的。

2. OS_ENTER_CRITICAL()和 OS_EXIT_CRITICAL()的实现方法

OS_ENTER_CRITICAL()和 OS_EXIT_CRITICAL()可以有三种不同的实现方法。至于在实际应用时使用哪种方法，取决于用户打算移植到的处理器的类型和所用的 C 编译器。用户可以通过定义移植文件 OS_CPU.H 中的常数 OS_CRITICAL_METHOD 来选择实现方法。

1）OS_CRITICAL_METHOD=1

第一种方法是定义 OS_CRITICAL_METHOD=1，即直接使用处理器的开中断指令 OS_ENTER_CRITICAL()和关中断指令 OS_EXIT_CRITICAL()。

2）OS_CRITICAL_METHOD=2

第二种方法是在堆栈中保存中断的开/关状态，然后再关中断。OS_ENTER_CRITICAL()把 CPU 的允许中断标志保持到堆栈中，在实现 OS_EXIT_CRITICAL()时，只需简单地从堆栈中弹出原来中断的开/关状态即可。这两个宏的示意性代码如下：

```
#define OS_ENTER_CRITICAL()
  asm("PUSH  PSW")    //将处理器状态字推入堆栈
  asm("DI")           // 关中断

#define OS_EXIT_CRITICAL()
   asm("POP  PSW")    //将中断标志从堆栈中弹出，恢复原来的状态
```

3）OS_CRITICAL_METHOD=3

如果用户的 C 编译器提供了扩展功能，则可以获得程序状态字的值，并保存在 C 函数的局部变量里。这两个宏的示意性代码如下：

```
#define OS_ENTER_CRITICAL()
 cpu_sr=get_processor_psw();
 disable_interrupts();

#define OS_EXIT_CRITICAL()
  set_processor_psw(cpu_sr);
```

7.2　任务通信的数据结构——事件控制块

7.2.1　事件

μC/OS-II 操作系统的任务间通信机制有信号量、互斥型信号、消息邮箱和消息队列，任务和中断服务子程序通过事件控制块（Event Control Blocks，ECB）向另外的任务发信号，这里，信号被看成是事件。

图 7-3 介绍了任务和中断服务子程序之间是如何进行通信的。图 7-3（a）中（1）说明任务或中断服务子程序可以给事件控制块 ECB 发信号。图 7-3（a）中（2）说明只有任务可以等待另一个任务或中断服务子程序通过事件控制块 ECB 给它发送信号，而中断服务子程序是不能等待事件控制块 ECB 给它发送信号的。图 7-3（a）中（3）说明处于等待状态的任务可以指定一个最长等待时间，以防止因等待的事件没有发生而无限期地等下去。图 7-3（b）说明多个任务可以同时等待同一事件的发生。当该事件发生后，所有等待该事件的任务中，优先级最高的任务得到了该事件并进入就绪状态，准备执行。图 7-3（c）中（4）说明当事件控制块 ECB 是一个信号量时，任务可以等待它，也可以给它发送消息。

这里，所有的信号都被看成是事件，事件可以是信号量、邮箱或者消息队列等。当事件控制块是一个信号量时，任务可以等待它，也可以给它发送消息。

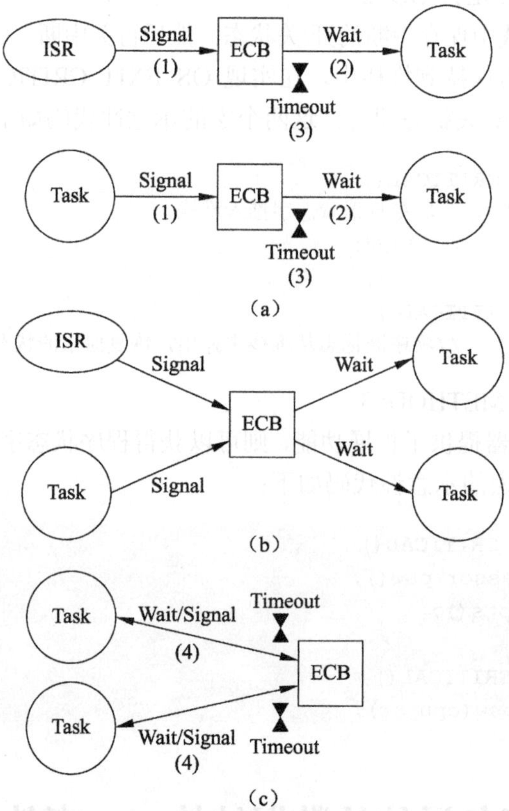

图 7-3 事件控制块的使用

7.2.2 事件控制块 ECB

事件控制块 ECB 用于实现以下功能函数的基本数据结构，如“信号量”、“互斥型信号量”、“消息邮箱”、“消息队列”等。

μC/OS-II 通过 μC/OS-II.H 中定义的 OS_EVENT 数据结构，维护一个事件控制块 ECB 的所有信息。该结构中除了包含事件本身的定义，如用于信号量的计数器，用于指向邮箱的指针，以及指向消息队列的指针数组等，还定义了等待该事件的所有任务的列表。如下程序清单是 ECB 的定义。

```
typedef struct {
    INT8U   OSEventType;                     /* 事件类型 */
    INT8U   OSEventGrp;                      /* 等待任务所在的组 */
    INT16U  OSEventCnt;                      /* 计数器(当事件是信号量时) */
    void    *OSEventPtr;                     /* 指向消息或者消息队列的指针 */
    INT8U   OSEventTbl[OS_EVENT_TBL_SIZE];   /* 等待任务列表 */
} OS_EVENT;
```

事件控制块 ECB 的结构如图 7-4 所示。

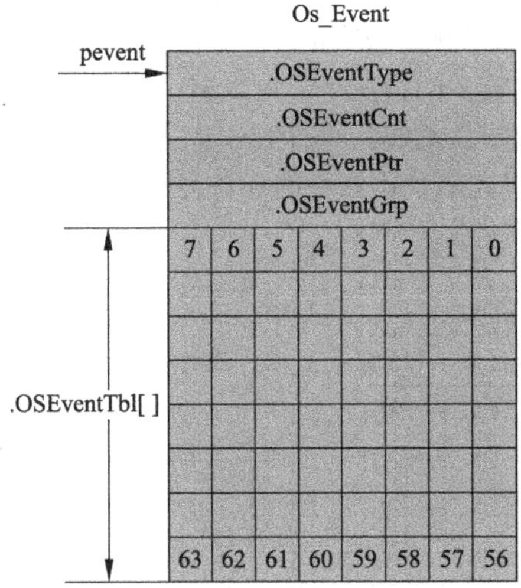

图 7-4　事件控制块 ECB

应用程序中的任务通过指针 pevent 来访问事件控制块。事件控制块 ECB 的成员说明如表 7-1 所示。

表 7-1　事件控制块 ECB 的成员

ECB 的成员	说　明
.OSEventType	定义了事件的具体类型，它的取值如表 7-2 所示。用户要根据该域的具体值来调用相应的系统函数，以保证对其进行的操作的正确性
.OSEventCnt	当事件是一个信号量时，.OSEventCnt 是用于信号量的计数器
.OSEventPtr	当所定义的事件是邮箱时，它指向一个消息，而当所定义的事件是消息队列时，它指向一个数据结构
.OSEventGrp	所有的任务的优先级被分成 8 组（每组 8 个优先级），分别对应.OSEventGrp 中的 8 位。当某组中有任务处于等待该事件的状态时，.OSEventGrp 中对应的位就被置位
.OSEventTbl[]	处于等待某事件的任务

OSEventType 的值如表 7-2 所示。

表 7-2　OSEventType 的值

.OSEventType 的值	说　明
OS_EVENT_TYPE_SEM	表示事件是信号量
OS_EVENT_TYPE_MUTEX	表示事件是互斥型信号量
OS_EVENT_TYPE_MBOX	表示事件是消息邮箱
OS_EVENT_TYPE_Q	表示事件是消息队列
OS_EVENT_TYPE_UNUSED	空事件控制块（未被使用的事件控制块）

每个等待事件发生的任务都被加入到该事件控制块中的等待任务列表中，该列表包括.OSEventGrp 和.OSEventTbl[]两个域。所有任务的优先级被分成 8 组（每组 8 个优先级），分别对应.OSEventGrp 中的 8 位。当某组中有任务处于等待该事件的状态时，.OSEventGrp

中对应的位就被置位。相应地，该任务在.OSEventTbl[]中的对应位也被置位。.OSEventTbl[]数组的大小由系统中任务的最低优先级决定，这个值由 μCOS_II.H 中的 OS_LOWEST_PRIO 常数定义。这样，在任务比较少的情况下，可以减少 μC/OS-II 对系统 RAM 的占用量。

当一个事件发生后，该事件的等待事件列表中优先级最高的任务，即在.OSEventTbl[]中，所有被置 1 的位中，优先级代码最小的任务得到该事件。图 7-5 给出了.OSEventGrp 和.OSEventTbl[]之间的对应关系。

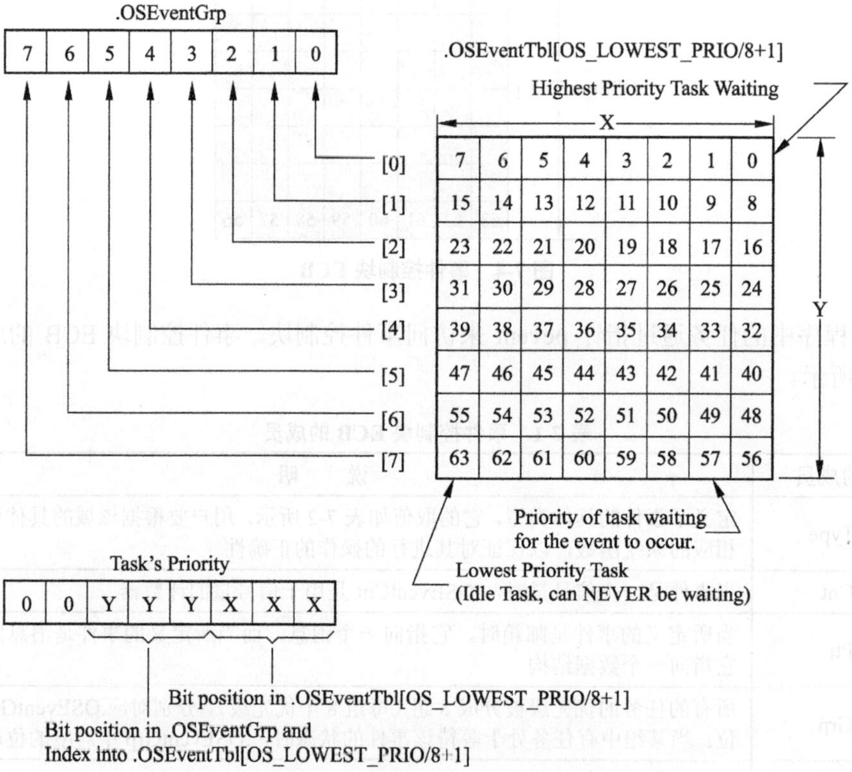

图 7-5 事件的等待任务列表

将任务置于等待事件的任务列表中的代码如下：

```
pevent->OSEventGrp            |= OSMapTbl[prio >> 3];
pevent->OSEventTbl[prio >> 3] |= OSMapTbl[prio & 0x07];
```

其中，prio 是任务的优先级，pevent 是指向事件控制块的指针。

插入一个任务到等待任务列表中所花的时间是相同的，与表中现有多少个任务无关。从图 7-5 中可以看出该算法的原理：任务优先级的最低三位决定了该任务在相应的.OSEventTbl[]中的位置，紧接着的三位则决定了该任务优先级在.OSEventTbl[]中的字节索引。该算法中用到的查找表 OSMapTbl[]（定义在 OS_CORE.C 中）一般在 ROM 中实现。

```
INT8U  const  OSMapTbl[]   = {0x01, 0x02, 0x04, 0x08, 0x10, 0x20, 0x40, 0x80};
```

列表中删除一个任务的算法则正好相反，如下所示。

```
    if((pevent->OSEventTbl[prio >> 3] &= ~OSMapTbl[prio & 0x07]) == 0) {
        pevent->OSEventGrp &= ~OSMapTbl[prio >> 3];
    }
```

该代码清除了任务在.OSEventTbl[]中的相应位，并且，如果其所在的组中不再有处于等待该事件的任务时（即.OSEventTbl[prio>>3]为 0），将.OSEventGrp 中的相应位也清除了。和上面的由任务优先级确定该任务在等待表中的位置的算法类似，从等待任务列表中查找处于等待状态的最高优先级任务的算法，也不是从.OSEventTbl[0]开始逐个查询，而是采用了查找另一个表 OSUnMapTbl[256]（见文件 OS_CORE.C）。这里，用于索引的 8 位分别代表对应的 8 组中有任务处于等待状态，其中的最低位具有最高的优先级。用这个值索引，首先得到最高优先级任务所在的组的位置（0～7 之间的一个数）。然后利用.OSEventTbl[]中对应字节再在 OSUnMapTbl[]中查找，就可以得到最高优先级任务在组中的位置（也是 0～7 之间的一个数）。这样，最终就可以得到处于等待该事件状态的最高优先级任务了。等待任务列表中查找最高优先级的任务程序清单如下。

```
    y    = OSUnMapTbl[pevent->OSEventGrp];
    x    = OSUnMapTbl[pevent->OSEventTbl[y]];
    prio = (y << 3) + x;
```

举例来说，如果.OSEventGrp 的值是 01101000（二进制），而对应的 OSUnMapTbl[.OSEventGrp]值为 3，说明最高优先级任务所在的组是 3。类似地，如果.OSEventTbl[3]的值是 11100100（二进制），OSUnMapTbl[.OSEventTbl[3]]的值为 2，则处于等待状态的任务的最高优先级是 3×8+2＝26。

7.2.3　空事件控制块链表

在 μC/OS-II 中，事件控制块的总数由用户所需要的信号量、邮箱和消息队列的总数决定。该值由 OS_CFG.H 中的#define OS_MAX_EVENTS 定义。在调用 OSInit()时，所有事件控制块被链接成一个单向链表——空闲事件控制块链表，如图 7-6 所示。每当建立一个信号量、邮箱或者消息队列时，就从该链表中取出一个空闲事件控制块，并对它进行初始化。而当应用程序删除一个事件时，就会将该事件的控制块归还给空事件控制块链表。

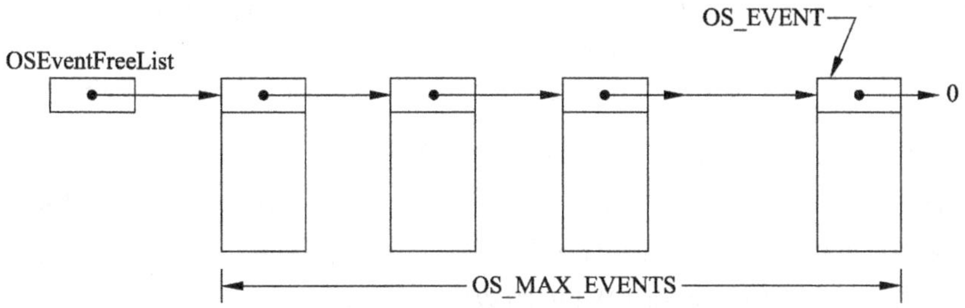

图 7-6　空事件控制块链表

对事件控制块进行的操作一般包括：

- 初始化一个事件控制块。

- 使一个任务进入就绪态。
- 使一个任务进入等待某事件的状态。
- 因为等待超时而使一个任务进入就绪态。

7.2.4 事件控制块的操作

μC/OS-II 有 4 个对事件控制块进行基本操作的函数，信号量、互斥型信号量、消息邮箱和消息队列都会用到这几个函数。

1．事件控制块的初始化，EventWaitListInit()

调用函数 EventWaitListInit()对事件控制块进行初始化。EventWaitListInit()函数的原型如下：

```
EventWaitListInit(OS_EVENT *pevent);
```

当建立一个信号量、邮箱或者消息队列时，相应的建立函数 OSSemCreat()、OSMutexCreat()、OSMboxCreate()或者 OSQCreate()通过调用 OSEventWaitListInit()对事件控制块中的等待任务列表进行初始化。该函数初始化一个空的等待任务列表，其中没有任何任务。该函数的调用参数只有一个，就是指向需要初始化的事件控制块的指针 pevent。初始化后事件控制块的结构如图 7-7 所示。

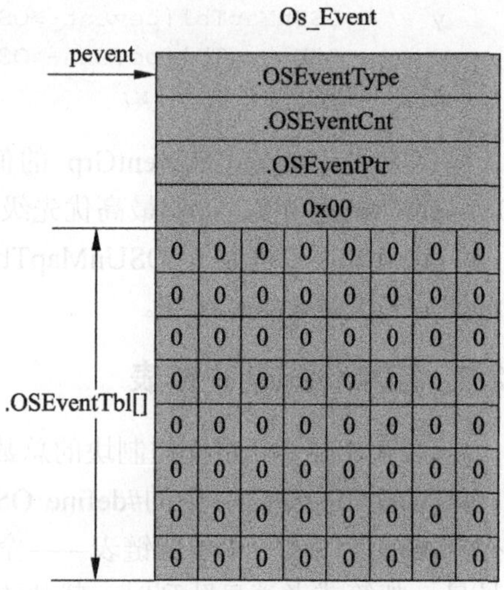

图 7-7 初始化后的事件控制块

2．使一个任务进入就绪态，OSEventTaskRdy()

当发生了某个事件，该事件等待任务列表中的最高优先级任务（Highest Priority Task，HPT）要置于就绪态时，该事件对应的 OSSemPost()、OSMboxPost()、OSQPost()和 OSQPostFront()函数调用 OS_EventTaskRdy()实现该操作。换句话说，该函数从等待任务队列中删除 HPT，并把该任务置于就绪态。OS_EventTaskRdy()函数的原型如下：

```
INT8U  OS_EventTaskRdy(OS_EVENT *pevent,  //事件控制块指针
                       void *msg,         //未使用
                       INT8U msk);        //清除 TCB 状态标志掩码
```

3．使一个任务进入等待状态，OSEventTaskWait()

当某个任务要等待一个事件发生时，相应事件的 OSSemPend()、OSMboxPend()或者 OSQPend()函数会调用该函数将当前任务从就绪任务表中删除，并放到相应事件的事件控制块的等待任务表中。OSEventTaskWait()函数的原型如下：

```
void OSEventTaskWait(OS_EVENT *pevent);  //事件控制块指针
```

4．由于等待超时而将任务置为就绪态，OSEventTO()

在预先指定的时间内任务等待的事件没有发生时，OSTimeTick()函数会因为等待超时

而将任务的状态置为就绪。在这种情况下，事件的 OSSemPend()、OSMboxPend()或者 OSQPend()函数会调用 OSEventTO()来完成这项工作。该函数负责从事件控制块中的等待任务列表里将任务删除，并把它置成就绪状态。最后，从任务控制块中将指向事件控制块的指针删除。用户应当注意，调用 OSEventTO()也应当先关中断。OSEventTO()函数的原型如下：

```
void OSEventTO(OS_EVENT *pevent);    //事件控制块指针
```

7.3 信　号　量

7.3.1 信号量概述

信号量是 E. W. Dijkstra 在 1965 年提出的一种方法，它使用一个整型变量来累计唤醒次数，供以后使用。在他的建议中引入了一个新的变量类型，称为信号量。一个信号量的取值可以为 0（表示没有保存下来的唤醒操作）或者为正值（表示有一个或多个唤醒操作）。

Dijkstra 建议设立两种操作：p 和 v（分别为一般化后的 sleep 和 wakeup）。对一信号量执行 p 操作，则是检查其值是否大于 0。若该值大于 0，则将其值减 1（即调用一个保存的唤醒信号）并继续；若该值为 0，则该进程将睡眠，而且此时 p 操作并未结束。检查数值、修改变量值以及可能发生的睡眠操作均作为一个单一的、不可分割的原子操作完成。保证一旦一个信号量操作开始，则在该操作完成或阻塞之前，其他进程均不允许访问该信号量。这种原子性对于解决同步问题和避免竞争条件是绝对必要的。所谓原子操作，是指一组相关联的操作要么都不间断地执行，要么都不执行。

v 操作的信号量的值增 1。如果一个或多个进程在该信号量上睡眠，无法完成一个先前的 p 操作，则由系统选择其中一个（如随机挑选）并允许该进程完成它的 p 操作。于是，对一个有进程在其上睡眠的信号量执行一次 v 操作之后，该信号量的值仍旧是 0，但在其上睡眠的进程却少了一个。信号量的值增 1 和唤醒一个进程同样也是不可分割的。不会有某个进程因执行 v 而阻塞。

7.3.2 μC/OS-II 信号量的数据结构

μC/OS-II 中的信号量由两部分组成：一部分是 16 位的无符号整型信号量的计数值（0～65 535）；另一部分是由等待该信号量的任务组成的等待任务表。

μC/OS-II 信号量的数据结构使用的是事件控制块 ECB，也就是说，当事件控制块 ECB 的成员 OSEventType 的值设置为 OS_EVENT_SEM 时，这个 ECB 描述的就是一个信号量。信号量使用 ECB 的成员 OSEventCnt 作为计数器，而用数组 OSEventTbl[]来充当等待任务表。

每当有任务申请信号量时，如果信号量计数器 OSEventCnt 的值大于 0，则把 OSEventCnt 减 1 并使任务继续运行；如果 OSEventCnt 的值为 0，则会将任务列入任务等待表 OSEventTbl[]，而使任务处于等待状态。如果有正在使用信号量的任务释放了该信号量，则会在任务等待表中找到优先级最高的等待任务，并在使它就绪后调用调度器引发一次调度。如果任务等待表中已经没有等待任务，则信号量计数器就只简单地加1。

图7-8是一个计数器当前值为3且有4个等待任务的信号量的示意图。等待信号量任务的优先级分别是4、7、10、19。信号量不使用事件控制块的成员OSEventPtr。

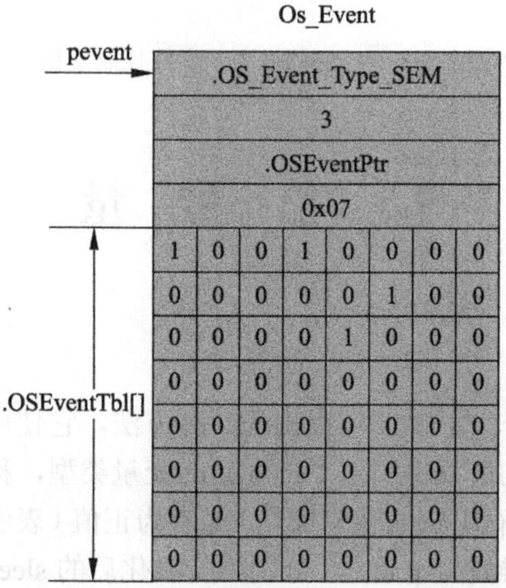

图7-8　一个信号量的事件控制块ECB

7.3.3　信号量的操作

μC/OS-II提供了6个对信号量操作的函数：OSSemAccept()、OSSemCreate()、OSSemDel()、OSSemPend()、OSSemPost()、OSSemQuery()，这些函数的使用需在OS_CFG.H中将配置常数OS_SEM_EN置为1。

图7-9描述了任务、中断服务子程序和信号量之间的关系。图中用钥匙或旗帜符号表示信号量。如果信号量用于对共享资源的访问，那么信号量就用钥匙符号。符号旁边的数字*N*表示可用资源数。如果信号量用于表示某事件的发生，那么就用旗帜符号，这时的*N*表示事件已经发生的次数。⌛表示OSSemPend()定义的超时时限。从图7-9可以看出，OSSemAccept()、OSSemPost()和OSSemQuery()函数可以由任务或者中断服务子程序调用，而OSSemDel()和OSSemPend()函数只能由任务程序调用。

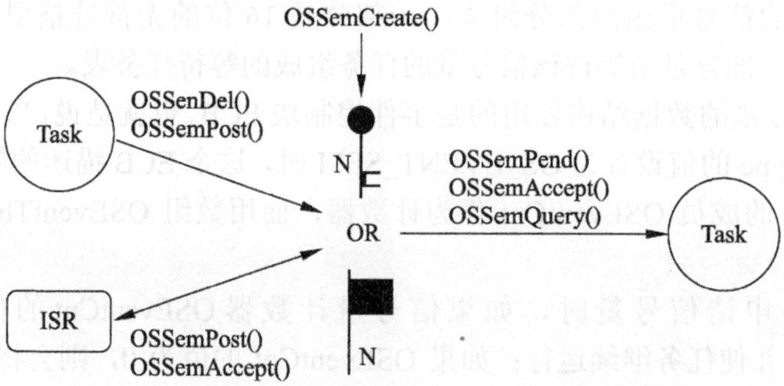

图7-9　任务、中断服务子程序和信号量之间的关系

1. 建立一个信号量，OSSemCreate()

在使用一个信号量之前，必须建立该信号量。OSSemCreate()函数建立并初始化一个信号量，并对信号量赋予初始计数值。如果信号量是用来表示一个或者多个事件发生的，那么该信号量的初始值通常赋为 0；如果信号量用于对共享资源的访问，那么该信号量的初始值应赋 1；如果信号量用来表示运行任务访问 *n* 个相同的资源，那么该信号量的初始值应赋为 *n*，并把该信号量作为一个可计数的信号量使用。

OSSemCreate()函数的原型如下：

```
OS_EVENT *OSSemCreate(INT16U value);
```

参数如下。

value 表示建立的信号量的初始值，可以是 0～65 535 的任何值。

返回值如下。

OSSemCreate()返回指向分配给所建立的信号量的事件控制块的指针。如果没有可用的事件控制块，OSSemCreate()函数返回空指针。

注意：必须先建立信号量，然后才能使用。

建立信号量的示意性代码如下：

```
OS_EVENT *DispSem;
void main(void)
{
...
OSInit();
...
DispSem=OSSemCreat(1);
...
OSStart();
}
```

2. 删除一个信号量，OSSemDel()

OSSemDel()函数用来删除信号量，使用该函数前，需要将 OS_CFG.H 中的 OS_SEM_DEL_EN 置为 1。使用本函数有风险，因为多任务中的其他程序可能还使用这个信号量。一般来说，在删除信号量之前，应该先删除所有可能会用到这个信号量的任务。

OSSemDel()函数的原型如下：

```
OS_EVENT *OSSemDel(OS_EVENT *pevent, INT8U opt, INT8U *err);
```

参数如下。

pevent：指向信号量的指针。该指针的值在建立该信号量时得到（参考 OSSemCreate()函数）。

opt：该项定义信号量的删除条件。若当等待任务表中已没有等待任务时才删除信号量，opt 选择 OS_DEL_NO_PEND，若在等待任务表中无论是否有等待任务都立即删除信号量，opt 选择 OS_DEL_ALWAYS。

err：指向包含错误码的变量的指针。返回的错误码可能为下述几种之一。

- OS_NO_ERR，调用成功，信号量已被删除。
- OS_ERR_DEL_ISR，试图在中断服务子程序中删除信号量。
- OS_ERR_INVALID_OPT，没有将 opt 参数定义为两种合法参数之一。
- OS_ERR_TASK_WAITING，有一个或一个以上的任务在等待信号量。
- OS_ERR_EVENT_TYPE，pevent 不是指向信号量的指针。
- OS_ERR_PEVENT_NULL，已经没有可用的 OS_EVENT 数据结构了。

返回值如下。

如果信号量已被删除了，则返回空指针；若信号量没能被删除，则返回 pevent。后一种情况下，应该查看出错代码，以查明原因。

删除信号量的示意性代码如下：

```
OS_EVENT *DispSem;
void Task(void *pdata)
{
INT8U  err;
Pdata=pdata;
While(1)
  {
   ...
   DispSem=OSSemDel(DispSem,OS_DEL_ALWAYS,&err)
   If(DispSem==(OS_EVENT *)0)
      {...}
   }
   ...
}
```

3. 等待一个信号量，OSSemPend()

OSSemPend()函数用于任务试图取得设备的使用权、任务需要和其他任务或中断同步、任务需要等待特定事件发生的场合。如果任务调用 OSSemPend()函数时，信号量的值大于 0，OSSemPend()函数递减该值并返回该值。如果调用时信号量等于 0，OSSemPend()函数将任务加入该信号量的等待队列。OSSemPend()函数挂起当前任务直到其他的任务或中断置位信号量或超出等待的预期时间。如果在预期的时钟节拍内信号量被置位，μC/OS-II 默认最高优先级的任务取得信号量恢复执行。一个被 OSTaskSuspend()函数挂起的任务也可以接受信号量，但这个任务将一直保持挂起状态直到通过调用 OSTaskResume()函数恢复任务的运行。

OSSemPend()函数的原型如下：

```
void OSSemPend(OS_EVENT  *pevent, INT16U  timeout,  INT8U *err);
```

参数如下。

pevent：指向信号量的指针。该指针的值在建立该信号量时可以得到（参考 OSSemCreate()函数）。

timeout：允许一个任务在经过了指定数目的时钟节拍后还没有得到需要的信号量时恢

复运行状态。如果该值为 0 则表示任务将持续地等待信号量。最大的等待时间为 65 535 个时钟节拍。这个时间长度并不是非常严格的，可能存在一个时钟节拍的误差，因为只有在一个时钟节拍结束后才会减少定义的等待超时时钟节拍。

err：指向包含错误码的变量的指针。OSSemPend()函数返回的错误码可能为下述几种之一。

- OS_NO_ERR：信号量不为 0。
- OS_TIMEOUT：信号量没有在指定的周期数内置起。
- OS_ERR_PEND_ISR：从中断调用该函数。虽然规定了不允许从中断调用该函数，但 μC/OS-II 仍然包含检测这种情况的功能。
- OS_ERR_EVENT_TYPE：pevent 不是指向信号量的指针。

注意： 必须先建立信号量，然后使用。不允许从中断调用该函数。

等待一个信号量的示意性代码如下：

```
OS_EVENT *DispSem;


void DispTask(void *pdata)
{
        INT8U  err;


        pdata = pdata;
        for(;;) {
            .
            .
            OSSemPend(DispSem, 0, &err);
            .                           /* 只有信号量置位,该任务才能执行 */
            .
        }
}
```

4. 发出一个信号量，OSSemPost()

OSSemPost()函数置位指定的信号量。如果指定的信号量是 0 或大于 0，OSSemPost()函数递增该信号量并返回。如果有任何任务在等待信号量，最高优先级的任务将得到信号量并进入就绪状态。任务调度函数将进行任务调度，决定当前运行的任务是否仍然为最高优先级的就绪状态的任务。

OSSemPost()函数的原型如下：

```
INT8U OSSemPost(OS_EVENT *pevent);
```

参数如下。

pevent：指向信号量的指针。该指针的值在建立该信号量时可以得到（参考 OSSemCreate()函数）。

返回值如下。

OSSemPost()函数的返回值为下述之一。

- OS_NO_ERR：信号量成功地置起。
- OS_SEM_OVF：信号量的值溢出。
- OS_ERR_EVENT_TYPE：pevent 不是指向信号量的指针。

注意：必须先建立信号量，然后使用。

使用发出一个信号量的示意性代码如下：

```
OS_EVENT *DispSem;


void TaskX(void *pdata)
{
        INT8U  err;


        pdata = pdata;
        for(;;) {
            .
            .
            err = OSSemPost(DispSem);
            if(err == OS_NO_ERR) {
                .                             /* 信号量置起  */
                .
            } else {
                .                             /* 信号量溢出 */
                .
            }
            .
            .
        }
}
```

5. 无等待地请求一个信号量，OSSemAccept()

OSSemAccept()函数查看设备是否就绪或事件是否发生。不同于 OSSemPend()函数，如果设备没有就绪，OSSemAccept()函数并不挂起任务。中断调用该函数来查询信号量。

OSSemAccept()函数的原型如下：

```
INT16U  *OSSemAccept(OS_EVENT *pevent)
```

参数如下。

pevent：是指向需要查询的设备的信号量。当建立信号量时，该指针返回到用户程序（参考 OSSemCreate()函数）。

返回值如下。

当调用 OSSemAccept()函数时，设备信号量的值大于零，说明设备就绪，这个值被返回调用者，设备信号量的值减 1。如果调用 OSSemAccept()函数时，设备信号量的值等于 0，说明设备没有就绪，返回 0。

注意：必须先建立信号量，然后使用。

无等待地请求一个信号量的示意性代码如下：

```
OS_EVENT *DispSem;


void Task(void *pdata)
{
        INT16U value;


        pdata = pdata;
        for(;;) {
            value = OSSemAccept(DispSem);    /*查看设备是否就绪或事件是否发生 */
            if(value > 0) {
                                              /* 就绪，执行处理代码 */
                .
                .
            }
            .
            .
        }
}
```

6. 查询一个信号量的当前状态，OSSemQuery()

OSSemQuery()函数用于获取某个信号量的信息。使用 OSSemQuery()之前，应用程序需要先创立类型为 OS_SEM_DATA 的数据结构，用来保存从信号量的事件控制块中取得的数据。使用 OSSemQuery()可以得知是否有，以及有多少任务位于信号量的任务等待队列中（通过查询.OSEventTbl[]域），还可以获取信号量的标识号码。OSEventTbl[]域的大小由语句：#define constant OS_EVENT_TBL_SIZE 定义（参阅文件μCOS_II.H）。

OSSemQuery()函数的原型如下：

```
INT8U OSSemQuery(OS_EVENT *pevent, OS_SEM_DATA *pdata);
```

参数如下。

pevent：一个指向信号量的指针。该指针在信号量建立后返回调用程序（参见 OSSemCreat()函数）。

pdata：一个指向数据结构 OS_SEM_DATA 的指针，该数据结构包含下述域。

```
INT16U OSCnt;                            /* 当前信号量标识号码 */
INT8U  OSEventTbl[OS_EVENT_TBL_SIZE];    /*信号量等待队列*/
INT8U  OSEventGrp;
```

返回值如下。

OSSemQuery()函数有下述两个返回值。

- OS_NO_ERR 表示调用成功。
- OS_ERR_EVENT_TYPE 表示未向信号量传递指针。

注意：被操作的信号量必须是已经建立的。

使用查询一个信号量的当前状态函数 OSSemQuery()的示意性代码如下：

```
OS_EVENT *DispSem;


void Task(void *pdata)
{
        OS_SEM_DATA sem_data;
        INT8U       err;
        INT8U       highest;  /* 在信号量中等待的优先级最高的任务 */
        INT8U       x;
        INT8U       y;


        pdata = pdata;
        for(;;) {
            .
            .
            err = OSSemQuery(DispSem, &sem_data);
            if(err == OS_NO_ERR) {
            if(sem_data.OSEventGrp != 0x00) {
                 y       = OSUnMapTbl[sem_data.OSEventGrp];
                 x       = OSUnMapTbl[sem_data.OSEventTbl[y]];
                 highest = (y << 3) + x;
                 .
                 .
            }
        }
        .
        .
    }
}
```

7.3.4 信号量应用举例

例 7-1 任务使用信号量的一般原理，实现经典的哲学家就餐问题。5 个哲学家任务（Ph1、Ph2、Ph3、Ph4、Ph5）主要有两种过程：思考（即睡眠一段时间）和就餐。每个哲学家任务在就餐前必须申请并获得一左一右两支筷子，就餐完毕后释放这两支筷子。5 个哲学家围成一圈，每两人之间有一支筷子，一共有 5 支筷子，在该例子中用了 5 个信号量来代表，如图 7-10 所示。

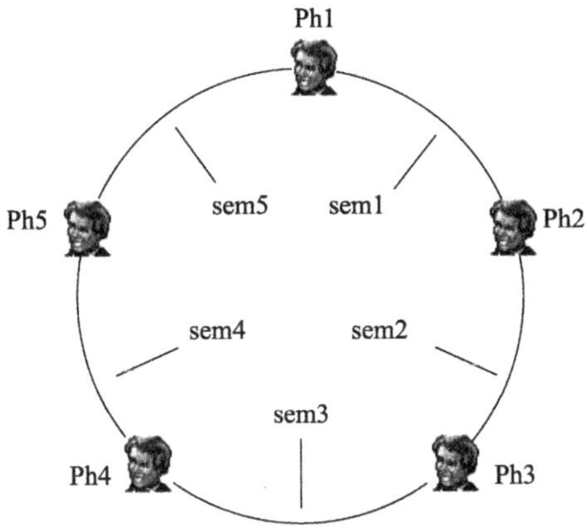

图 7-10　哲学家就餐示意图

该例的代码如下：

```
#include "includes.h"
#define  TASK_STK_SIZE    512
#define  N_TASKS          5
OS_STK   TaskStk[N_TASKS][TASK_STK_SIZE];
OS_STK   TaskStartStk[TASK_STK_SIZE];
INT8U    TaskData[N_TASKS];
OS_EVENT  *fork[N_TASKS];
void  Task(void *pdata);
void  TaskStart(void *pdata);
static  void  TaskStartCreateTasks(void);
static  void  TaskStartDispInit(void);
static  void  TASK_Thinking_To_Hungry(INT8U);
static  void  TASK_Eat(INT8U);
void  main(void)
{   INT8U i;
    OSInit();
    PC_DOSSaveReturn();
    PC_VectSet(uCOS, OSCtxSw);
    for(i=0;i<N_TASKS;i++)
    {
         fork[i]=OSSemCreate(1);
    }
    OSTaskCreate(TaskStart,(void *)0,&TaskStartStk[TASK_STK_SIZE-1],0);
    OSStart();
}
void TaskStart(void *pdata)
{    INT16S     key;
pdata=pdata;


    OS_ENTER_CRITICAL();
    PC_VectSet(0x08,OSTickISR);
```

```
    PC_SetTickRate(OS_TICKS_PER_SEC);
    OS_EXIT_CRITICAL();
    OSStatInit();
    TaskStartCreateTasks();
    for(;;)
    {

        if(PC_GetKey(&key)==TRUE){     /* See if key has been pressed */
           if(key==0x1B){            /* Yes, see if it's the ESCAPE key */
               PC_DOSReturn();   * Return to DOS                    */
           }
        }

        OSCtxSwCtr=0;                     /* Clear context switch counter */
        OSTimeDlyHMSM(0, 0, 1, 0);          /* Wait one second             */
    }
}
static void TaskStartCreateTasks(void)
{
    INT8U i;
    for(i=0;i<N_TASKS;i++)
    {
    TaskData[i]=i;
    OSTaskCreate(Task,(void *)&TaskData[i],&TaskStk[i][TASK_STK_SIZE-1],i+1);
    }
}
void Task(void *pdata)
{
    INT8U  err;
    INT8U  i;
    INT8U  j;
    i=*(int *)pdata;
    j=(i+1)%5;
    for(;;)
    {
        printf("philosopher %d is hungry!\n",i+1);
        OSSemPend(fork[i],0,&err);
        OSSemPend(fork[j],0,&err);
        printf("philosopher %d is eatting!\n",i+1);
        OSTimeDly(100);
        OSSemPost(fork[j]);
        printf("philosopher %d is not hungry!\n",i+1);
        OSSemPost(fork[i]);
        OSTimeDly(200);
    }
}
```

程序的运行结果如图 7-11 所示。

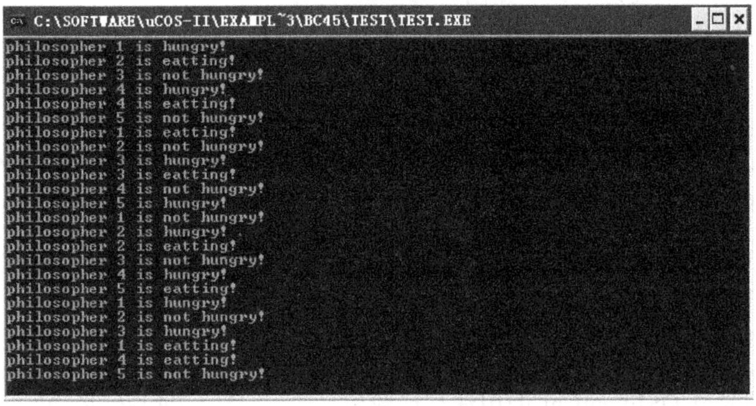

图 7-11　哲学家就餐问题的运行结果

7.4　互斥型信号量

7.4.1　互斥型信号量概述

如果不需要信号量的计数能力，有时可以使用信号量的一个简化版本，称为互斥量（mutex），也称为二值信号量，它可以实现共享资源的独占式占用。

图 7-12 是两个任务在使用互斥型信号量进行通信，从而可使这两个任务无冲突地访问一个共享资源的示意图。任务 1 在访问共享资源之前先进行请求信号量的操作，当任务 1 发现信号量的标志为“1”时，它一方面把信号量的标志由“1”改为“0”，另一方面进行共享资源的访问。如果任务 2 在任务 1 已经获得信号量之后来请求信号量，那么由于它获得的标志值是“0”，所以任务 2 就只有等待而不能访问共享资源了，如图 7-12（a）所示。显然，这种做法可以有效地防止两个任务同时访问同一个共享资源所造成的冲突。

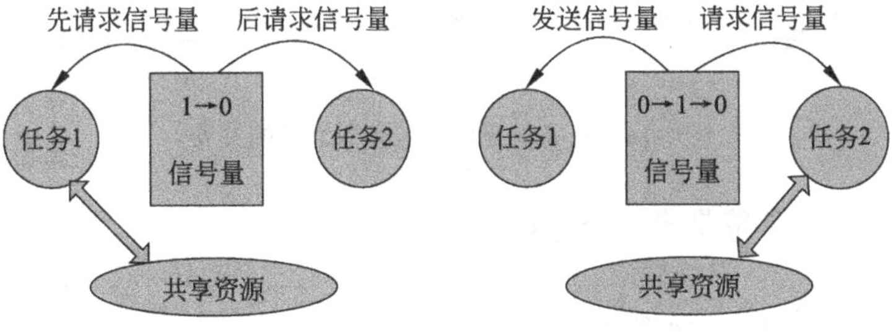

（a）　　（b）

图 7-12　使用互斥型信号量进行通信

那么任务 2 何时可以访问共享资源呢？当然是在任务 1 使用完共享资源之后，由任务 1 向信号量发信号使标志的值由“0”再变为“1”时，任务 2 就有机会访问共享资源了。与任务 1 一样，任务 2 一旦获得了共享资源的访问权，那么在访问共享资源之前一定要把信号量标志的值由“1”变为“0”，如图 7-12（b）所示。

7.4.2 互斥型信号量的数据结构

μC/OS-II 的互斥型信号量由 3 个元素组成：1 个标志，指示 mutex 是否可以使用（0 或 1）；1 个优先级，准备一旦高优先级的任务需要这个 mutex，赋给占有 mutex 的任务；1 个等待该 mutex 的任务列表。

μC/OS-II 信号量的数据结构使用的是事件控制块 ECB，也就是说，当事件控制块 ECB 的成员 OSEventType 的值设置为 OS_EVENT_TYPE_MUTEX 时，这个 ECB 描述的就是一个互斥型信号量。ECB 的成员 OSEventCnt 的用法与计数信号量不同，它的高 8 位用于保存 PIP（Priority Inheritance Priority）的值，即高 8 位用来存放为了避免出现优先级反转现象而要提升的优先级别 prio；低 8 位在资源无任务占用时的值为 0XFF，有任务占用时为占用 mutex 的任务的优先级。即低 8 位值是 0XFF 时，信号量有效，否则信号量无效。数组 OSEventTbl[]用来充当等待任务表。互斥型信号量的结构如图 7-13 所示。

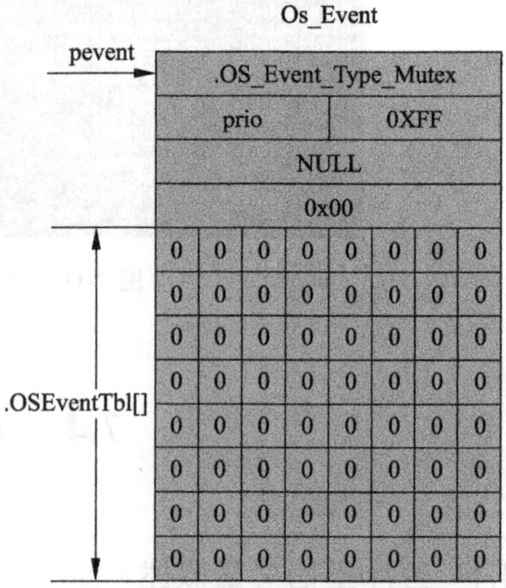

图 7-13　互斥型信号量的结构

7.4.3 互斥型信号量的操作

μC/OS-II 对应互斥型信号量提供 6 种服务：OSMutexCreat()、OSMutexDel()、OSMutexPend()、OSMutexPost()、OSMutexAccept()和 OSMutexQuery()。图 7-14 是解释任务与互斥型信号量之间关系的流程图。mutex 只能供任务使用。图中代表 mutex 符号的是一把钥匙，钥匙符表明 mutex 是用于处理共享资源的。

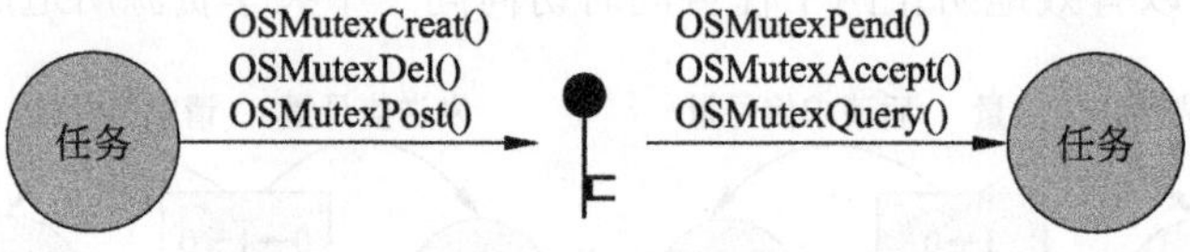

图 7-14　任务与互斥型信号量之间的关系

1．建立一个互斥型信号量，OSMutexCreat()

在使用 mutex 之前，必须建立它。建立 mutex 是通过 OSMutexCreat()函数来完成的。mutex 的初值已经设为 1，表示资源是可以使用的。

OSMutexCreat()函数的原型如下：

```
OS_EVENT *OSMutexCreat(INT8U prio,INT8U *err);
```

参数如下。

prio：优先级继承优先级（PIP）。当一个高优先级的任务想要得到某 mutex，而此时

mutex 却被一个低优先级的任务占用时，低优先级任务的优先级可以提升到 PIP，直到其释放共享资源。

err：指向其出错代码的指针。出错代码为以下值之一。

- OS_NO_ERR：调用成功，mutex 已被成功地建立。
- OS_ERR_CREAT_ISR：试图在中断服务子程序中建立 mutex。
- OS_PRIO_EXIST：优先级为 PIP 的任务已经建立。
- OS_ERR_PEVENT_NULL：已经没有 OS_EVENT 结构可以使用了。
- OS_PRIO_INVALID：定义的优先级非法，其值大于 OS_LOWEST_PRIO。

返回值如下。

返回一个指针，该指针指向分配给 mutex 的事件控制块。如果得不到事件控制块，则返回一个空指针。

注意：必须先建立互斥信号量 mutex，然后才能使用 mutex。

必须确保优先级继承优先级，即 prio 高于可能与相应共享资源打交道的任务共享中优先级最高的任务的优先级。

建立信号量的示意性代码如下：

```
OS_EVENT *DispMutex;
void main(void)
{INT8U err;
...
OSInit();
...
DispMutex=OSMutexCreat(20,&err);
...
OSStart();
}
```

2. 删除一个互斥型信号量，OSMutexDel()

OSMutexDel()函数用于删除一个互斥信号量 mutex。使用这个函数有风险，因为多任务中其他任务可能还想用这个实际上已经被删除的 mutex。使用这个函数时必须十分小心，一般地说，要删除一个 mutex，首先应删除可能会用到这个 mutex 的所有任务。

OSMutexDel()函数的原型如下：

```
OS_EVENT *OSMutexDel(OS_EVENT *pevent, INT8U  opt, INT8U *err);
```

参数如下。

prevent：指向 mutex 的指针。

opt：该选项定义 mutex 的删除条件。可以选择只能在已经没有任何任务在等待该 mutex 时，才能删除（OS_DEL_NO_PEND）；或者，不管有没有任务在等待这个 mutex，立即删除（OS_DEL_NO_ALWAYS），在这种情况下，所有等待 mutex 的任务都立即进入就绪态。

err：指向其出错代码的指针。出错代码为以下值之一。

- OS_NO_ERR：调用成功，mutex 已被删除。

- OS_ERR_DEL_ISR：试图在中断服务子程序中删除mutex。
- OS_ERR_INVALID_OPT：定义的opt参数无效，不是上面提到的两个参数之一。
- OS_ERR_TASK_WAITING：定义了OS_DEL_NO_PEND，而有一个或一个以上的任务在等这个mutex。
- OS_ERR_EVENT_TYPE：pevent不是指向mutex的指针。
- OS_ERR_PEVENT_NULL：已经没有可以使用的OS_EVENT数据结构了。

返回值如下。

如果mutex已经删除，则返回空指针；如果mutex没能删除，则返回pevent。后一种情况下，程序应检查出错代码，以查明原因。

注意：使用这个函数时必须十分小心，因为其他任务可能还要用这个mutex。

删除信号量的示意性代码如下：

```
OS_EVENT *DispMutex;
void task(void *pdata)
{INT8U err;
Pdata=pdata;
While(1)
{...
DispMutex=OSMutexDel(DispMutex,OS_DEL_ALWALS,&err);
If(DispMutex==(OS_EVENT *)0)
{...}
}
...
}
```

3. 等待一个互斥型信号量，OSMutexPend()

当任务需要独占共享资源时，应使用OSMutexPend()函数。如果任务在调用本函数时共享资源可以使用(OSEventCnt的低8位为0XFF)，则OSMutexPend()函数返回，调用OSMutexPend()函数的任务得到了mutex。如果mutex已经被别的任务占用了，那么OSMutexPend()函数就将调用该函数的任务放入等待mutex的任务列表中，这个任务就进入了等待状态，直到占用mutex的任务释放了mutex以及共享资源，或者直到定义的等待时限超时。如果在等待时限内mutex得以释放，那么μC/OS-II恢复运行等待mutex的任务中优先级最高的任务。

如果mutex被优先级较低的任务占用了，那么OSMutexPend()会将占用mutex的任务的优先级提升到优先级继承优先级PIP。

OSMutexPend()函数的原型如下：

```
void OSMutexPend(OS_EVENT *pevent,INT16U timeout,INT8U *err);
```

参数如下。

prevent：指向mutex的指针。

timeout：以时钟节拍数目定义的等待超时时限。如果在这一时限中得不到mutex，任务将恢复执行。timeout 的值为 0，表示将无限期地等待 mutex。timeout 的最大值是 65 535 个时钟节拍。

err：指向其出错代码的指针。出错代码为以下值之一。

- OS_NO_ERR：调用成功，mutex 可以使用。
- OS_TIMEOUT：在定义的时限内得不到 mutex。
- OS_ERR_EVENT_TYPE：用户没能向 OSMutexPend()传递指向 mutex 的指针。
- OS_ERR_PEVENT_NULL：pevent 是空指针。
- OS_ERR_PEND_ISR：试图在中断服务子程序中获得 mutex。

等待信号量的示意性代码如下：

```
OS_EVENT *DispMutex;
void Disptask(void *pdata)
{INT8U err;
pdata=pdata;
While(1)
{...
OSMutexPend(DispMutex,0,&err);
...
}
}
```

4. *释放一个互斥型信号量,* OSMutexPost()

调用 OSMutexPost()可以发送一个互斥型信号量 mutex。只有当用户程序调用 OSMutexAccept()或 OSMutexPend()请求得到 mutex 时，OSMutexPost()函数才起作用。当优先级较高的任务试图得到 mutex 时，如果占用 mutex 的任务的优先级已经被升高，那么 OSMutexPost()函数使优先级升高了的任务恢复为原来的优先级。如果有一个以上的任务在等待这个 mutex，那么等待 mutex 的任务中优先级最高的任务将得到 mutex。然后本函数会调用调度函数，看被唤醒的任务是不是进入就绪态任务中优先级最高的任务。如果是，则做任务切换，让这个任务运行。如果没有等待 mutex 的任务，那么本函数只不过是将 mutex 的值设为 0XFF，表示 mutex 可以使用。

OSMutexPost()函数的原型如下：

```
INT8U OSMutexPost(OS_EVENT *pevent)
```

参数如下。

prevent：指向 mutex 的指针。

返回值如下。

OSMutexPost()返回值为以下出错代码之一。

- OS_NO_ERR：调用成功，mutex 被释放。
- OS_ERR_EVENT_TYPE：向 OSMutexPost()传递的不是指向 mutex 的指针。
- OS_ERR_PEVENT_NULL：pevent 是空指针。
- OS_ERR_POST_ISR：试图在中断服务子程序中调用。
- OS_ERR_NOT_MUTEX_OWNER：发出 mutex 的任务实际上并不占有 mutex。

释放一个互斥型信号量的示意性代码如下：

```
OS_EVENT *DispMutex;
void TaskX(void *pdata)
{
INT8U err;
pdata=pdata;
for(;;)
   {
   ..
   err=OSMutexPost(DispMutex);
   switch(err)
        {
        case OS_NO_ERR:
        ..
        break;
        case OS_ERR_EVENT_TYPE:
        ..
        break;
        case OS_ERR_EVENT_TYPE:
        ..
        break;
        case OS_ERR_POST_ISR:
        ..
        break;

        }
   }
}
```

5. 无等待地请求一个信号量，OSMutexAccept()

当一个任务请求一个信号量时，如果该信号量暂时无效，也可以让该任务简单地返回，而不是进入睡眠等待状态。这种情况下的操作是由 OSMutexAccept()函数完成的。

OSMutexAccept()函数的原型如下：

```
INT8U OSMutexAccept(OS_EVENT *pevent, INT8U *err);
```

参数如下。

prevent：指向管理某资源的 mutex。

err：指向以下出错代码之一。

- OS_NO_ERR：调用成功。
- OS_ERR_EVENT_TYPE：pevent 不是指向 mutex 类型的指针。
- OS_ERR_PEVENT_NULL：pevent 是空指针。
- OS_ERR_PEND_ISR：在中断服务子程序中调用 OSMutexAccept()。

返回值如下。

如果 mutex 有效，OSMutexAccept()函数则返回 1，如果 mutex 被其他任务占用，

OSMutexAccept()则返回 0。

注意：若使用 OSMutexAccept()获取 mutex 的状态，那么使用完共享资源后，必须调用 OSMutexPost()函数释放 mutex。

应用请求一个信号量的示意性代码如下：

```
OS_EVENT *DispMutex;
void TaskX(void *pdata)
{
INT8U err;
INT8U value;

pdata=pdata;
for(;;)
   {
   ...
   value=OSMutexAccept(DispMutex,&err);
   if(value==1)
   ...                 /*资源可用*/
      }else
      {
      ...              /*资源不可用*/
      }
   }
}
```

6. 获取互斥型信号量的当前状态，OSMutexQuery()

调用 OSMutexQuery()函数可以得到 mutex 当前状态的信息。

OSMutexQuery()函数的原型如下：

```
INT8U OSMutexQuery(OS_EVENT *pevent, OS_MUTEX_DATA *pdata);
```

参数如下。

- prevent：指向 mutex 的指针。
- pdata：指向类型为 OS_MUTEX_DATA 的数据结构的指针。函数被调用后，在 pdata 指向的结构中存放了互斥型信号量的相关信息。

OS_MUTEX_DATA 结构定义如下：

```
typedef struct{
INT8U OSEventTbl[OS_EVENT_TBL_SIZE];
INT8U OSMutexPIP;   //mutex 的优先级继承优先级 PIP
INT8U OSWwmePrio;   //占用 mutex 任务的优先级
INT8U OSValue;      //当前 mutex 的值.1 表示可以使用,0 表示不能使用
INT8U OSEventGrp;   //复制等待 mutex 的任务列表
}
```

返回值如下。

OSMutexQuery()返回以下出错代码之一。

- OS_NO_ERR：调用成功。
- OS_ERR_EVENT_TYPE：传给 OSMutexQuery()的不是指向 mutex 类型的指针。
- OS_ERR_PEVENT_NULL：pevent 是空指针。
- OS_ERR_QUERY_ISR：试图在中断服务子程序中调用 OSMutexQuery()。

注意：在中断服务子程序中不能调用 OSMutexPost()函数。

检查 mutex 的当前状态，找出等待 mutex 的任务中优先级最高的任务的示意性代码如下：

```
OS_EVENT *DispMutex;
void TaskX(void *pdata)
{
OS_MUTEX_DATA mutex_data;
INT8U err;
INT8U highest;
INT8U x;
INT8U y;

pdata=pdata;
for(;;)
   {
   ...
   err=OSMutexQuery(DispMutex,&mutex_err);
   if(err==OS_NO_ERR)
{
   if(mutex_data.OSEventGrp!=0x00){
        y=OSUnMapTbl[mutex_data.OSEventGrp];
        x=OSUnMapTbl[mutex_data.OSEventTbl[y]];
        highest=(y<<3)+3;
        ...          }
        }
   }
}
```

7.4.4 优先级反转

1. 优先级反转问题的提出

如今的 RTOS 普遍要求具有多任务并发执行的能力，任务调度采用基于优先级的可抢占式调度策略。系统为每一个任务分配一个优先级，调度程序保证当前运行的任务是优先权最高的任务。但在实际开发中，由于任务间资源共享，信号量及中断的引入，往往会出现高优先级任务被低优先级任务长时间阻塞或阻塞一段不确定时间的现象，即所谓的优先级反转。优先级反转会造成任务调度的不确定性，严重时可能导致系统崩溃。

假设系统中共三个任务，分别为任务 1、任务 2 和任务 3。任务 1 的优先级最高，任务 2 的优先级次之，任务 3 的优先级最低。在系统的某个时刻，任务 1 和任务 2 因某种原因被阻塞。这时候系统调度任务 3 执行，此时，任务 3 要使用某共享资源，使用共享资源之前，必须得到该资源的信号量，任务 3 得到了该信号量，并开始使用该共享资源。任务 3 被执行一段时间后，任务 1 被唤醒。出于采取的是最高优先级就绪任务可抢占的调度策略，任务 1 抢占任务 3 占用 CPU，转而执行任务 1。任务 1 执行一段时间后要访问任务 3 占有共享资源，由于该资源信号量还被任务 3 占用着，任务 1 只能进入挂起状态，等待任务 3 释放该信号量。在这段时间内，任务 2 可能转为就绪状态，因此系统调度任务 2 执行。如果任务 3 在任务 2 执行期间一直没有能够被调度执行，那任务 1 和任务 3 将一直等到任务 2 执行完后才能执行，任务 1 更要等到任务 3 释放它所把持的资源才能执行；而这段时间任务 1 完全有可能因超时而崩溃。当系统看到有高优先级的任务崩溃时，系统认为此时会有重大事故发生，为了挽救系统，系统可能被自动复位。

从上面的分析可以看到，导致系统崩溃的原因是由于优先级高的任务 1 要获取被低优先级任务 3 占用的临界资源而被任务 3 阻塞，而具有中优先级的任务 2 抢占任务 3 的 CPU，从而导致任务 2 先于任务 1 执行，即出现了优先级反转的情况，如图 7-15 所示。

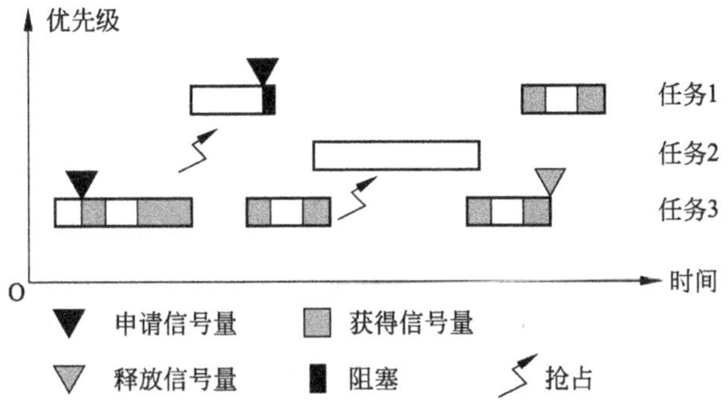

图 7-15　优先级反转示意图

2. 优先级反转问题的解决

目前解决优先级反转主要有两种方法：一种称为“优先级继承”；另一种称为“优先级封顶”。

在优先级继承方案中，当高优先级的任务在等待低优先级的任务占有的信号量时，让低优先级的任务继承高优先级的任务的优先级，即把低优先级任务的优先级提高到高优先级任务的优先级；当低优先级任务释放高优先级任务等待的信号量时，立即把其优先级降低到原来的优先级。采用这种方法可以有效地解决优先级反转问题。其要点如下。

（1）设 S 为正占用着某项共享资源的任务 P 以及所有正在等待占用此项资源的任务的集合。

（2）找出这个集合中的优先级最高者 P_h，其优先级为 P′。

（3）把任务 P 的优先级设置为 P′。

多任务内核应允许动态改变任务的优先级，以避免出现优先级反转现象，然而，改变任务的优先级需花很多时间。如果任务 3 并没有先被任务 1 剥夺了 CPU 的使用权，又被任务 2 剥夺了 CPU 的使用权，在共享资源使用前花很多时间提升任务 3 的优先权，然后又在资源使用后花时间恢复任务 3 的优先级，则无形中浪费了很多 CPU 时间。真正需要的是，为防止发生优先级反转，内核能自动变换任务的优先级，这叫做优先级继承；但 μC/OS-II 不支持优先级继承，一些商业内核有优先级继承功能。

如果内核支持优先级继承，如图 7-16 所示。当高优先级任务 1 想要进入临界区时，由于低优先级任务 3 占有这个临界资源的信号量，导致任务 1 被阻塞。这时系统将任务 3 的优先级升级到任务 1 的优先级，此刻处于任务 1 和任务 3 之间的任务 2，即使处于就绪状态也不能被调度执行，因为此时任务 3 的优先级已高于任务 2，所以任务 3 被调度执行。当任务 3 释放任务 1 需要的信号量时，系统立即把任务 3 的优先级降低到原来的高度，来保证任务 1 和任务 2 有序进行。由此可见，优先级继承是解决优先级反转的理想办法。

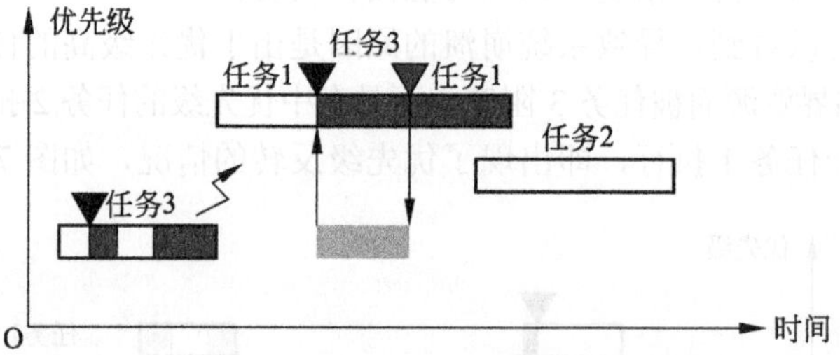

图 7-16 采用优先级继承消除优先级反转

在优先级封顶方案中，系统把每一个临界资源与一个极限优先权相联系。这个极限优先权等于系统此时最高优先权加 1。当一个任务进入临界区时，系统便把这个极限优先权传递给这个任务，使得这个任务的优先权最高；当这个任务退出临界区后，系统立即把它的优先权恢复正常，从而保证系统不会出现优先权反转的情况。其要点如下。

（1）设 *S* 为所有可能竞争使用某些共享资源的进程集合。事先为这个集合规定一个优先级上限，使得每个集合中所有进程的优先级都小于 P'（P'并不一定是整个系统中的最高优先级）。

（2）在创建保护该项资源的信号量或互斥信号量时，将 P'作为一个参数。

（3）每当有进程通过这个信号量或互斥信号量取得对共享资源的独立使用权时，将此进程的优先级暂时提高到 P'，一直到释放该项资源的时候才恢复其原有的优先级。

显然，由于进程占用共享资源的不可剥夺性，要彻底排除优先级反转是不可能的，所能做的只是把高优先级进程的等待时间局限到只需等待当前占有资源的进程释放该项资源，只要能把问题限制在这个程度，那就是可以接受的，因为对于允许进程占用共享资源的时间长度毕竟还可以有个上限。

7.4.5 优先级反转应用举例

例 7-2 在基于优先级的可抢占嵌入式实时操作系统的应用中，出现优先级反转现象的原理，设计了三个应用任务 TA0～TA2，其优先级逐渐降低，任务 TA0 的优先级最高。除任务 TA1 外，其他应用任务都要使用同一种资源，该资源必须被互斥使用。为此，创建一个二值信号量 mutex 来模拟该资源。

该例的程序代码如下：

```
/*
*********************************************************************************
                              * µC/OS-II
                        * The Real-Time Kernel
                                   *
*********************************************************************************
*/

#include "includes.h"

/*
*********************************************************************************
                              CONSTANTS
*********************************************************************************
*/

#define  TASK_STK_SIZE  512    /* Size of each task's stacks (# of WORDs) */

/*
*********************************************************************************
                             *VARIABLES
*********************************************************************************
*/

OS_STK       TaskStk[N_TASKS][TASK_STK_SIZE];       /* Tasks stacks     */
OS_STK       TaskStartStk[TASK_STK_SIZE];
char         TaskData[N_TASKS];      /* Parameters to pass to each task */
OS_EVENT    *RandomSem;
OS_EVENT    *mutex;
/*
*********************************************************************************
                        *FUNCTION PROTOTYPES
*********************************************************************************
*/

void  Task0(void *data);          /* Function prototypes of tasks      */
void  Task1(void *data);
void  Task2(void *data);
void  TaskStart(void *data);   /* Function prototypes of Startup task */
static  void  TaskStartCreateTasks(void);


/*
*********************************************************************************
                                *MAIN
*********************************************************************************
*/
```

```
void  main(void)
{
PC_DispClrScr(DISP_FGND_WHITE + DISP_BGND_BLACK);  /* Clear the screen */

OSInit();                         /* Initialize μC/OS-II                    */

PC_DOSSaveReturn();                /* Save environment to return to DOS      */
PC_VectSet(uCOS, OSCtxSw);    /* Install μC/OS-II's context switch vector */
mutex=OSSemCreate(1);
RandomSem=OSSemCreate(1);       /* Random number semaphore  */

OSTaskCreate(TaskStart, (void *)0, &TaskStartStk[TASK_STK_SIZE - 1], 0);
OSStart();                  /* Start multitasking                      */
}


/*
*********************************************************************************
                              STARTUP TASK
*********************************************************************************
*/
void  TaskStart(void *pdata)
{
#if OS_CRITICAL_METHOD==3     /* Allocate storage for CPU status register */
   OS_CPU_SR  cpu_sr;
#endif
   char       s[100];
   INT16S     key;


   pdata=pdata;                     /* Prevent compiler warning               */

   OS_ENTER_CRITICAL();
   PC_VectSet(0x08, OSTickISR);    /* Install μC/OS-II's clock tick ISR  */
   PC_SetTickRate(OS_TICKS_PER_SEC);          /* Reprogram tick rate     */
   OS_EXIT_CRITICAL();

   TaskStartCreateTasks();           /* Create all the application tasks  */

   for(;;){

       if(PC_GetKey(&key)==TRUE) {      /* See if key has been pressed  */
           if(key==0x1B) {          /* Yes, see if it's the ESCAPE key */
               PC_DOSReturn();    /* Return to DOS                   */
           }
       }
```

```
        OSCtxSwCtr = 0;                 /* Clear context switch counter     */
        OSTimeDlyHMSM(0, 0, 1, 0);         /* Wait one second               */
    }
}

/*
**********************************************************************************
                        *INITIALIZE THE DISPLAY
**********************************************************************************
*/

/*
**********************************************************************************
                         *TaskStartCreateTasks
**********************************************************************************
*/

void  TaskStartCreateTasks(void)
{
  INT8U   i;

  for(i=0;i<N_TASKS; i++)          // Create N_TASKS identical tasks
  {
   TaskData[i]=i;
  }
                    // Each task will pass its own id
  OSTaskCreate(Task0, (void *)&TaskData[0], &TaskStk[0][TASK_STK_SIZE - 1], 5);
  OSTaskCreate(Task1, (void *)&TaskData[1], &TaskStk[1][TASK_STK_SIZE - 1], 6);
  OSTaskCreate(Task2, (void *)&TaskData[2], &TaskStk[2][TASK_STK_SIZE - 1], 7);
}


/*
**********************************************************************************
*
**********************************************************************************
*/

void  Task0(void *pdata)
{
  INT8U   err;
  INT8U   id;

  id=*(int *)pdata;
  for(;;)
  {

    printf("Task_%d waitting for an EVENT\n\r",id);
```

```
    OSTimeDly(200);                  /* Delay 200 clock tick           */
    printf("Task_%d's EVENT CAME!\n\r",id);
    printf("Task_%d trying to GET MUTEX\n\r",id);
    OSSemPend(mutex,0,&err);                            /* Acquire mutex */
    switch(err)
    {
      case OS_NO_ERR:
        printf("Task_%d GOT mutex.\n\r",id);
        break;
       default:
        printf("Task_%d CANNOT get mutex, then SUSPENDED.\n\r",id);
    }
    OSTimeDly(200);                      /* Delay 200 clock tick           */

    printf("Task_%d RELEASE mutex\n\r",id);
    OSSemPost(mutex);                    /* Release mutex                  */
  }
}

void   Task1(void *pdata)
{
    INT8U    id;
  id=*(int *)pdata;

  for(;;)
  {
    printf("Task_%d waitting for an EVEBT\n\r",id);
    OSTimeDly(100);                     /* Delay 100 clock tick           */
    printf("Task_%d's EVENT CAME!\n\r",id);
    OSTimeDly(100);
  }
}


void   Task2(void *pdata)
{
  INT8U    err;
  INT8U    id;
  id=*(int *)pdata;
  for(;;)
  {
    printf("Task_%d trying to GET MUTEX\n\r",id);
    OSSemPend(mutex,0,&err);                            /* Acquire mutex */
    switch(err)
    {
      case OS_NO_ERR:
        printf("Task_%d GOT mutex.\n\r",id);
        OSTimeDly(200);                /* Delay 100 clock tick           */
```

```
                break;
              default:
                printf("Task_%d CANNOT get mutex, then SUSPENDED.\n\r",id);
                OSTimeDly(200);                 /* Delay 100 clock tick          */
                break;
            }
          printf("Task_%d RELEASE mutex\n\r",id);
          OSSemPost(mutex);                      /* Release mutex                 */
        }
    }
```

程序的运行结果如图 7-17 所示。

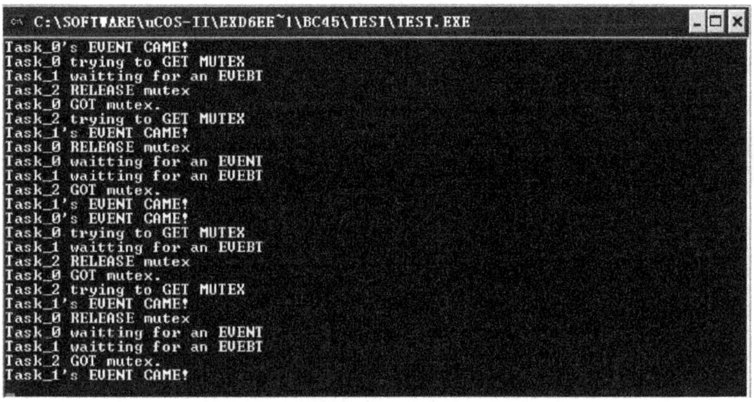

图 7-17 优先级反转的运行结果

例7-3 采用优先级继承方法来解决优先级反转的问题。当高优先级任务因申请某共享资源失败被阻塞时，把当前拥有该资源的且优先级较低的任务的优先级提升，提升的高度等于这个高优先级任务的优先级。在 μC/OS-II 中，在创建管理共享资源的互斥信号量时，可以指定一个 PIP（优先级继承优先级），之后可以把拥有共享资源的任务优先级提升到这个高度。

本例设计了三个应用任务，因为要竞争同一互斥资源 mutex 而相互制约。其中，任务 Task0 的原始优先级最低，任务 Task1 的原始优先级中等，任务 Task2 的原始优先级最高。在使用 mutex 时采用优先级继承策略，并指定各任务在使用 mutex 时的 PIP（优先级继承优先级）为 8。

```
/*
*********************************************************************************
                              *μC/OS-II
                        *The Real-Time Kernel
*********************************************************************************
*/

#include "includes.h"
```

```
/*
**************************************************************************
                              *CONSTANTS
**************************************************************************
*/
#define  TASK_STK_SIZE    512
#define  N_TASKS          3
/*
**************************************************************************
                              *VARIABLES
**************************************************************************
*/
OS_STK       TaskStk[N_TASKS][TASK_STK_SIZE];
OS_STK       TaskStartStk[TASK_STK_SIZE];
INT8U        TaskData[N_TASKS];
OS_EVENT     *mutex;
/*
**************************************************************************
                         *FUNCTION PROTOTYPES
**************************************************************************
*/
void  Task(void *pdata);
void  TaskStart(void *pdata);
static  void  TaskStartCreateTasks(void);
/*
**************************************************************************
                              *MAIN
**************************************************************************
*/
void  main(void)
{   INT8U err;
    OSInit();
    PC_DOSSaveReturn();
    PC_VectSet(uCOS,OSCtxSw);
    mutex=OSMutexCreate(8,&err);
    OSTaskCreate(TaskStart,(void *)0,&TaskStartStk[TASK_STK_SIZE-1],0);
    OSStart();
}
/*
**************************************************************************
                           *STARTUP TASK
**************************************************************************
*/
void TaskStart(void *pdata)
{
```

```
  INT16S     key;
pdata=pdata;
     OS_ENTER_CRITICAL();
     PC_VectSet(0x08,OSTickISR);
     PC_SetTickRate(OS_TICKS_PER_SEC);
     OS_EXIT_CRITICAL();
     OSStatInit();
     TaskStartCreateTasks();
     for(;;)
 {if (PC_GetKey(&key)==TRUE) {        /* See if key has been pressed    */
          if(key==0x1B) {             /* Yes, see if it's the ESCAPE key */
                PC_DOSReturn();       /* Return to DOS               */
          }
      }

      OSCtxSwCtr=0;                   /* Clear context switch counter    */
      OSTimeDlyHMSM(0, 0, 1, 0);      /* Wait one second              */
}

}
static void TaskStartCreateTasks(void)
{   INT8U i;
    for(i=0;i<N_TASKS;i++)
    {
    TaskData[i]=i;
    OSTaskCreate(Task,(void *)&TaskData[i],&TaskStk[i][TASK_STK_SIZE-1],12-i);
    }
}
void Task(void *pdata)
{   INT8U  err;
    INT8U id;
    id=*(int*)pdata;
    for(;;)
    {
        printf("Task%3d trying to get the MUTEX!\n",id);
              printf("***********\n");
        OSMutexPend(mutex,0,&err);
        printf("Task%3d got the MUTEX!\n",id);
        OSTimeDly(20);
        printf("Task%3d released the MUTEX!\n",id);
        OSMutexPost(mutex);
        OSTimeDly(30);
    }
}
```

程序的运行结果如图 7-18 所示。

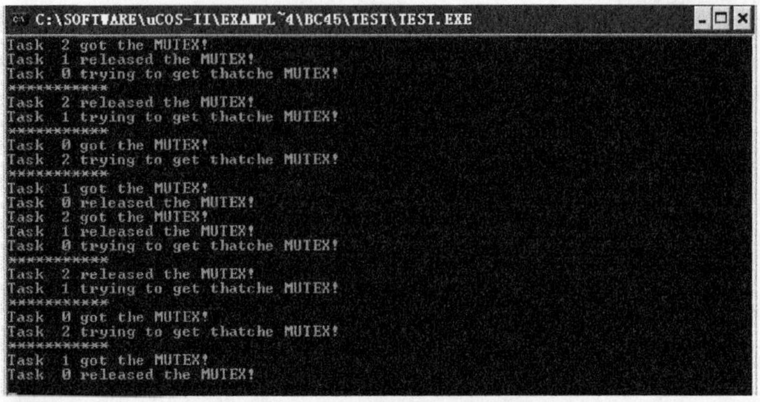

图 7-18 优先级继承的运行结果

7.5 事件标志组

7.5.1 事件标志组概述

前面说的信号量、互斥信号量，都是用来同步任务对共享资源的访问，防止冲突而设立的。事件标志组是用来同步几个任务、协调几个任务工作而设立的。打个比方，现在要打个电话，打电话这个任务要执行，必须有手机，那要先执行买手机这个任务，手机有了，没话费也打不成，也就是说打电话这个任务要等买手机和充话费这两个任务都完成以后才能开始。事件标志组是用来标志买手机或者充话费这两个任务完成了没有，完成了的话它们会相应地置位事件标志组里面的某些标志位，那么打电话这个任务发现事件标志组里面买手机对应的位和充话费对应的位都置位了以后就明白，现在可以开始打电话了。实际中比如想要读数据，那肯定要等数据采集更新好了以后去读才有意义，所以数据采集和读取数据这两个任务也可以用事件标志组来实现。当然，事件标志组不一定只用于两个任务之间，通过对头文件的修改，可以让事件标志组的位数达到 32 位，可以用事件标志组来协调多个任务的合理运行，以达到预期达到的目的。这就是事件标志组的作用。

在嵌入式实时内核中，事件是指一种表明预先定义的系统事件已经发生的机制。事件机制用于任务与任务之间、任务与 ISR 之间的同步。其主要的特点是可实现一对多的同步。一个事件就是一个标志，不具备其他信息。

当某任务要与多个事件同步时，要使用事件标志。若任务需要与任何事件之一发生同步，可称为独立型同步（即逻辑或关系）。任务也可以与若干事件都发生同步，称之为关联型（逻辑与关系）。独立型及关联型同步如图 7-19 所示。

可以用多个事件的组合发信号给多个任务。如图 7-20 所示，典型地，8 个、16 个或 32 个事件可以组合在一起，取决于用的是哪种内核。每个事件占一位（bit），以 32 位的情况为多。任务或中断服务可以给某一位置位或复位，当任务所需的事件都发生了，该任务继续执行，至于哪个任务该继续执行了，是在一组新的事件发生时确定的。也就是在事件位置位时做判断。

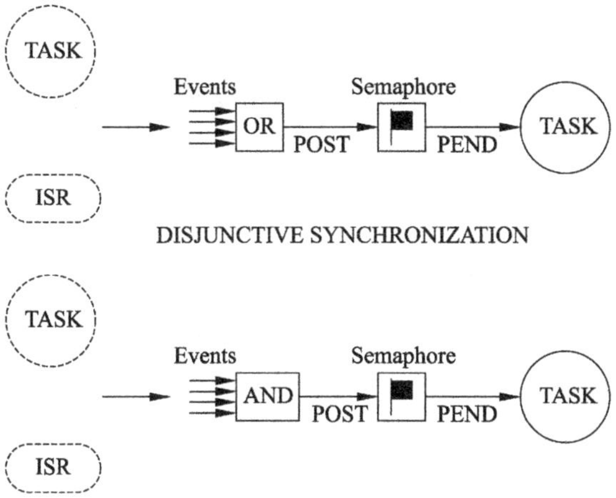

图 7-19　独立型及关联型同步

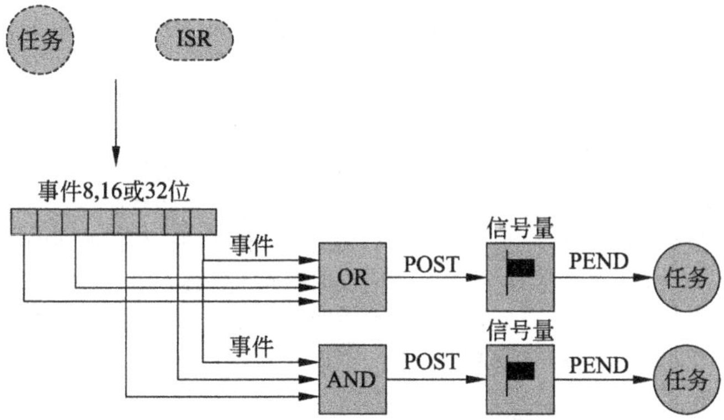

图 7-20　事件标志

许多内核支持事件标志，如 μC/OS-II 支持事件标志，提供事件标志置位、事件标志清零和等待事件标志等服务。事件标志可以是独立型或组合型。

一个或多个事件构成一个事件集。事件集可以用一个指定长度的变量（比如一个 8bit、16bit 或 32bit 的无符号整型变量，不同的操作系统其具体实现不一样）来表示，而每个事件由在事件集变量中的某一位来代表。

事件及事件集有以下特点。

- 事件间相互独立。
- 事件仅用于同步，不提供数据传输功能。
- 事件无队列，即多次发送同一事件，在未经过任何处理的情况下，其效果等同于只发送一次。

提供事件机制的意义在于：

- 当某任务要与多个任务或中断服务同步时，就需要使用事件机制。
- 若任务需要与一组事件中的任意一个发生同步，可称为独立型同步（逻辑“或”关系）。

- 任务也可以等待若干事件都发生时才同步，称为关联型同步（逻辑“与”关系）。

7.5.2 事件标志组的数据结构

μC/OS-II 的事件标志组由两部分组成：一部分是用来保存当前事件组中各事件状态的一些标志位；另一部分是等待这些标志置位或清除的任务列表。事件标志组没有使用 ECB，而是使用单独的数据结构，事件标志组中涉及的数据结构有 OS_FLAG_GRP（事件标志组）和 OS_FLAG_NODE（事件标志节点）。

OS_FLAG_GRP 的程序清单如下：

```
typedef struct {                              /* 事件标志组                    */
   INT8U        OSFlagType;                   /* 设置为OS_EVENT_TYPE_FLAG类型       */
   void        *OSFlagWaitList;               /* 指向等待任务链表的指针           */
   OS_FLAGS OSFlagFlags;                      /*事件标志状态的位，可以是8位，16位或32位  */
} OS_FLAG_GRP;
```

其中，OSFlagWaitList 指向事件标志组的等待任务列表，等待任务就是已经向事件标志组发出了请求操作的任务，这个列表其实是由 OS_FLAG_NODE 结构组成的一个双向链表。OS_FLAG_NODE 的代码如下：

```
typedef struct {
   void      *OSFlagNodeNext;      /* 指向下一个节点的指针              */
   void      *OSFlagNodePrev;      /* 指向前一个节点的指针            */
   void      *OSFlagNodeTCB;       /* 指向对应任务的任务控制块的指针           */
   void      *OSFlagNodeFlagGrp;   /* 反向指向事件标志组的指针           */
   OS_FLAGS  OSFlagNodeFlags;      /* 指明任务等待事件标志组中的哪些事件标志   */
   INT8U   OSFlagNodeWaitType;     /* 等待时限    */
                                   /*      OS_FLAG_WAIT_AND          */
                                   /*      OS_FLAG_WAIT_ALL       */
                                   /*      OS_FLAG_WAIT_OR        */
                                   /*      OS_FLAG_WAIT_ANY       */
} OS_FLAG_NODE;
```

其中，OSFlagNodeWaitType 变量的值如表 7-3 所示，AND 和 ALL 的意义是相同的，两者都可以使用。类似地，OR 和 ANY 的意义也是相同的。

表 7-3 OSFlagNodeWaitType 变量的值及意义

OSFlagNodeWaitType 的值	有效状态	等待任务的就绪条件
OS_FLAG_WAIT_CLR_AND OS_FLAG_WAIT_CLR_ALL	0	信号全部有效（全0）
OS_FLAG_WAIT_CLR_ALL OS_FLAG_WAIT_CLR_AND	0	信号有一个或一个以上有效（有0）
OS_FLAG_WAIT_SET_ANY OS_FLAG_WAIT_SET_OR	1	信号全部有效（全1）
OS_FLAG_WAIT_SET_ANY OS_FLAG_WAIT_SET_OR	1	信号有一个或一个以上有效（有1）

事件标志组两数据结构之间的联系以及和 OS_TCB 数据结构之间的联系如图 7-21 所示。

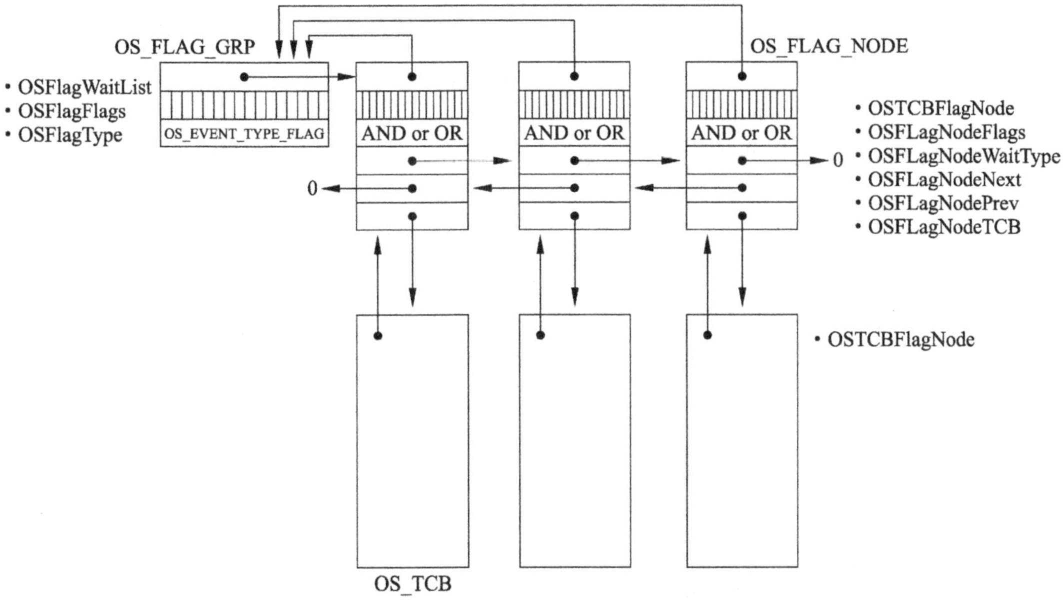

图 7-21　事件标志组、事件标志节点及任务控制块之间的关系

7.5.3　事件标志组的操作

μC/OS-II 提供了 6 个对消息队列进行操作的函数：OSFlagCreate()、OSFlagAccept()、OSFlagDel()、OSFlagPend()、OSFlagPost()和 OSFlagQuery()。图 7-22 展示了任务、中断及事件标志组之间的联系。这里用了一个 8 位的序列表示事件标志组，实际上事件标志组可以是 8 位、16 位或 32 位。时钟沙漏表示 OSFlagPend()支持超时机制。

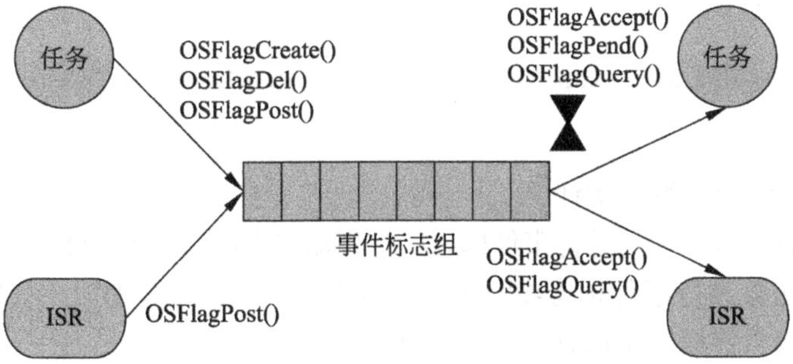

图 7-22　任务、中断及事件标志组之间的联系

1. 建立一个事件标志组，OSFlagCreate()

OSFlagCreate()用于创建并初始化一个事件标志组。

OSFlagCreate()函数的原型如下：

```
OS_FLAG_GRP *OSFlagCreate(OS_FLAGS flags,INT8U *err);
```

参数如下。

flags：事件标志组的事件标志初值。

err：指向错误代码的指针。出错代码为以下值之一。

- OS_NO_ERR：成功创建事件标志组。
- OS_ERR_CREAT_ISR：从中断中调用OSFlagCreate()函数。
- OS_FLAG_GRP_DEPLETED：系统没有剩余的空闲事件标志组，需要更改OS_CFG.H中的系统事件标志组数目的配置。

返回值如下。

如果成功创建事件标志组，则返回该事件标志组的指针。如果系统没有剩余的空闲事件标志组，则返回空指针。

注意：在使用任务事件标志组功能前，必须使用该函数创建事件标志组。

创建事件标志组的示意性代码如下：

```
OS_FLAG_GRP *EngineStatus;
void main(void)
{
INT8U err;
OSInit();          /*初始化μC/OS-II*/
EngineStatus=OSFlagCreate(0x00,&err);  /*创建事件标志组*/
...
OSStart();      /*开始多任务内核*/
}
```

2．删除一个事件标志组，OSFlagDel()

OSFlagDel()函数用于删除一个事件标志组，因为多任务可能会试图继续使用已经删除了的事件标志组，故调用此函数有风险。使用本函数需特别小心。一般来说，在删除事件标志组之前，应该首先删除与本事件标志组有关的任务。

OSFlagDel()函数的原型如下：

```
OS_FLAG_GRP *OSFlagDel(OS_FLAG_GPR pgrg,INT8U opt,INT8U *err);
```

参数如下。

pgrp：指向事件标志组的指针。

opt：指明是仅在没有任务等待事件标志组时删除该事件标志组（OS_DEL_NO_PEND），还是不管是否有任务等待事件标志组都删除该事件标志组（OS_DEL_ALWAYS）。如果是后者，所有等待该事件标志组的任务都被置为就绪。

err：指向错误代码的指针。出错代码为以下值之一。

- OS_NO_ERR：成功删除事件标志组。
- OS_ERR_DEL_ISR：从中断中调用OSFlagDel()函数。
- OS_FLAG_INVALID_PGRP：pgrp是空指针。
- OS_ERR_EVENT_TYPE：pgrp不是指向事件标志组的指针。
- OS_ERR_INVALID_OPT：opt参数不是指定的值。

- OS_ERR_TASK_WAITING：如果 opt 参数为 OS_DEL_NO_PEND，那么此时有任务等待事件标志组。

返回值如下。

如果事件标志组被删除，则返回空指针；如果没有删除，则仍然返回指向该事件标志组的指针。在后一种情况下，需要检查出错代码，找出事件标志组没有成功删除的原因。

删除事件标志组的示意性代码如下：

```
OS_FLAG_GRP *EngineStatus;
void Task(void *pdata)
{
INT8U err;
OS_FLAG_GRP *pgrp;
pdata=pdata;
while(1){
    ...
    pgrp=OSFlagDel(EngineStatusFlags,OS_DEL_ALWAYS,&err);
    if(pgrp==(OS_FLAG_GRP *)0){
     /*删除事件标志组*/
       }
     }
}
```

3. 等待事件标志组的事件标志位，OSFlagPend()

OSFlagPend()用于任务等待事件标志组中的事件标志，可以是多个事件标志的不同组合方式。可以等待任意指定事件标志位置位或清零，也可以是全部指定事件标志位置位或清零。如果任务等待的事件标志位条件尚不满足，则任务会被挂起，直到指定的事件标志组合发生或指定的等待时间超时。

OSFlagPend()函数的原型如下：

```
OS_FLAGS OSFlagPend(OS_FLAG_GRP *pgrp,OS_FLAGS flags,INT8U wait_type, INT16U
timeout, INT8U *err);
```

参数如下。

pgrp：指向事件标志组的指针。

flags：指向需要检查的事件标志位。置为 1，则检查对应位；置为 0，则忽略对应位。

wait_type：定义等待事件标志位的方式。可以定义为以下 4 种方式之一。

- OS_FLAG_WAIT_CLR_ALL，所有指定事件标志位清 0。
- OS_FLAG_WAIT_CLR_ANY，任意指定事件标志位清 0。
- OS_FLAG_WAIT_SET_ALL，所有指定事件标志位置位。
- OS_FLAG_WAIT_SET_ANY，任意指定事件标志位置位。

如果需要在得到期望的事件标志后，恢复该事件标志，则可以在调用函数时，将该参数加上一个常量 OS_FLAG_CONSUME。

err：指向出错代码的指针，出错代码为以下值之一。

- OS_NO_ERR：成功调用。

- OS_ERR_PEND_ISR：从中断中调用该函数，这是规则不允许的。
- OS_FLAG_INVALID_PGRP：pgrp 是空指针。
- OS_ERR_EVENT_TYPE：pgrp 不是指向事件标志组的指针。
- OS_TIMEOUT：等待事件标志组的事件标志超时。
- OS_FLAG_ERR_WAIT_TYPE：wait_type 不是指定的参数值之一。

返回值如下。

返回 OSFlagPend()函数允许结束后的事件标志组事件标志状态；如果发生了超时，则返回 0。

注意：必须首先创建事件标志组，再使用。

应用 OSFlagPend()函数的示意性代码如下：

```
#define ENGINE_OIL_PRES_OK 0X01
#define ENGINE_OIL_TEMP_OK 0X02
#define ENGINE_START 0X04

OS_FLAG_GRP *EngineStatus;
void Task(void *pdata)
{
INT8U err;
OS_FLAGS value;
pdata=pdata;
while(1){
    ...
    value=OSFlagPend(EngineStatus,
                     ENGINE_OIL_PRES_OK+ ENGINE_OIL_TEMP_OK,
                     OS_FLAG_WAIT_SET_ALL+OS_FLAG_CONSUME,
                     10,
                     &err);
     switch(err){
     case OS_NO_ERR:
       /*成功返回，得到期望的事件标志位*/
     break;
     case OS_TIMEOUT:
     /*在指定的 10 个时钟滴答内没有得到期望的事件标志位*/
     break;
     }
     ...
    }
}
```

4. 置位或清零事件标志组中的标志位，OSFlagPost()

OSFlagPost()用于给出设定的事件标志位。指定的事件标志位可以设定为置位或清除。若 OSFlagPost()设置的事件标志位正好满足某个等待该事件标志组的任务，则 OSFlagPost()将该任务设为就绪。

OSFlagPost()函数的原型如下：

```
OS_FLAGS OSFlagPost(OS_FLAG_GRP *pgrp,OS_FLAGS flags,INT8U opt,INT8U *err);
```

参数如下。

pgrp：指向事件标志组的指针。

flags：指定需要检查的事件标志位。

opt：表明是置位指定事件标志位（OS_FLAG_SET），还是清 0 指定事件标志位（OS_FLAG_CLR）。

err：指向出错代码的指针，出错代码为以下值之一。

- OS_NO_ERR：成功调用。
- OS_FLAG_INVALID_PGRP：pgrp 是空指针。
- OS_ERR_EVENT_TYPE：pgrp 不是指向事件标志组的指针。
- OS_ERR_INVALID_OPT：opt 参数不是指定的值。

返回值如下。

事件标志组的新的事件标志状态。

注意：必须先创建事件标志组，然后使用。

这个函数的运行时间决定于等待事件标志组的任务的数目。关闭中断的时间也决定于等待事件标志组的任务的数目。

置位或清零事件标志组中的标志位的示意性代码如下：

```
#define ENGINE_OIL_PRES_OK 0X01
#define ENGINE_OIL_TEMP_OK 0X02
#define ENGINE_START 0X04

OS_FLAG_GRP *EngineStatusFlags;
void Task(void *pdata)
{
INT8U err;
pdata=pdata;
while(1){
    ...
    err= OSFlagPost(EngineStatusFlags, ENGINE_START,OS_FLAG_SET, &err);
      ...
    }
}
```

5. 无等待地获得事件标志组中的事件标志，OSFlagAccept()

OSFlagAccept()函数检查事件标志组中的事件标志位是置位还是清 0。应用程序可以检查任意一位是置位还是清 0，也可以检查所有位置都置位还是清 0。这个函数与 OSFlagPend()的不同之处在于，如果需要的事件标志没有产生，那么调用该函数的任务并不挂起。

OSFlagAccept()函数的原型如下：

```
OS_FLAGS OSFlagAccept(OS_FLAG_GRP *pgrp,OS_FLAGS flags,INT8U wait_type,
INT8U *err);
```

参数如下。

pgrp：指向事件标志组的指针。

flags：指定需要检查的事件标志位。

wait_type：定义等待事件标志位的方式。可以定义为以下4种方式之一。

- OS_FLAG_WAIT_CLR_ALL，所有指定事件标志位清0。
- OS_FLAG_WAIT_CLR_ANY，任意指定事件标志位清0。
- OS_FLAG_WAIT_SET_ALL，所有指定事件标志位置位。
- OS_FLAG_WAIT_SET_ANY，任意指定事件标志位置位。

如果需要在得到期望的事件标志后，恢复该事件标志，则可以在调用函数时，将该参数加上一个常量OS_FLAG_CONSUME。

err：指向出错代码的指针，出错代码为以下值之一。

- OS_NO_ERR：成功调用。
- OS_ERR_EVENT_TYPE：pgrp不是指向事件标志组的指针。
- OS_FLAG_ERR_WAIT_TYPE：wait_type参数不是指定的4种方式之一。
- OS_FLAG_INVALID_PGRP：pgrp是空指针。
- OS_FLAG_ERR_NO_RDY：指定的事件标志没有发生。

返回值如下。

返回事件标志组的事件标志状态。

注意：必须先建立事件标志组，然后使用。如果指定的事件标志没有发生，则调用任务并不挂起。

无等待地获得事件标志组中的事件标志的示意性代码如下：

```
#define ENGINE_OIL_PRES_OK 0X01
#define ENGINE_OIL_TEMP_OK 0X02
#define ENGINE_START 0X04

OS_FLAG_GRP *EngineStatus;
void Task(void *pdata)
{
INT8U err;
OS_FLAGS value;
pdata=pdata;
while(1){
    ...
    value=OSFlagAccept(EngineStatus,
                       ENGINE_OIL_PRES_OK+ENGINE_OIL_TEMP_OK,
                       OS_FLAG_WAIT_SET_AL,
                       &err);
     switch(err){
     case OS_NO_ERR:
       /*得到等待的事件标志*/
     break;
```

```
        case OS_FLAG_ERR_NOT_RDY:
        /*期待的事件标志没有发生*/
        break;
        }
        ...
    }
}
```

6. 查询事件标志组的状态，OSFlagQuery()

OSFlagQuery()函数用于查询事件标志组的当前事件标志状态。

OSFlagQuery()函数的原型如下：

```
OS_FLAGS OSFlagQuery(OS_FLAG_GRP *pgrp, INT8U *err);
```

参数如下。

pgrp：指向事件标志组的指针。

err：指向出错代码的指针，出错代码为以下值之一。

- OS_NO_ERR：成功调用。
- OS_FLAG_INVALID_PGRP：pgrp 是空指针。
- OS_ERR_EVENT_TYPE：pgrp 不是指向事件标志组的指针。

返回值如下。

返回事件标志组的事件标志状态。

注意：*必须首先创建事件标志组，然后使用和查询；可以从中断中调用该函数。*

查询事件标志组的状态的示意性代码如下：

```
OS_FLAG_GRP *EngineStatusFlags;
void Task(void *pdata)
{
INT8U err;
OS_FLAGS flags;
pdata=pdata;
while(1){
    ...
    flags= OSFlagQuery(EngineStatusFlags, &err);
      ...
    }
}
```

7.5.4　事件标志组应用举例

例 7-4　设计一个有三个任务的应用程序，这三个任务分别是 Task0, Task1, Task2。Task0 的运行需要得到 Task1 和 Task2 释放的信号，即得到事件标志组后才能运行，显示“Task0 got event flag group, Running!”，Task1 运行显示“Task1 is running”，然后挂起 10s，释放信号量，再延时通知其他低优先级任务运行，Task2 运行显示“Task2 is running”，然后挂起5s，释放信号量，再延时通知其他低优先级任务运行。

```
/*
*********************************************************************************************
                                        *μC/OS-II
                                 *The Real-Time Kernel*
*********************************************************************************************
*/

#include "includes.h"

/*
*********************************************************************************************
                                        *CONSTANTS
*********************************************************************************************
*/

#define  TASK_STK_SIZE   512   /* Size of each task's stacks (# of WORDs) */

/*
*********************************************************************************************
                                        *VARIABLES
*********************************************************************************************
*/

OS_STK        TaskStk[N_TASKS][TASK_STK_SIZE];       /* Tasks stacks      */
OS_STK        TaskStartStk[TASK_STK_SIZE];
char          TaskData[N_TASKS];       /* Parameters to pass to each task   */
OS_FLAG_GRP     *EngineStatus;
INT8U err;
/*
*********************************************************************************************
                                  *FUNCTION PROTOTYPES
*********************************************************************************************
*/

void  Task0(void *data);                 /* Function prototypes of tasks     */
void  Task1(void *data);
void  Task2(void *data);
void  TaskStart(void *data);     /* Function prototypes of Startup task   */
static  void  TaskStartCreateTasks(void);


/*
*********************************************************************************************
                                          *MAIN
*********************************************************************************************
*/
```

```
void  main(void)
{
    PC_DispClrScr(DISP_FGND_WHITE + DISP_BGND_BLACK); /* Clear the screen*/

    OSInit();                                /* Initialize μC/OS-II         */

    PC_DOSSaveReturn();             /* Save environment to return to DOS */
    PC_VectSet(uCOS, OSCtxSw); /* Install μC/OS-II's context  switch vector */
    EngineStatus=OSFlagCreate(0,&err);

    OSTaskCreate(TaskStart, (void *)0, &TaskStartStk[TASK_STK_SIZE - 1], 0);
    OSStart();                              /* Start multitasking            */
}


/*
*********************************************************************************
                              *STARTUP TASK
*********************************************************************************
*/
void  TaskStart(void *pdata)
{
#if OS_CRITICAL_METHOD==3  /* Allocate storage for CPU status register */
     OS_CPU_SR  cpu_sr;
#endif
     char       s[100];
     INT16S     key;


     pdata = pdata;                 /* Prevent compiler warning             */

     //TaskStartDispInit();        /* Initialize the display               */

     OS_ENTER_CRITICAL();
     PC_VectSet(0x08, OSTickISR);  /* Install μC/OS-II's clock tick ISR  */
     PC_SetTickRate(OS_TICKS_PER_SEC);     /* Reprogram tick rate          */
     OS_EXIT_CRITICAL();


     TaskStartCreateTasks();       /* Create all the application  tasks */

     for(;;) {

        if(PC_GetKey(&key)==TRUE) {      /* See if key has been pressed */
            if(key==0x1B) {          /* Yes, see if it's the ESCAPE key   */
                 PC_DOSReturn();    /* Return to DOS                  */
            }
        }
```

```
        OSCtxSwCtr=0;          /* Clear context switch counter         */
        OSTimeDlyHMSM(0, 0, 1, 0);       /* Wait one second            */
    }
}

/*
*********************************************************************************
                    *INITIALIZE THE DISPLAY
*********************************************************************************
*/

/*
*********************************************************************************
                    *TaskStartCreateTasks
*********************************************************************************
*/

void  TaskStartCreateTasks(void)
{
  INT8U   i;

  for(i=0; i<N_TASKS; i++)          // Create N_TASKS identical tasks
  {
    TaskData[i]=i;
  }
                    // Each task will pass its own id
  OSTaskCreate(Task0, (void *)&TaskData[0], &TaskStk[0][TASK_STK_SIZE - 1], 5);
  OSTaskCreate(Task1, (void *)&TaskData[1], &TaskStk[1][TASK_STK_SIZE - 1], 6);
  OSTaskCreate(Task2, (void *)&TaskData[2], &TaskStk[2][TASK_STK_SIZE - 1], 7);
}


/*
*********************************************************************************
                              *TASKS
*********************************************************************************
*/

void  Task0(void *pdata)
{
  //INT8U   err;
 pdata=pdata;


  for(;;) {
        OSFlagPend(EngineStatus,
                   0x03,
```

```
                    OS_FLAG_WAIT_SET_ALL+OS_FLAG_CONSUME,
                    10,
                    &err);  /* Acquire event flags to perform task          */
         if(err==OS_NO_ERR)
           printf("Task0 got event flag group, Running!\n");

           OSTimeDly(1);              /* Delay 1 clock tick                 */
     }


}

void  Task1(void *pdata)
{
 pdata=pdata;

  for(;;)
  {
  printf("Task1 is running\n");
          OSTimeDlyHMSM(0,0,10,0);
          OSFlagPost(EngineStatus,
                     0x01,
                     OS_FLAG_SET,
                     &err);          /* Post event flag         */
   if(err==OS_NO_ERR)
           printf("Task1 post event flag group\n");

           OSTimeDly(20);            /* Delay 20 clock tick                */
    }
  }


void  Task2(void *pdata)
{
  INT8U   err;
  pdata=pdata;
  for(;;)
  {
  printf("Task2 is running\n");
          OSTimeDlyHMSM(0,0,5,0);
          OSFlagPost(EngineStatus,
                     0x02,
                     OS_FLAG_SET,
                     &err);          /* Post event flag         */
         if(err==OS_NO_ERR)
           printf("Task2 post event flag group\n");
           OSTimeDly(10);                      /* Delay 10 clock tick   */
   }
 }
```

程序的运行结果如图 7-23 所示。

C:\SOFTWARE\uCOS-II\EXF6EE~1\BC45\TEST\TEST.EXE
Task0 got event flag group, Running!
Task1 post event flag group
Task2 post event flag group
Task1 is running
Task2 is running
Task2 post event flag group
Task2 is running
Task0 got event flag group, Running!
Task1 post event flag group
Task2 post event flag group
Task1 is running
Task2 is running
Task2 post event flag group
Task2 is running
Task0 got event flag group, Running!
Task1 post event flag group
Task2 post event flag group
Task1 is running
Task2 is running
Task2 post event flag group
Task2 is running
Task0 got event flag group, Running!
Task1 post event flag group
Task2 post event flag group

图 7-23 例 7-4 的程序运行结果

7.6 消息邮箱

7.6.1 消息邮箱概述

邮箱是 μC/OS-II 中的另一种通信机制，它可以使一个任务或者中断服务子程序向另一个任务发送一个指针型的变量。该指针指向一个包含特定“消息”的数据结构。为了在 μC/OS-II 中使用邮箱，必须将 OS_CFG.H 中的 OS_MBOX_EN 常数置为 1。

7.6.2 消息邮箱的数据结构

μC/OS-II 的邮箱机制把事件控制块 ECB 的事件类型设置为邮箱类型 OS_EVENT_TYPE_MBOX，OS_EventCnt 域设为 0，因为在消息邮箱中不再使用该域。将消息的初始值 msg 存入事件控制块 ECB 的 OSEventPtr 域，初始时 OSEventGrp 和 OSEventTbl[]都为 0。消息邮箱的数据结构如图 7-24 所示。

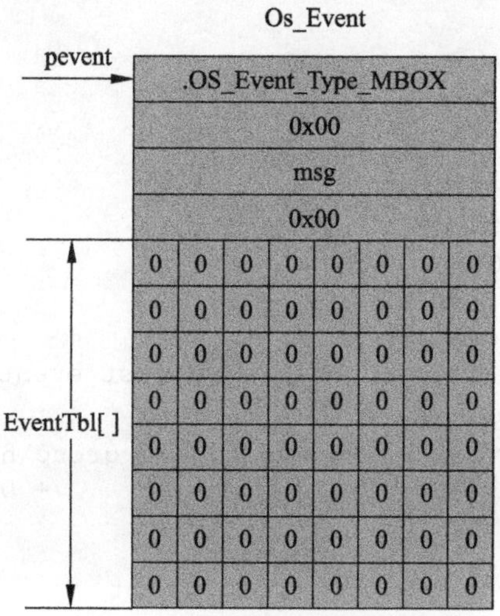
Os_Event
pevent
.OS_Event_Type_MBOX
0x00
msg
0x00
EventTbl[ ]
0 0 0 0 0 0 0 0
0 0 0 0 0 0 0 0
0 0 0 0 0 0 0 0
0 0 0 0 0 0 0 0
0 0 0 0 0 0 0 0
0 0 0 0 0 0 0 0
0 0 0 0 0 0 0 0
0 0 0 0 0 0 0 0

图 7-24 消息邮箱的数据结构

7.6.3 消息邮箱的操作

μC/OS-II 提供了 5 种对邮箱的操作：OSMboxCreate()、OSMboxPend()、OSMboxPost()、OSMboxAccept()和 OSMboxQuery()函数。图 7-25 描述了任务、中断服务子程序和邮箱之间的关系，这里用符号“II”表示邮箱。邮箱包含的内容是一个指向一条消息的指针。一个邮箱只能包含一个这样的指针（邮箱为满时），或者一个指向 NULL 的指针（邮箱为空时）。从图 7-25 可以看出，任务或者中断服务子程序可以调用函数 OSMboxPost()，但是只有任务可以调用函数 OSMboxPend()和 OSMboxQuery()。

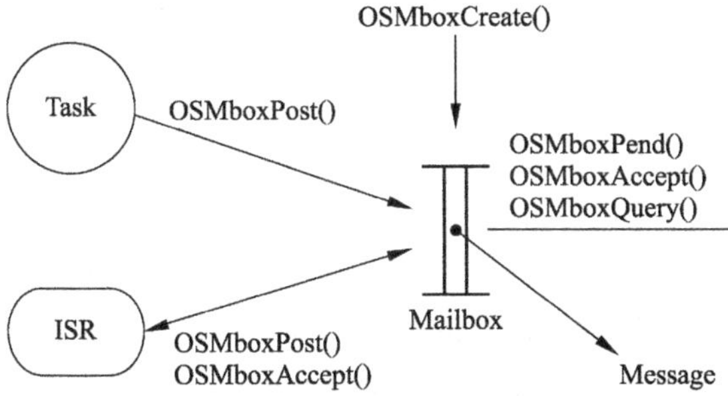

图 7-25　任务、中断服务子程序和邮箱之间的关系

应用程序可以使用任意多个邮箱，其最大数目由 OS_CFG.H 文件中的配置常数 OS_MAX_EVENTS 设定。

1. 建立一个邮箱，OSMboxCreate()

使用邮箱之前，必须先建立邮箱。该操作通过 OSMboxCreate()函数来完成，并且须定义指针的初始值。一般情况下，这个初始值是 NULL，但也可以初始化一个邮箱，使其在最开始就包含一条消息。如果使用邮箱的目的是通知一个事件的发生（发送一条消息），那么就要初始化该邮箱为空，即 NULL，因为在开始时（很有可能）事件还没有发生。如果用邮箱共享某些资源，那么就要初始化该邮箱为一个非 NULL 的指针。在这种情况下，邮箱被当成一个二值信号量使用。

OSMboxCreate()函数的原型如下：

```
OS_EVENT *OSMboxCreate(void *msg);
```

参数如下。

msg：参数用来初始化建立的消息邮箱。如果该指针不为空，建立的消息邮箱将含有消息。

返回值如下。

指向分配给所建立的消息邮箱的事件控制块的指针。如果没有可用的事件控制块，返回空指针。

注意： 必须先建立消息邮箱，然后使用。

建立邮箱的示意性代码如下：

```
OS_EVENT *CommMbox;

    void main(void)
    {
        .
        .
        OSInit();                                  /* 初始化μC/OS-II */
        .
        .
        CommMbox = OSMboxCreate((void *)0);       /* 建立消息邮箱  */
        OSStart();                                 /* 启动多任务内核  */
}
```

2. 等待邮箱中的消息，OSMboxPend()

OSMboxPend()用于任务等待消息。消息通过中断或另外的任务发送给需要的任务。消息是一个以指针定义的变量，在不同的程序中消息的使用也可能不同。如果调用OSMboxPend()函数时消息邮箱已经存在需要的消息，那么该消息被返回给OSMboxPend()的调用者，消息邮箱中清除该消息。如果调用OSMboxPend()函数时消息邮箱中没有需要的消息，OSMboxPend()函数挂起当前任务直到得到需要的消息或超出定义等待超时的时间。如果同时有多个任务等待同一个消息，μC/OS-II默认最高优先级的任务取得消息并且任务恢复执行。一个由OSTaskSuspend()函数挂起的任务也可以接收消息，但这个任务将一直保持挂起状态直到通过调用OSTaskResume()函数恢复任务的运行。

OSMboxPend()函数的原型如下：

```
void *OSMboxPend ( OS_EVNNT  *pevent, INT16U  timeout,  INT8U *err );
```

参数如下。

pevent：是指向即将接收消息的消息邮箱的指针。该指针的值在建立该消息邮箱时可以得到（参考OSMboxCreate()函数）。

timeout：允许一个任务在经过了指定数目的时钟节拍后还没有得到需要的消息时恢复运行。如果该值为零表示任务将持续地等待消息。最大的等待时间为65 535个时钟节拍。这个时间长度并不是非常严格的，可能存在一个时钟节拍的误差，因为只有在一个时钟节拍结束后才会减少定义的等待超时时钟节拍。

err：是指向包含错误码的变量的指针。OSMboxPend()函数返回的错误码可能为下述几种。

- OS_NO_ERR：消息被正确接收。
- OS_TIMEOUT：消息没有在指定的周期数内送到。
- OS_ERR_PEND_ISR：从中断调用该函数。虽然规定了不允许从中断调用该函数，但μC/OS-II仍然包含检测这种情况的功能。
- OS_ERR_EVENT_TYPE：pevent 不是指向消息邮箱的指针。

返回值如下。

OSMboxPend()函数返回接收的消息并将 *err 置为 OS_NO_ERR。如果没有在指定数目的时钟节拍内接收到需要的消息，OSMboxPend()函数返回空指针并且将 *err 设置为 OS_TIMEOUT。

注意：*必须先建立消息邮箱，然后使用，不允许从中断调用该函数。*

等待邮箱中的消息的示意性代码如下：

```
OS_EVENT *CommMbox;


void CommTask(void *pdata)
{
      INT8U  err;
      void  *msg;


      pdata = pdata;
      for(;;){
          .
          .
          msg = OSMboxPend(CommMbox, 10, &err);
          if(err==OS_NO_ERR) {
               .
               .  /* 消息正确的接受              */
               .
          } else {
               .
               .  /* 在指定时间内没有接受到消息*/
               .
          }
          .
          .
      }
}
```

3. 向邮箱发送一则消息，OSMboxPost()

OSMboxPost()函数通过消息邮箱向任务发送消息。消息是一个指针长度的变量，在不同的程序中消息的使用也可能不同。如果消息邮箱中已经存在消息，返回错误码说明消息邮箱已满。OSMboxPost()函数立即返回调用者，消息也没有能够发到消息邮箱。如果有任何任务在等待消息邮箱的消息，最高优先级的任务将得到这个消息。如果等待消息的任务优先级比发送消息的任务优先级高，那么高优先级的任务将得到消息而恢复执行，也就是说，发生了一次任务切换。

OSMboxPost()函数的原型如下：

```
INT8U OSMboxPost (OS_EVENT *pevent, void *msg) ;
```

参数如下。

pevent：指向即将接收消息的消息邮箱的指针。该指针的值在建立该消息邮箱时可以得到（参考 OSMboxCreate()函数）。

msg：即将实际发送给任务的消息。消息是一个指针长度的变量，在不同的程序中消息的使用也可能不同。不允许传递一个空指针，因为这意味着消息邮箱为空。

返回值如下。

OSMboxPost()函数的返回值为下述之一。

- OS_NO_ERR：消息成功地放到消息邮箱中。
- OS_MBOX_NULL：消息邮箱已经包含其他消息，不空。
- OS_ERR_EVENT_TYPE：pevent 不是指向消息邮箱的指针。

注意：必须先建立消息邮箱，然后使用，不允许传递一个空指针，因为这意味着消息邮箱为空。

向邮箱发送一则消息的示意性代码如下：

```
OS_EVENT *CommMbox;
INT8U    CommRxBuf[100];


void CommTaskRx(void *pdata)
{
    INT8U  err;


    pdata = pdata;
    for(;;){
        .
        .
         err = OSMboxPost(CommMbox, (void *)&CommRxBuf[0]);
        .
        .
    }
}
```

4. 无等待地从邮箱中得到一则消息，OSMboxAccept()

OSMboxAccept()函数查看指定的消息邮箱是否有需要的消息。不同于 OSMboxPend()函数，如果没有需要的消息，OSMboxAccept()函数并不挂起任务。如果消息已经到达，该消息被传递到用户任务并且从消息邮箱中清除。通常中断调用该函数，因为中断不允许挂起等待消息。

OSMboxAccept()函数的原型如下：

```
void *OSMboxAccept (OS_EVENT *pevent) ;
```

参数如下。

pevent：是指向需要查看的消息邮箱的指针。当建立消息邮箱时，该指针返回到用户程序（参考 OSMboxCreate()函数）。

返回值如下。

如果消息已经到达，返回指向该消息的指针；如果消息邮箱没有消息，返回空指针。

注意：必须先建立消息邮箱，然后使用。

无等待地从邮箱中得到一则消息的示意性代码如下：

```
OS_EVENT *CommMbox;


void Task (void *pdata)
{
    void *msg;


    pdata = pdata;
    for(;;){
        msg = OSMboxAccept(CommMbox);  /* 检查消息邮箱是否有消息   */
        if(msg!=(void *)0)  {
          .                            /* 处理消息   */
          ..
       } else {
          .                            /*没有消息    */
          .
       }
      .
      .
    }
}
```

5. 查询一个邮箱的状态，OSMboxQuery()

OSMboxQuery()函数用来取得消息邮箱的信息。用户程序必须分配一个 OS_MBOX_DATA 的数据结构，该结构用来从消息邮箱的事件控制块接收数据。通过调用 OSMboxQuery()函数可以知道任务是否在等待消息以及有多少个任务在等待消息，还可以检查消息邮箱现在的消息。

OSMboxQuery()函数的原型如下：

```
INT8U  OSMboxQuery(OS_EVENT *pevent, OS_MBOX_DATA *pdata);
```

参数如下。

pevent：指向即将接收消息的消息邮箱的指针。该指针的值在建立该消息邮箱时可以得到（参考 OSMboxCreate()函数）。

pdata：指向 OS_MBOX_DATA 数据结构的指针，该数据结构包含下述成员。

- Void　*OSMsg;　　/* 消息邮箱中消息的复制 */
- INT8U　OSEventTbl[OS_EVENT_TBL_SIZE];　　/*消息邮箱等待队列的复制*/
- INT8U OSEventGrp;

返回值如下。

OSMboxQuery()函数的返回值为下述之一。

- OS_NO_ERR：调用成功。
- OS_ERR_EVENT_TYPE：pevent 不是指向消息邮箱的指针。

注意：必须先建立消息邮箱，然后使用。

查询一个邮箱的状态的示意性代码如下：

```
OS_EVENT *CommMbox;


void Task (void *pdata)
{
        OS_MBOXDATA mbox_data;
        INT8U       err;


        pdata = pdata;
        for(;;){
            .
            .
            err=OSMboxQuery(CommMbox, &mbox_data);
            if(err==OS_NO_ERR) {
               .   /* 如果 mbox_data.OSMsg 为非空指针，说明消息邮箱非空*/
            }
            .
            .
        }
}
```

7.6.4 消息邮箱应用

1. 用邮箱作为二值信号量

一个邮箱可以被用做二值的信号量。首先，在初始化时，将邮箱设置为一个非零的指针（如 void *1）。这样，一个任务可以调用 OSMboxPend()函数来请求一个信号量，然后通过调用 OSMboxPost()函数来释放一个信号量。下面的程序清单说明了这个过程是如何工作的。如果用户只需要二值信号量和邮箱，这样做可以节省代码空间。这时可以将 OS_SEM_EN 设置为 0，只使用邮箱就可以了。

```
OS_EVENT *MboxSem;


void Task1 (void *pdata)
{
     INT8U err;
```

```
    for(;;) {
        OSMboxPend(MboxSem, 0, &err);    /* 获得对资源的访问权  */
        .
        .    /* 任务获得信号量,对资源进行访问  */
        .
        OSMboxPost(MboxSem, (void*)1);  /* 释放对资源的访问权 */
    }
}
```

2. 用消息邮箱实现延时

邮箱的等待超时功能可以被用来模仿 OSTimeDly()函数的延时，程序清单如下所示。如果在指定的时间段 TIMEOUT 内，没有消息到来，Task1()函数将继续执行。这和 OSTimeDly（TIMEOUT）功能很相似。但是，如果 Task2()在指定的时间结束之前，向该邮箱发送了一个“哑”消息，Task1()就会提前开始继续执行。这和调用 OSTimeDlyResume()函数的功能是一样的。注意，这里忽略了对返回的消息的检查，因为此时关心的不是得到了什么样的消息。

```
OS_EVENT *MboxTimeDly;


void Task1 (void *pdata)
{
    INT8U err;


    for(;;) {
        OSMboxPend(MboxTimeDly, TIMEOUT, &err);    /* 延时该任务 */
        .
        .    /* 延时结束后执行的代码  */
        .
    }
}


void Task2 (void *pdata)
{
    INT8U err;


    for(;;) {
        OSMboxPost(MboxTimeDly, (void *)1);      /* 取消任务 1 的延时 */
        .
        .
    }
}
```

3. 消息邮箱实现通信举例

例 7-5　设计应用程序，每 100 个时钟节拍从 Task1 中发送一个字符串，在 Task2 中接收并打印出来。

```
/*
*********************************************************************************
                                  *μC/OS-II
                           *The Real-Time Kernel*
*********************************************************************************
*/

#include "includes.h"

/*
*********************************************************************************
                                  *CONSTANTS
*********************************************************************************
*/

#define  TASK_STK_SIZE   512   /* Size of each task's stacks (# of WORDs) */
#define  N_TASKS           3   /* Number of identical tasks          */

/*
*********************************************************************************
                                  *VARIABLES
*********************************************************************************
*/

OS_STK       TaskStk[N_TASKS][TASK_STK_SIZE];        /* Tasks stacks  */
OS_STK       TaskStartStk[TASK_STK_SIZE];
char    TaskData[N_TASKS];          /* Parameters to pass to each task    */
OS_EVENT    *CommMbox;

/*
*********************************************************************************
                             *FUNCTION PROTOTYPES
*********************************************************************************
*/

void  Task1(void *data);       /* Function prototypes of tasks          */
void  Task2(void *data);          /* Function prototypes of tasks       */
void  TaskStart(void *data);   /* Function prototypes of Startup task */
static  void  TaskStartCreateTasks(void);


/*
*********************************************************************************
                                   *MAIN
*********************************************************************************
*/
```

```
void  main  (void)
{
PC_DispClrScr(DISP_FGND_WHITE + DISP_BGND_BLACK);  /* Clear the screen */

OSInit();                                          /* Initialize μC/OS-II    */

PC_DOSSaveReturn();                  /* Save environment to return to DOS  */
PC_VectSet(uCOS, OSCtxSw);   /* Install μC/OS-II's context switch vector */

CommMbox    = OSMboxCreate((void *)0);       /* Random Mbox               */

OSTaskCreate(TaskStart, (void *)0, &TaskStartStk[TASK_STK_SIZE - 1], 0);
OSStart();                          /* Start multitasking                 */
}


/*
**********************************************************************************
                                *STARTUP TASK
**********************************************************************************
*/
void  TaskStart (void *pdata)
{
#if OS_CRITICAL_METHOD == 3   /* Allocate storage for CPU status register */
    OS_CPU_SR  cpu_sr;
#endif
    char       s[100];
    INT16S     key;


    pdata = pdata;                      /* Prevent compiler warning        */

    OS_ENTER_CRITICAL();
    PC_VectSet(0x08, OSTickISR);     /* Install μC/OS-II's clock tick ISR  */
    PC_SetTickRate(OS_TICKS_PER_SEC);   /* Reprogram tick rate             */
    OS_EXIT_CRITICAL();

    OSStatInit();                    /* Initialize μC/OS-II's statistics  */

    TaskStartCreateTasks();       /* Create all the application tasks  */

    for(;;){

        if(PC_GetKey(&key)==TRUE)  { /* See if key has been pressed  */
            if (key == 0x1B) {   /* Yes, see if it's the ESCAPE key  */
                PC_DOSReturn();        /* Return to DOS                */
            }
        }
```

```
        OSCtxSwCtr = 0;                /* Clear context switch counter */
        OSTimeDlyHMSM(0, 0, 1, 0);         /* Wait one second       */
    }
}


/*
*********************************************************************************
                          *CREATE TASKS
*********************************************************************************
*/

static  void  TaskStartCreateTasks (void)
{
        OSTaskCreate(Task1, (void *)&TaskData[0], &TaskStk[0][TASK_STK_SIZE - 1], 4);
        OSTaskCreate(Task2, (void *)&TaskData[1], &TaskStk[1][TASK_STK_SIZE - 1], 5);

}

/*
*********************************************************************************
                              *TASKS
*********************************************************************************
*/

void  Task1 (void *pdata)
{
  char Msg[100];
  INT8U  err;
  int nCount=0;
  pdata=pdata;

      for(;;) {
        sprintf(Msg,"Task1 %d",nCount++);
        err=OSMboxPost(CommMbox,(void *)&Msg[0]); /*post the input message */
        OSTimeDly(100);                /* Delay 100 clock tick      */
    }
}


void  Task2 (void *pdata)
{
  void *msg;
  INT8U  err;
   pdata=pdata;

    for(;;)
     {
```

```
        msg=OSMboxPend(CommMbox,0,&err); /*wait for a message from the input mailbox*/
        if(err==OS_NO_ERR)
       printf("%s\n",msg);
      OSTimeDly(10);                          /* Delay 10 clock tick      */
    }
}
```

程序的运行结果如图 7-26 所示。

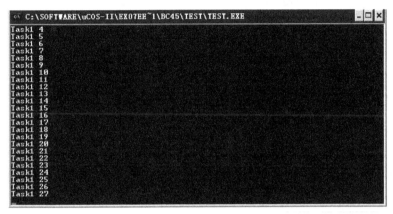

图 7-26　邮箱通信测试结果

7.7　消息队列

7.7.1　消息队列概述

消息队列是 μC/OS-II 中的另一种通信机制，它可以使一个任务或者中断服务子程序向另一个任务发送以指针方式定义的变量。因具体的应用有所不同，每个指针指向的数据结构变量也有所不同。为了使用 μC/OS-II 的消息队列功能，需要在 OS_CFG.H 文件中，将 OS_Q_EN 常数设置为 1，并且通过常数 OS_MAX_QS 来决定 μC/OS-II 支持的最多消息队列数。

在使用一个消息队列之前，必须先建立该消息队列。这可以通过调用 OSQCreate()函数，并定义消息队列中的单元数（消息数）来完成。

如图 7-27 所示是任务、中断服务子程序和消息队列之间的关系。其中，消息队列的符号很像多个邮箱。实际上，可以将消息队列看做多个邮箱组成的数组，只是它们共用一个等待任务列表。每个指针所指向的数据结构是由具体的应用程序决定的。*N* 代表了消息队列中的总单元数。当调用 OSQPend()或者 OSQAccept()之前，调用 *N* 次 OSQPost()或者 OSQPostFront()就会把消息队列填满。从图 7-27 中可以看出，一个任务或者中断服务子程序可以调用 OSQPost()、OSQPostFront()、OSQFlush()或者 OSQAccept()函数。但是，只有任务可以调用 OSQPend()和 OSQQuery()函数。

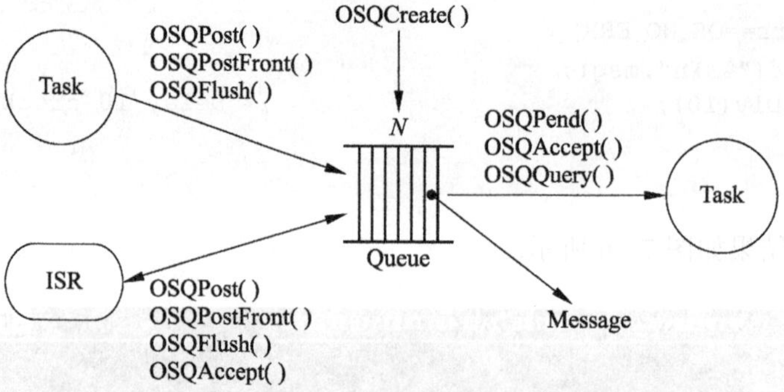

图 7-27 任务、中断服务子程序和消息队列之间的关系

7.7.2 消息队列的数据结构

消息队列由三部分组成：事件控制块、消息队列和消息。当事件控制块成员OSEventType 的值为 OS_EVENT_TYPE_Q 时，该事件控制块代表一个消息队列。如图 7-28所示是实现消息队列所需要的各种数据结构。

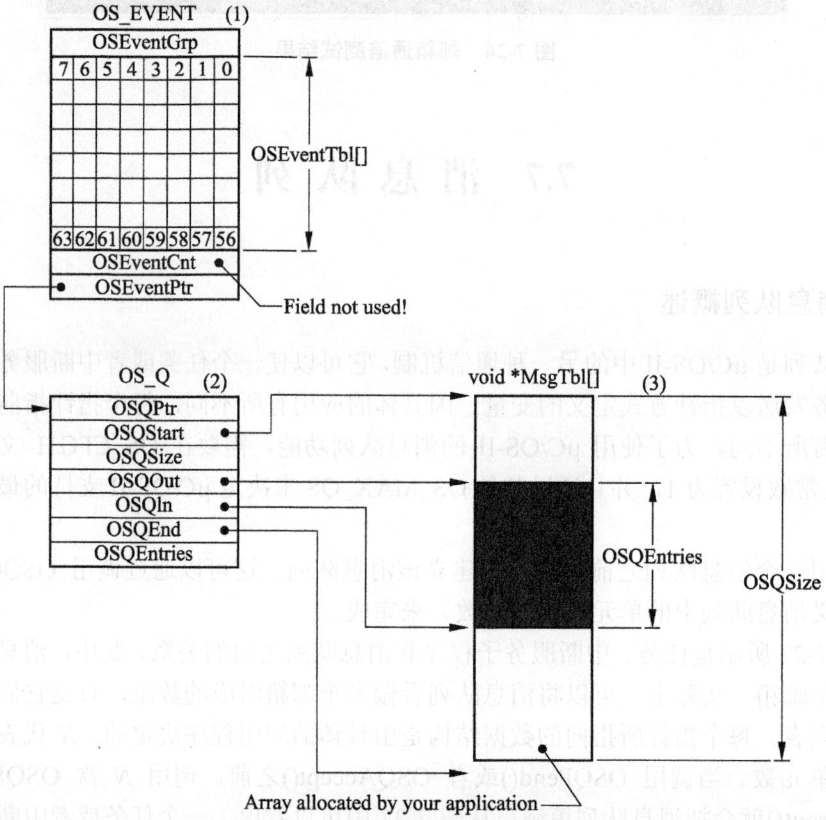

图 7-28 用于消息队列的数据结构

从图 7-28 中的（1）可以看出，消息队列也需要事件控制块 ECB 记录等待任务列表，

而且，事件控制块可以使多个消息队列的操作与信号量函数、互斥信号量及邮箱的函数使用相同的代码。图 7-28 中（2）说明当建立消息队列时，一个队列控制块（OS_Q）也同时分配给这个控制块，并通过 OS_EVENT 中的.OSEvenPtr 域链接到对应的事件控制块 ECB。图 7-28 中（3）说明在建立一个消息队列之前，必须先定义一个含有与消息队列最大消息数相同的指针数组 MsgTbl[]。

消息队列用到的相应的数据结构程序清单如下：

```
OS_EXT OS_Q *OSQTbl[OS_MAX_QS];             //QCB 结构体数组
OS_EXT OS_Q *OSQFreeList;                   //空闲 QCB 头指针
typedef struct os_q{                        //消息队列控制块
            struct os_q  *OSQPtr;           //用于构建空闲 QCB 链表
            void **OSQStart;                //指向 msgQ 指针数组的起始位置
            void **OSQEnd;                  //指向 msgQ 指针数组的结束位置
            void **OSQIn;      //指向 msgQ 指针数组下一个可以插入消息的位置
            void **OSQOut;  //指向 msgQ 指针数组下一个可以读出消息的位置
            INT16U OSQSize;                 //msgQ 指针数组的大小
            INT16U OSQEntries;              //msgQ 指针数组当前可以读取的消息个数
          }OS_Q;
```

7.7.3 消息队列的操作

μC/OS-II 提供了 7 个对消息队列进行操作的函数：OSQCreate()、OSQPend()、OSQPost()、OSQPostFront()、OSQAccept()、OSQFlush()和 OSQQuery()。

1. 建立一个消息队列，OSQCreate()

在使用一个消息队列（或者是一个队列）之前，首先需要建立它。可以通过调用函数 OSQCreate()建立一个消息队列。

OSQCreate()函数的原型如下：

```
OS_EVENT  *OSQCreate( void **start, INT8U size);
```

参数如下。

Start：是消息内存区的基地址，消息内存区是一个指针数组。

Size：是消息内存区的大小。

返回值如下。

OSQCreate()函数返回一个指向消息队列事件控制块的指针。如果没有空余的事件空闲块，OSQCreate()函数返回空指针。

注意：必须先建立消息队列，然后使用。

创建一个消息队列的示意性代码如下：

```
OS_EVENT *CommQ;
void    *CommMsg[10];


void main(void)
```

```
{
        OSInit();                                    /* 初始化 μC/OS-II   */
        .
        .
        CommQ = OSQCreate(&CommMsg[0], 10);          /*建立消息队列        */
        .
        .
        OSStart();                                   /* 启动多任务内核     */
}
```

2. 等待一个消息队列中的消息，OSQPend()

OSQPend()函数用于任务等待消息。消息通过中断或另外的任务发送给需要的任务。消息是一个以指针定义的变量，在不同的程序中消息的使用也可能不同。如果调用OSQPend()函数时队列中已经存在需要的消息，那么该消息被返回给 OSQPend()函数的调用者，队列中清除该消息。如果调用 OSQPend()函数时队列中没有需要的消息，OSQPend()函数挂起当前任务直到得到需要的消息或超出定义的超时时间。如果同时有多个任务等待同一个消息，μC/OS-II 默认最高优先级的任务取得消息并且任务恢复执行。一个由OSTaskSuspend()函数挂起的任务也可以接收消息，但这个任务将一直保持挂起状态直到通过调用 OSTaskResume()函数恢复任务的运行。

OSQPend()函数的原型如下：

```
void *OSQPend( OS_EVENT *pevent, INT16U timeout, INT8U *err);
```

参数如下。

pevent：指向即将接收消息的队列的指针。该指针的值在建立该队列时可以得到（参考 OSMboxCreate()函数）。

timeout：允许一个任务在经过了指定数目的时钟节拍后还没有得到需要的消息时恢复运行状态。如果该值为零表示任务将持续地等待消息。最大的等待时间为 65 535 个时钟节拍。这个时间长度并不是非常严格的，可能存在一个时钟节拍的误差，因为只有在一个时钟节拍结束后才会减少定义的等待超时时钟节拍。

err：指向包含错误码的变量的指针。OSQPend()函数返回的错误码可能为下述几种。

- OS_NO_ERR：消息被正确地接收。
- OS_TIMEOUT：消息没有在指定的周期数内送到。
- OS_ERR_PEND_ISR：从中断调用该函数。虽然规定了不允许从中断调用该函数，但 μC/OS-II 仍然包含检测这种情况的功能。
- OS_ERR_EVENT_TYPE：pevent 不是指向消息队列的指针。
- OS_ERR_PEVENT_NULL：pevent 是空指针。

返回值如下。

OSQPend()函数返回接收的消息并将*err 置为 OS_NO_ERR。如果没有在指定数目的时钟节拍内接收到需要的消息，OSQPend()函数返回空指针并且将*err 设置为 OS_TIMEOUT。

注意：必须先建立消息邮箱，然后使用；不允许从中断调用该函数。

等待一个消息队列中的消息的示意性代码如下：

```
OS_EVENT *CommQ;


void CommTask(void *data)
{
      INT8U  err;
      void  *msg;


      pdata = pdata;
      for(;;) {
         .
         .
         msg = OSQPend(CommQ, 100, &err);
         if(err == OS_NO_ERR) {
            .
            .                  /* 在指定时间内接收到消息        */
            .
         } else {
            .
            .                 /* 在指定的时间内没有接收到指定的消息   */
            .
         }
         .
         .
      }
}
```

3. 向消息队列发送一个消息（FIFO），OSQPost()

函数 OSQPost()以 FIFO（先进先出）的方式组织消息队列。

OSQPost()函数的原型如下：

```
INT8U OSQPost(OS_EVENT *pevent, void *msg);
```

参数如下。

pevent：指向即将接收消息的消息队列的指针。该指针的值在建立该队列时可以得到（参考 OSQCreate()函数）。

msg：即将实际发送给任务的消息。消息是一个指针长度的变量，在不同的程序中消息的使用也可能不同。不允许传递一个空指针。

返回值如下。

OSQPost()函数的返回值为下述之一。

- OS_NO_ERR：消息成功地放到消息队列中。
- OS_MBOX_FULL：消息队列已满。
- OS_ERR_EVENT_TYPE：pevent 不是指向消息队列的指针。
- OS_ERR_PEVENT_NULL：pevent 是空指针。
- OS_ERR_POST_NULL_PTR：用户发出空指针。根据规则，这里不支持空指针。

注意：必须先建立消息队列，然后使用；不允许传递一个空指针。

向消息队列发送一个消息的示意性代码如下：

```
OS_EVENT *CommQ;
INT8U    CommRxBuf[100];


void CommTaskRx(void *pdata)
{
      INT8U  err;


      pdata = pdata;
      for (;;) {
          .
          .
          err = OSQPost(CommQ, (void *)&CommRxBuf[0]);
          if (err == OS_NO_ERR) {
              .                     /* 将消息放入消息队列   */
              .
          } else {
              .                     /* 消息队列已满                  */
              .
          }
          .
          .
      }
}
```

4. 向消息队列发送一个消息（LIFO），OSQPostFront()

函数 OSQPostFront()以 LIFO（后进先出）的方式组织消息队列。

OSQPostFront()函数的原型如下：

```
INT8U OSQPostFront(OS_EVENT *pevent, void *msg);
```

参数如下。

pevent：指向即将接收消息的消息队列的指针。该指针的值在建立该队列时可以得到（参考 OSQCreate()函数）。

msg：即将实际发送给任务的消息。消息是一个指针长度的变量，在不同的程序中消息的使用也可能不同。不允许传递一个空指针。

返回值如下。

OSQPost()函数的返回值为下述之一。

- OS_NO_ERR：消息成功地放到消息队列中。
- OS_MBOX_FULL：消息队列已满。
- OS_ERR_EVENT_TYPE：pevent 不是指向消息队列的指针。
- OS_ERR_PEVENT_NULL：pevent 是空指针。
- OS_ERR_POST_NULL_PTR：用户发出空指针，根据规则，这里不支持空指针。

注意：必须先建立消息队列，然后使用；不允许传递一个空指针。

向消息队列发送一个消息的示意性代码如下：

```
OS_EVENT *CommQ;
INT8U     CommRxBuf[100];


void CommTaskRx(void *pdata)
{
      INT8U  err;


      pdata = pdata;
      for(;;) {
          .
          .
          err = OSQPostFront(CommQ, (void *)&CommRxBuf[0]);
          if(err == OS_NO_ERR) {
              .                     /* 将消息放入消息队列  */
              .
          } else {
               .                     /* 消息队列已满 */
               .
          }
          .
          .
      }
}
```

5. 无等待地从一个消息队列中取得消息，OSQAccept()

OSQAccept()函数检查消息队列中是否已经有需要的消息。不同于 OSQPend()函数，如果没有需要的消息，OSQAccept()函数并不挂起任务。如果消息已经到达，该消息被传递到用户任务。通常中断调用该函数，因为中断不允许挂起等待消息。

OSQAccept()函数的原型如下：

```
void  *OSQAccept(OS_EVENT  *pevent);
```

参数如下。

pevent：指向需要查看的消息队列的指针。当建立消息队列时，该指针返回到用户程序（参考 OSMboxCreate()函数）。

返回值如下。

如果消息已经到达，返回指向该消息的指针；如果消息队列没有消息，返回空指针。

注意：必须先建立消息队列，然后使用。

无等待地从一个消息队列中取得消息的示意性代码如下：

```
OS_EVENT *CommQ;


void Task (void *pdata)
{
        void *msg;


        pdata = pdata;
        for (;;) {
              msg = OSQAccept(CommQ);        /* 检查消息队列  */
              if (msg != (void *)0) {
                    .                      /* 处理接收的消息  */
                    .
              } else {
                    .                      /* 没有消息 */
                    .
              }
              .
              .
        }
}
```

6. 清空一个消息队列，OSQFlush()

OSQFlush()函数清空消息队列并且忽略发送往队列的所有消息。不管队列中是否有消息，这个函数的执行时间都是相同的。

OSQFlush()函数的原型如下：

```
INT8U *SOQFlush(OS_EVENT *pevent);
```

参数如下。

pevent：指向消息队列的指针。该指针的值在建立该队列时可以得到（参考 OSQCreate()函数）。

返回值如下。

OSQFlush()函数的返回值为下述之一。

- OS_NO_ERR：消息队列被成功清空。
- OS_ERR_EVENT_TYPE：试图清除不是消息队列的对象
- OS_ERR_PEVENT_NULL：pevent 是空指针。

注意：必须先建立消息队列，然后使用。

清空一个消息队列的示意性代码如下：

```
OS_EVENT *CommQ;


void main(void)
```

```
{
        INT8U err;

        OSInit();                                  /* 初始化 µC/OS-II */
        .
        .
        err = OSQFlush(CommQ);
        .
        .
        OSStart();                                 /* 启动多任务内核    */
}
```

7. 查询一个消息队列的状态，OSQQuery()

OSQQuery()函数用来取得消息队列的信息。用户程序必须建立一个 OS_Q_DATA 的数据结构，该结构用来保存从消息队列的事件控制块得到的数据。通过调用 OSQQuery()函数可以知道任务是否在等待消息、有多少个任务在等待消息、队列中有多少消息以及消息队列可以容纳的消息数。OSQQuery()函数还可以得到即将被传递给任务的消息的信息。

OSQQuery()函数的原型如下：

```
INT8U OSQQuery(OS_EVENT *pevent, OS_Q_DATA *pdata);
```

参数如下。

pevent：是指向即将接收消息的消息邮箱的指针。该指针的值在建立该消息邮箱时可以得到（参考 OSQCreate()函数）。

pdata：是指向 OS_Q_DATA 数据结构的指针，该数据结构包含下述成员。

```
void        *OSMsg;                             /* 下一个可用的消息*/
Int16u      osnmsgs;                            /*  队列中的消息数目*/
Int16u      osqsize;                            /*  消息队列的大小  */
INT8U       OSEventTbl[OS_EVENT_TBL_SIZE];      /*  消息队列的等待队列*/
INT8U       OSEventGrp;
```

返回值如下。

OSQQuery()函数的返回值为下述之一。

- OS_NO_ERR：调用成功。
- OS_ERR_EVENT_TYPE：pevent 不是指向消息队列的指针。
- OS_ERR_PEVENT_NULL：pevent 是空指针。

注意：必须先建立消息队列，然后使用。

查询一个消息队列的状态的示意性代码如下：

```
OS_EVENT *CommQ;


void Task (void *pdata)
{
       OS_Q_DATA qdata;
```

```
    INT8U    err;


    pdata = pdata;
    for(;;) {
        .
        .
        err = OSQQuery(CommQ, &qdata);
        if(err == OS_NO_ERR) {
            .      /* 取得消息队列的信息 */
        }
        .
        .
    }
}
```

7.7.4 消息队列应用举例

例 7-6 设计了 6 个普通应用任务：TA0（优先级为 1）、TA1（优先级为 2）、TA2（优先级为 3）、TA3（优先级为 4）、TA4（优先级为 5）、TA5（优先级为 6），以及一个控制任务 TaskCon（优先级为 7）。

μC/OS-II 中，等待消息的任务总是按照优先级的高低来决定获得消息的顺序的。

具体的设计思路如下。

（1）创建队列的功能：创建一个等待属性为 FIFO 的消息队列 1；创建一个等待属性为 LIFO 的消息队列 2。

（2）考察以 FIFO 方式释放消息的消息队列：由任务 TA0、TA1、TA2 等待队列 1 中的消息。TA0、TA1、TA2 使用相同的任务代码（Task q1 函数）。

（3）考察以 LIFO 方式释放消息的消息队列：由任务 TA3、TA4、TA5 等待队列 2 中的消息。TA3、TA4、TA5 使用相同的任务代码（Task q2 函数）。

（4）考察清空消息队列、查询消息队列的功能：TaskCon 任务向队列 2 中连续发送 6 条消息，然后查询消息数；清空该队列后再查询。

考察删除消息队列的安全性：在任务 TA3、TA4、TA5 等待队列 2 中的消息的过程中，让 TaskCon 删除队列 2；当队列 2 被删除后，检查任务 TA3、TA4、TA5 调用接收消息的函数是否返回错误码。

该例的程序源代码如下：

```
/*
*********************************************************************************
                                 *μC/OS-II
                          *The Real-Time Kernel*
*********************************************************************************
*/
#include "includes.h"
/*
*********************************************************************************
                               * CONSTANTS
```

```
************************************************************************
*/
#define  TASK_STK_SIZE              512
#define  N_TASKS                    3
/*
************************************************************************
                                *VARIABLES
************************************************************************
*/
OS_STK     TaskStk1[N_TASKS][TASK_STK_SIZE];
OS_STK     TaskStk2[N_TASKS][TASK_STK_SIZE];
OS_STK     TaskStartStk[TASK_STK_SIZE];
OS_STK     TaskConStk[TASK_STK_SIZE];
char       TaskData1[N_TASKS];
char       TaskData2[N_TASKS];
void      *Msg1[6];
void      *Msg2[6];
OS_EVENT    *q1;
OS_EVENT    *q2;
/*
************************************************************************
                           *FUNCTION PROTOTYPES
************************************************************************
*/
void  TaskStart(void *pdata);
void  Task1(void *pdata);
void  Task2(void *pdata);
void  TaskCon (void *pdata);
static  void  TaskStartCreateTasks(void);
/*
************************************************************************
                                   *MAIN
************************************************************************
*/
void  main (void)
{   OSInit();
    PC_DOSSaveReturn();
    PC_VectSet(uCOS, OSCtxSw);
    q1=OSQCreate(&Msg1[0],6);
    q2=OSQCreate(&Msg2[0],6);
    OSTaskCreate(TaskStart,(void *)0,&TaskStartStk[TASK_STK_SIZE-1],0);
    OSStart();
}
/*
************************************************************************
                              *STARTUP TASK
************************************************************************
*/
void TaskStart(void *pdata)
```

```
{ INT16S    key;
char  s[100];
    pdata=pdata;
    OS_ENTER_CRITICAL();
    PC_VectSet(0x08,OSTickISR);
    PC_SetTickRate(OS_TICKS_PER_SEC);
    OS_EXIT_CRITICAL();
    OSStatInit();
    TaskStartCreateTasks();
    for(;;)
    {
         if(PC_GetKey(&key)==TRUE) {   /* See if key has been pressed */
            if(key == 0x1B) {     /* Yes, see if it's the ESCAPE key   */
                 PC_DOSReturn();          /* Return to DOS               */
            }
         }

         OSCtxSwCtr=0;
         OSTimeDly(300);
    }
}
/*
**************************************************************************************
                              *CREATE TASKS
**************************************************************************************
*/
void TaskStartCreateTasks(void)
{
    INT8U i;
    for(i=0;i<N_TASKS;i++)
     {
       TaskData1[i]=i;
       OSTaskCreate(Task1,(void *)&TaskData1[i],&TaskStk1[i][TASK_STK_SIZE-1],i+1);
     }
    for(i = 0; i <N_TASKS; i++)
     {
       TaskData2[i]=i;
       OSTaskCreate(Task2,(void *)&TaskData2[i],&TaskStk2[i][TASK_STK_SIZE-1],i+4);
     }
    OSTaskCreate(TaskCon,(void *)0,&TaskConStk[TASK_STK_SIZE-1],i+4);
}
/*
**************************************************************************************
                                  *TASKS
**************************************************************************************
*/
void Task1(void *pdata)
{
    INT8U err;
```

```
    INT8U id;
    void *mg;
    id=*(int *)pdata;
    for(;;)
    {
    OSTimeDly(200);
    mg=OSQPend(q1,0,&err);
    switch(err)
    {
        case OS_NO_ERR:
        printf("Task_%d GOT %s!\n\r",id,(char *)mg);
        OSTimeDlyHMSM(0,0,0,200*(4-id));
        break;
        default:
        printf("Queue1 %d is EMPTY!\n\r",id);
        OSTimeDlyHMSM(0,0,0,200*(4-id));
        break;
    }
    }
}
void Task2(void *pdata)
{
    INT8U err;
    INT8U id;
    void *mg;
    id=*(int *)pdata;
    for(;;)
    {
     OSTimeDly(20);
     mg=OSQPend(q2,0,&err);
     switch(err)
    {
      case OS_NO_ERR:
      printf("Task_%4d  got  %s!\n\r",id+3,(char *)mg);
      OSTimeDlyHMSM(0,0,0,200*(4-id));
      break;
      default:
      printf("Queue2 is kibf, %4d  cannot get message!\n\r",id+3);
      OSTimeDlyHMSM(0,0,0,200*(4-id));
      break;
    }
   }
}
void TaskCon (void *pdata)
{
    INT8U i,j;
    INT8U err;
    INT8U note=1;
    INT16U del=3;
```

```
OS_EVENT *q;
OS_Q_DATA *data;
static char *s[]={"message0","message1","message2","message3","message4",
"message5"};
static char *t[]={"messageA","messageB","messageC","messageD","messageE",
"messageF"};
pdata=pdata;
for(;;)
{
     printf("***ADD MESSAGE TO QUEUE_1***\n\r");
     for( i=0;i<6;i++)
     {
       err=OSQPostFront(q1,(void*)s[i]);
       switch(err)
       {
         case OS_NO_ERR:
         printf("***Queue1 %d   add %s!***\n\r",i,s[i]);
         OSTimeDly(50);
         break;
         case OS_Q_FULL:
         printf("****Queue1 is full,cannot add!***\n\r");
         OSTimeDly(10);
         break;
         default:
         break;
     }
  if(del>=0)
  {
         printf("****ADD MESSAGE TO QUEUE_2***\n\r");
  }
  for(j=0;j<6;j++)
     {
         err = OSQPost(q2,(void*)t[j]);
         switch(err)
     {
         case OS_NO_ERR:
         printf("***Queue2 %d   add %s!***\n\r",j,t[j]);
         OSTimeDly(150);
         break;
         case OS_Q_FULL:
         printf("***Queue2 is full,cannot add!***\n\r");
         OSTimeDly(35);
         break;
         default:
         break;
     }
  }
  if(del>=0)
  {
     if(note==1)
       {
```

```
            OSQFlush(q2);
            printf("-----ADD MESSAGE TO QUEUE_2***\n\r");
            printf("*******CLEAR UP QUEUE_2*******\n\r");
                     printf("**********\n");
            note=0;
          }
        else
            note=1;
    }
    err=OSQQuery(q2,data);
    if(err==OS_NO_ERR)
    {
            printf("\n\r");
            printf("Queue2's information:\n\r");

      printf("NextMsg:\t%s\n\rNumMsg:\t%d\n\rQSize:\t%d\n\r",(char*)data->
      OSMsg,data->OSNMsgs,data->OSQSize);
          printf("*********\n");
            printf("\n\r");
    }
    OSTimeDly(50);
    if(del==0)
    {
            q=OSQDel(q2,OS_DEL_ALWAYS,&err);
            if(q==(OS_EVENT *)0)
            printf("****Delete Queue2 OK!****\n\r");
    }
    else
    {
            del--;
            printf("****Delete Queue2 Failed!****\n\r");
    }
    }
    }
}
```

程序的运行结果如图 7-29 所示。

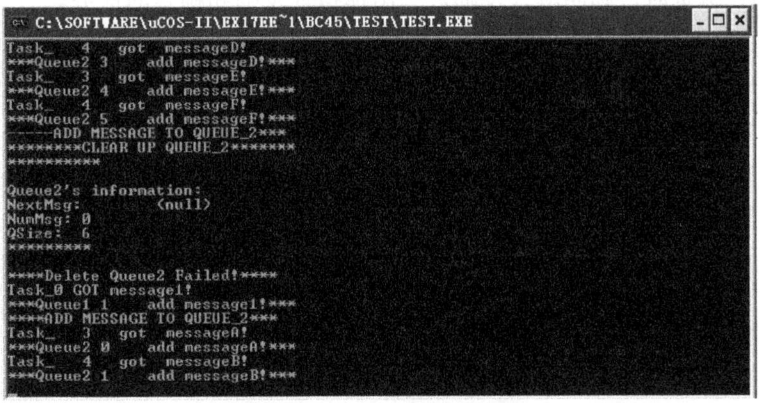

图 7-29　例 7-6 的运行结果

小　结

事件控制块是任务同步和通信的数据结构，该数据结构要指出事件类型、等待任务的组、计数器、指向消息或者队列的指针以及任务列表等信息。

进程同步关系指协调完成同一任务的任务之间需要在某些位置上相互等待的直接制约关系，任务互斥关系指的是任务间共享独占资源而必须互斥执行的间接制约关系，互斥问题也称为临界段问题。

信号量机制是理想的同步工具，当需要一般的同步或者资源保护时，就可以使用信号量。互斥信号量主要用来解决优先级反转的问题，当需要在任务间同步资源的时候，使用互斥信号量。

信号量机制作为同步互斥工具非常理想，但难以作为任务通信工具。消息邮箱主要用来将一个消息从一个任务发送到另一个任务，消息队列可以看做是邮箱的扩展，它可以发送多个消息。

事件标志组是最复杂的一个通信机制，但最灵活，可以在任务间用多个事件标识来同步，用起来需要特别注意。

习　题

1．解释下列术语。

可重入函数　临界区　资源共享

2．什么是优先级反转？μC/OS-II 是怎样解决优先级反转问题的？

3．实现三个任务的应用，task1 负责从输入设备上读入信息并传送给 task2，task2 将信息加工后传送给 task3，task3 则负责将信息打印输出。

4．编程实现“理发师睡觉”问题：假设理发店由等待间（*n* 个座位）和理发间（只有一个座位）构成，无顾客时，理发师睡觉。顾客先进等待间再进理发间，当顾客进入理发间发现理发师在睡觉时，则叫醒理发师。写出模拟理发师和顾客的任务。

第 8 章　内 存 管 理

存储系统是计算机系统中用来存储信息的部分。内存（主存）中保存着 CPU 可以直接访问的代码和数据。尽管主存是易失性的存储介质，但它的访问速度要比辅存快很多，因此在实时操作系统中为了保证实时性与可靠性，对内存进行高效的管理是非常重要的。

本章的主要内容有：

- 分区内存管理技术。
- 实时系统的内存管理。
- μC/OS-II 的内存管理及操作。

8.1　分区内存管理技术

内存是由字或字节构成的一个一维数组，每个单元都有自己的地址，CPU 能够通过地址对指定地址单元进行读写操作。

8.1.1　单一分区内存管理

早期的单用户、单任务操作系统对内存管理采用最简单的方式完成，即将系统内存分为两个区域，一个是系统区，一个是用户区。系统区中保存的是对用户程序管理的软件，用户区中存放的是当前要运行的一道用户程序，这就是单一分区内存管理模式。在这种分区管理方式下，用户程序将会占用系统用户区的整个空间，在某一时刻系统只允许一道用户程序运行。

单一分区的内存管理模式如图 8-1 所示。在图 8-1（a）中，操作系统位于 RAM（随机访问存储器）的底部；在图 8-1（b）中，操作系统位于内存顶端的 ROM（只读存储器）中；而在图 8-1（c）中，设备驱动程序位于内存顶端的 ROM 中，而操作系统的其他部分则位于下面的 RAM 的底部。第一种方案以前被用在大型计算机或小型计算机上，现在很少使用了。第二种方案被用在一些掌上计算机或嵌入式系统中。第三种方案用于早期的个人计算机中（例如运行 MS-DOS 的计算机），在 ROM 中的系统部分称为 BIOS（Basic Input Output System，基本输入输出系统）。第一种和第三种方案的缺点是用户程序出现的错误可能摧毁操作系统，引发灾难性后果。

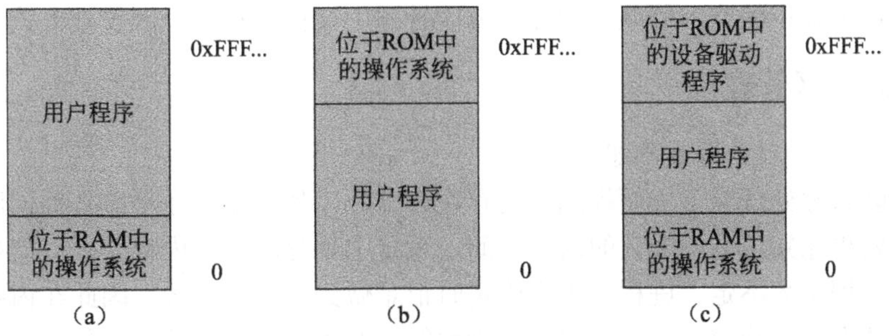

图 8-1　单一分区内存管理模式

8.1.2 固定大小的多分区管理

将内存分为一些大小相等或不等的分区，管理中将每个分区提供给一个应用程序使用，操作系统也占有其中的一个分区，如图 8-2 所示。这样的存储管理策略称为固定大小的多分区管理模式。

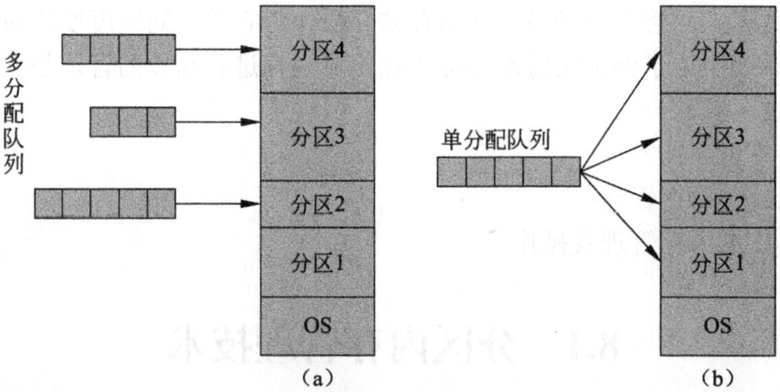

图 8-2 固定大小的多分区内存管理模式

固定大小的多分区内存管理模式在多道分时系统中比较常见，由于这种模式可以为多个程序的并发执行提供支持，因此相对于单一分区管理模式，这种分区管理可以有效地提高处理器的执行效率，同时也有效地利用了系统的内存资源。在这种管理模式下，可以针对不同的进程对内存需求大小不同的情况进行分类管理。例如，针对不同分区安排不同的进程队列，对每个队列都有一个管理程序实现进程安排内存分配与调度，这种内存管理调度方式如图 8-2（a）所示；也可以将需要不同内存大小的进程安排在同一个分配队列中管理，进程内存分配时有统一的调度程序管理，这种内存管理调度方式如图 8-2（b）所示。这两种分配方式各有所长，而且在不同的操作系统中都有采用实例。

在内存中同时保存多道程序（或进程）的做法为实现并行管理提供了基础，所以固定大小多分区管理模式提供了在内存中保持多道程序的机制，这样有可能做到当一个进程出现阻塞或无法继续执行时，调度其他进程使用处理器，从而提高处理器利用率。

固定分区管理模式也存在一些不足之处，不同分区之间的进程很难做到代码和数据的共享，在各分区存储中会存在一些内碎片，无法得到利用。所谓内碎片，是指占用分区之内的未被利用的存储空间，而相应的外碎片是指占用分区之间的难以利用的空闲分区，即一些划分得过于碎小的空闲分区。因此在分区管理中又提出动态分区管理方式。

8.1.3 动态分区管理

1. 动态分区管理的基本思想

固定分区管理处理除了上面提到的会存在内碎片以外，还存在一些其他问题，如进程在运行之前要事先知道需要多大的内存空间，系统中划分的每个内存分区只能被一个进程所使用，当进程个数不定、进程大小不确定时很难做到有效管理等。因此在内存管理技术中又派生了动态分区管理方法，动态分区管理的主要思想是：在装入进程时，系统按其初始要求进行分配，在进程执行过程中，允许通过内存管理程序对进程的存储区进行调整，实现在运行中逐渐满足进程对内存需求的控制。

图 8-3 给出了动态分区管理过程中的初始状况。因为最初内存中除了操作系统程序外整个用户程序区的 896KB 是完全空闲的，这时若有一个需要 320KB 存储区的进程 1 到来，就会按存储空间的起始位进行分配；再来进程 2 时，若空间够用就继续分配。经过一段时间后，随着进程的增长和内存的不断分配，内存空间可能会发生比较大的变化。

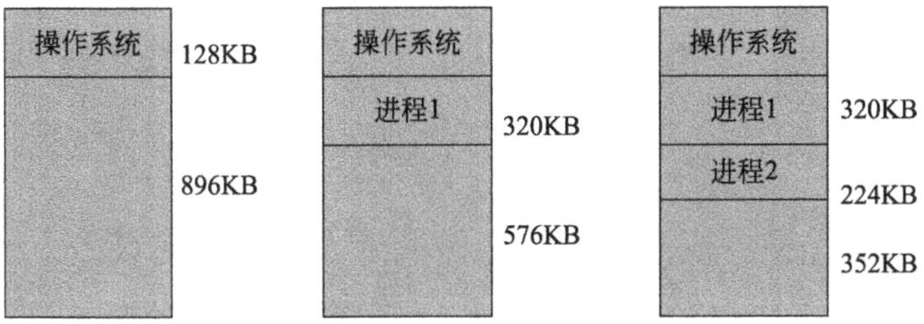

图 8-3　动态分区管理的初始状态

在进程终止时，操作系统需要对进程占用的存储区进行回收，随着进程的产生与终止，内存不断地被分配又不断地被回收，内存中将会出现多个外空闲区碎片，如图 8-4 所示。这时为了有效地利用内存，还需要对内存区进行整理，内存在整理过程中需要用到一些复杂的重定位技术，而且必须要保证重定位后的程序正确性，否则将会给系统带来灾难性的破坏。

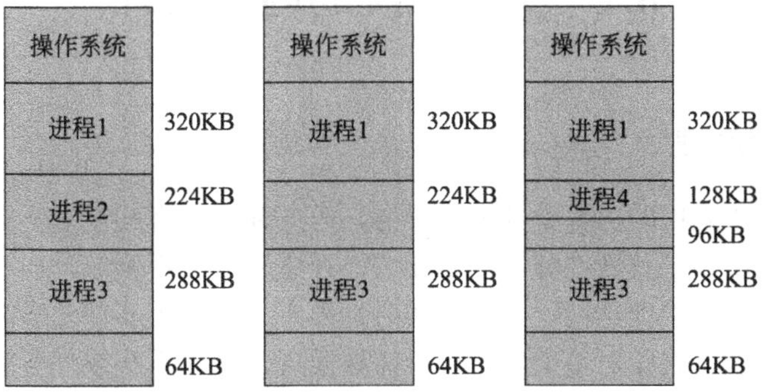

图 8-4　经历一段时间后内存的分配情况

2．空闲区的合并

动态分区管理需要不断地使用分区释放算法来整理空闲分区，这样才可以保证内存空间有足够的空闲区提供给新的进程使用。如图 8-5 所示，当需要释放一个空闲区时只是需要考虑如何将相邻的空闲分区合并成一个新的空闲分区。这里需要解决的问题是合并条件的判断和合并时机的选择，在合并条件上无外乎有 4 种情况需要判断，即被释放的存储区其上下相邻的存储区都是空闲区、被释放的存储区其上相邻区是空闲的而下相邻区不是空闲的、被释放的存储区其下相邻区空闲而上相邻区不是空闲的、被释放的存储区其上下相邻区都不是空闲的，图 8-5 给出了空闲区 X 释放前后的这 4 种情况。针对这 4 种情况在处理时编写 4 个标准程序即可完成对这些情况的分别处理，例如，对于如图 8-5（a）所示的情况，将在A、B区域之间增加一个新的空闲区；对于如图8-5（b）所示的情况，只需移动原空闲区的上指针；对于如图8-5（c）所示的情况，只需移动原空闲区的下指针；对于如图8-5（d）所示的情况，需要移动原空闲区的两个指针，将原来的三个区合并成一个空闲区。

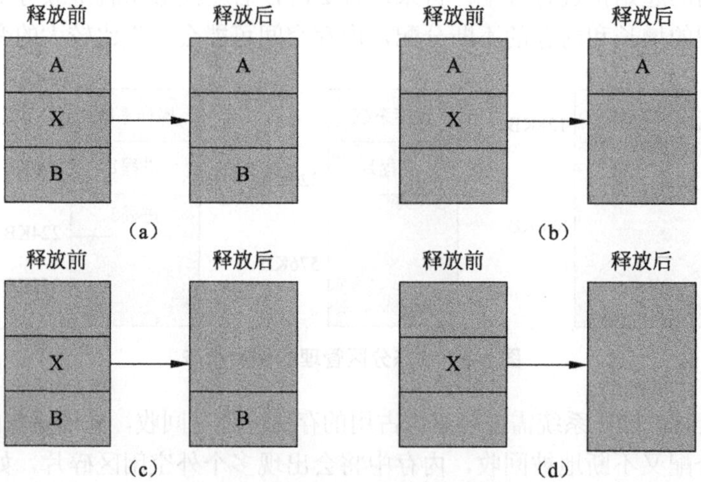

图8-5 空闲区X释放算法示意图

8.2 实时系统的内存管理

8.2.1 存储管理原理

不同实时内核所采用的内存管理方式不同，有的简单，有的复杂。实时内核所采用的内存管理方式与应用领域及硬件环境密切相关：在强实时应用领域，内存管理方法就比较简单，甚至不提供内存管理功能。而一些实时性要求不高，可靠件要求高，且应用比较复杂的系统在内存管理上就相对复杂些，可能需要实现对操作系统或任务空间的保护。

通常，嵌入式实时操作系统在内存管理上要遵循以下一些原则。

1. 快速而确定的内存管理

最快速和最确定的内存管理方式是根本不使用内存管理。这意味着编程人员可以把整个可以获得的物理内存区域作为一个连续的内存块，并按照自己的需要进行自由使用。这种方法只适用于那些小型的，系统中任务比较少且数量固定的嵌入式实时操作系统。一般操作系统至少提供最基本的内存管理功能，即提供内存分配与释放的系统调用。

2. 不使用虚拟存储技术

虚拟存储技术为用户提供一种可以超越物理内存容量限制的存储技术，是桌面操作系统使用有限物理内存的通用方法，每个任务从内存中获得一定数量的页面，使用频率最低的页面将被临时置换到磁盘等外部存储区中，为其他任务腾出空间。当任务需要使用已经换出去的页面时，将不得不从外部存储器中置换进内存，同时内存中另外的页面又可能不得不先被置换出去。为避免这种页面置换所带来的开销，在嵌入式实时操作系统中一般不使用虚拟存储技术。

3. 内存保护

大多数传统的嵌入式操作系统依赖于平面内存模式，应用程序和操作系统能够对整个内存空间进行访问。平面模式比较简单，易于管理，在应用比较复杂、程序量比较大的情况下，为了保证整个系统的可靠性，需要对内存进行保护，防止应用程序破坏操作系统或其他应用程序的代码和数据。内存保护包含两个方面内容。一方面是防止地址越界；每个应用程序都有自己独立的地址空间，当应用程序要访问某个内存单元时，由硬件检查该地址是否在限定的地址空间内，只有在限定地址空间之内的内存单元访问才是合法的，否则需要进行地址越界处理。另一方面是防止操作越权，对于允许多个应用程序共享的存储区域，每个应用程序都有自己的访问权限；如果一个应用程序对共享区域的访问违反了权限的规定，则要进行操作越权处理。

通常，内存管理设施维护内存区域的内部信息，称为控制块（Control Block）。典型的内部信息包括以下几方面。

- 用做动态内存分配的物理内存块起始地址。
- 这个物理内存块的总大小。
- 分配表，指示已用的内存区域、空闲区域和每个区域的大小。

其中，分配表是高效内存管理的关键，因为内存分配的结果决定了申请与释放内存的操作该如何进行，同时分配表在使用中排他地占据内存空间，是系统负载的一个重要部分。

具体说来，内存管理可以分为静态管理和动态管理两大类。

在强实时系统中，为了减少内存分配在时间上可能带来的不确定，可以采用静态分配的内存管理方式。在静态分配的方式中，所有的任务在开始运行时都获得了所需的所有内存，运行过程将不会有新的请求，这种方式不需要操作系统进行专门的内存管理操作，但系统使用内存的效率比较低，只适合那些强实时、应用比较简单和任务数可以静态确定的系统，所以，大多数系统都使用的是动态分配的方式。

动态内存的传统管理机制是堆，应用通过分配和释放操作来使用内存。在使用一段时间后，堆中会出现碎片。在申请使用内存区域时，如果需要使用的内存区域的大小超过了最大可获得的分片大小，则操作系统内核可能会使任务停止运行，并等待以获得需要的内存。有的操作系统内核提供了垃圾回收功能，对内存堆进行重新排列，把碎片组织成为大的连续可用内存空间。垃圾回收看上去是解决内存碎片的有效方法，但不适合处理实时应用。在实时系统中，比较好的办法是提供灵活的内存分配机制避免内存碎片的出现，而不是在出现内存碎片时进行回收。

8.2.2 动态内存管理的方法

动态内存管理方法，包括固定尺寸内存池管理和可变尺寸内存池管理。固定尺寸内存池和可变尺寸内存池都是指定边界的一块地址连续的内存空间，其中，固定尺寸内存池管理实现固定大小内存块分配，可变大小内存池管理实现可变大小内存块分配。

1. 固定尺寸内存池管理的特点

在固定尺寸内存池管理中，可供应用的一段连续内存空间被称为分区，分区由大小固定的内存块构成，且分区的大小是内存块大小的整数倍。

固定大小内存池的管理相对简单，池中内存块的大小在内存池建立时就已经确定。应用程序每次只能从某个池中取得和归还固定大小的内存块，如果想取得其他大小的内存块，必须重新建立一个新的内存池。为了分配到一定大小的内存块，需要在表示分区数据结构的链表中查询，发现符合要求的最小的合适尺寸，并且控制结构链表中找到第一个适合的块。这种方法普遍应用于嵌入式网络编程，如嵌入式协议栈的实现。

在实时嵌入式系统中，一个任务的需求取决于其操作环境，这种方法不太适合动态环境下的嵌入式应用，因为预测任务需要的内存块尺寸几乎是不可能的。导致每次分配都会增加块内部的内存碎片。另外，对每个尺寸分配的块个数也是不可预测的。许多情况下内存池基于许多假设进行构造，其结果是某些内存池使用或是全部不能使用，而其他内存池过度地使用。

另一方面，这种管理方法也有它的优势，它可以为静态实时嵌入式应用提供更高的利用率。这些应用是那些具有可预测环境，在运行开始就知道运行任务的个数，并且初始化时知道所要求和内存块尺寸的应用系统。它比后面要论述的"可变尺寸内存池管理"具有更好的确定性。

2. 固定尺寸内存池管理的数据结构

根据操作系统的不同，表示固定尺寸内存池的数据结构也有所不同。下面给出的是一种普遍的"固定尺寸内存池控制块"，它不具有实际意义。

```
Typedef struct
  {
   PartitionID ID;                    /*分区的 ID*/
   partitionName Name;                /*分区的名字*/
   void *starting_address;            /*分区的起始地址*/
   int length;                        /*分区的长度*/
   int buffer_size;                   /*内存块的大小*/
   partitionAttribute attribute;      /*属性*/
   int number_of_used_blocks;         /*已使用的内存块的数量*/
   MemoryChain memory;                /*内存块链*/
  }
```

这样系统对所有分区的管理，其结构如图 8-6 所示。

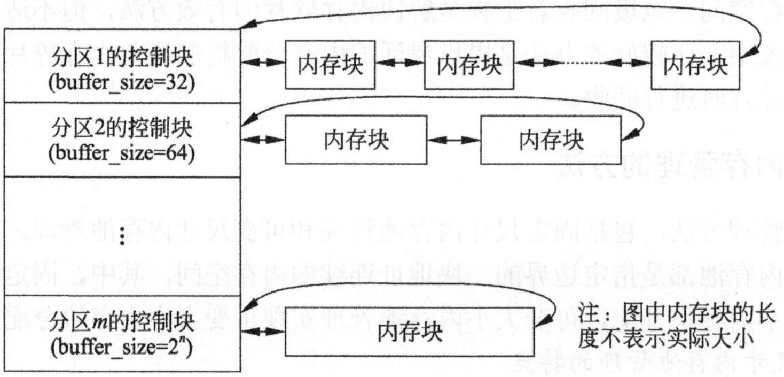

图 8-6 固定尺寸内存池的管理示意图

3. 可变大小内存池的管理特点

可变尺寸内存池可以用于分配任意大小的内存块（不能超过整个内存池的大小），与固定大小内存池相比，它的管理显得很灵活，但在分配和回收过程中会有内存碎片产生。

可变尺寸内存池的管理是基于堆的管理方式。堆为一段连续的、大小可配置的内存空间，用来提供可变内存块的分配。可变内存块被称为段，最小分配单位称为页，也就是说段的大小是页的大小的整数倍。如果用户申请段的大小不是页的整数倍，则实时内核将会对段的大小进行调整。例如，从页容量为 256B 的堆中分配一个大小为 350B 的段，实时内核实际分配的段的大小是 512B。

4. 可变尺寸内存池的管理数据结构

根据操作系统的不同，表示可变尺寸内存池的数据结构也有所不同。下面给出的是一种普遍的“可变尺寸内存池控制块”，它不具有实际意义。

```
Typedef struct
  {
   HeapID ID;                        /*堆的 ID*/
   HeapName Name;                    /*堆的名字*/
   TaskQueue waitQueue;              /*等待队列* /
   void *starting_address;           /*内存空间的起始地址*/
   int length;                       /*内存的长度（字节为单位）*/
   int page_size;                    /*页长度（字节为单位）*/
   int maximum_segment_size;         /*最大可以段大小*/
   RegionAttribute attribute;        /*堆属性*/
   int number_of_used_blocks;        /*已分配的数量*/
   HeapMemoryChain memory;           /*堆头控制结构*/
   } Heap;
```

堆的属性用来控制任务等待段的方式。任务等待段的方式有：任务按先进先出等待，任务按优先级顺序等待。

8.3 μC/OS-II 内存管理

8.3.1 μC/OS-II 内存管理概述

在 ANSI C 中可以用 malloc()和 free()两个函数动态地分配内存和释放内存。但是，在嵌入式实时操作系统中，多次这样做会把原来很大的一块连续内存区域，逐渐地分割成许多非常小而且彼此又不相邻的内存区域，也就是内存碎片。由于这些碎片的大量存在，使得程序到后来连非常小的内存也分配不到。另外，由于内存管理算法的原因，malloc()和 free()函数执行时间是不确定的。

在 μC/OS-II 中，操作系统把连续的大块内存按分区来管理。每个分区中包含整数个大小相同的内存块，如图 8-7 所示。利用这种机制，μC/OS-II 对 malloc()和 free()函数进行了改进，使得它们可以分配和释放固定大小的内存块。这样一来，malloc()和 free()函数的执行时间也是固定的了。

如图 8-8 所示，在一个系统中可以有多个内存分区。这样，用户的应用程序就可以从不同的内存分区中得到不同大小的内存块。但是，特定的内存块在释放时必须重新放回它以前所属于的内存分区。显然，采用这样的内存管理算法，上面的内存碎片问题就得到了解决。

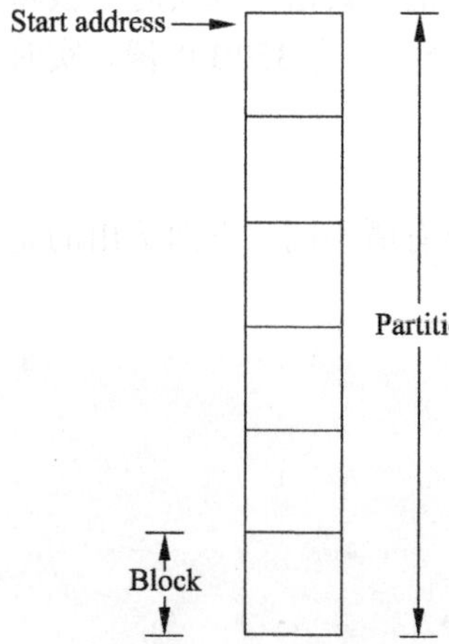

图 8-7 内存分区

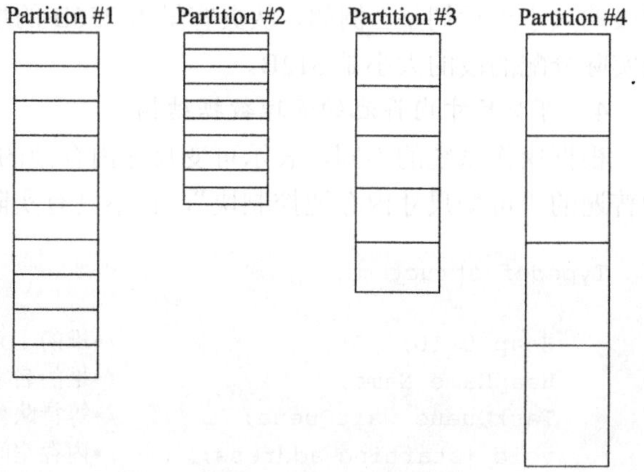

图 8-8 多个内存分区

8.3.2 μC/OS-II 内存管理的数据结构

为了便于内存的管理，在 μC/OS-II 中使用内存控制块（Memory Control Blocks）的数据结构来跟踪每一个内存分区，系统中的每个内存分区都有它自己的内存控制块。内存控制块的定义如下：

```
typedef struct {
    void   *OSMemAddr;       /*指向内存分区起始地址的指针*/
    void   *OSMemFreeList;   /*下一个空闲内存控制块或者下一个空闲的内存块的指针*/
    INT32U  OSMemBlkSize;    /*内存分区中内存块的大小*/
    INT32U  OSMemNBlks;      /*内存分区中总的内存块数量*/
    INT32U  OSMemNFree;      /*内存分区中当前可用的空闲内存块数量*/
} OS_MEM;
```

在内存中定义一个内存分区及其内存块的方法非常简单，只要定义一个二维数组即可。例如：

```
INT16U IntMemBuf[10][10];
```

这样就定义了一个用来存储 INT16U 类型的数据，有 10 个内存块，每个内存块长度为 10 的内存分区。

上面的这个定义只是在内存中划分出了分区及内存块的区域，还不是一个真正的可以动态分配的内存区，如图 8-9（a）所示。只有把内存控制块与分区关联起来之后，系统才能对其进行相应的管理和控制，它才是一个真正的动态内存区，如图 8-9（b）所示。

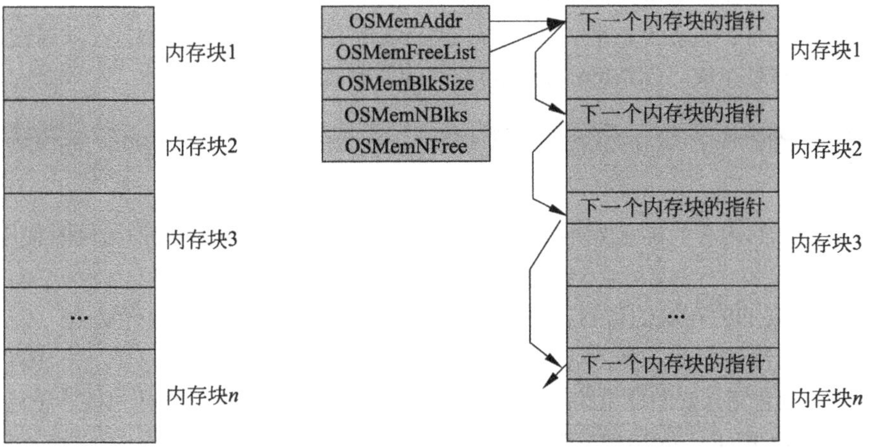

（a）没有控制块时的分区　　（b）有控制块时的分区

图 8-9　内存控制块与内存分区和内存块的关系

如果要在 μC/OS-II 中使用内存管理，需要在 OS_CFG.H 文件中将开关量 OS_MEM_EN 设置为 1。这样 μC/OS-II 在启动时就会对内存管理器进行初始化（由 OSInit() 调用 OSMemInit()实现）。该初始化主要建立一个如图 8-10 所示的内存控制块链表，其中的常数 OS_MAX_MEM_PART（见文件 OS_CFG.H）定义了最大的内存分区数，该常数值至少应为 2。

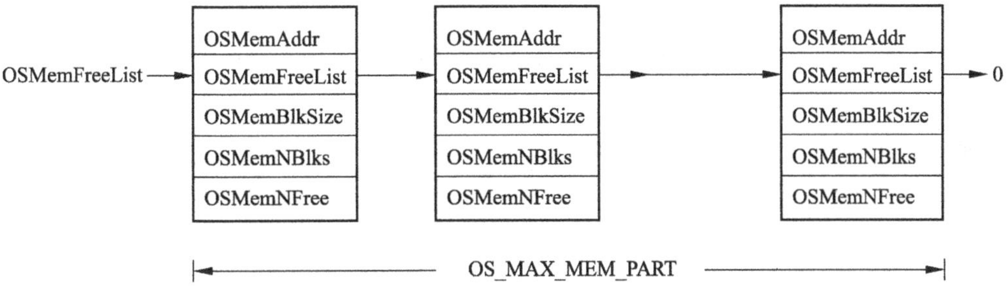

图 8-10　空闲内存控制块链表

每当应用程序需要创建一个内存分区时，系统就会从空内存控制块链表中摘取一个控制块，而把链表的头指针 OSMemFreeList 指向下一个空内存控制块；而每当应用程序释放一个内存分区时，则会把该分区对应的内存控制块归还给空内存控制块链表。

8.4　μC/OS-II 内存管理的基本操作

μC/OS-II 用于动态内存管理的函数有：创建动态内存分区函数 OSMemCreate()、请求获得内存块函数 OSMemGet()、释放内存块函数 OSMemPut()和查询动态内存分区状态函数 OSMemQuery()。

1. 建立一个内存分区，OSMemCreate()

在使用一个内存分区之前，必须先建立该内存分区。这个操作可以通过调用函数OSMemCreate()来完成。OSMemCreate()函数的原型如下：

```
OS_MEM *OSMemCreate( void *addr, INT32U nblks,INT32U blksize, INT8U *err);
```

参数如下。

addr：建立的内存区的起始地址。内存区可以使用静态数组或在初始化时使用 malloc()函数建立。

nblks：需要的内存块的数目。每一个内存区最少需要定义两个内存块。

blksize：每个内存块的大小，最少应该能够容纳一个指针。

err：指向包含错误码的变量的指针。OSMemCreate()函数返回的错误码可能为下述几种之一。

- OS_NO_ERR：成功建立内存区。
- OS_MEM_INVALID_ADDR：非法地址，即地址为空指针。
- OS_MEM_INVALID_PART：没有空闲的内存区。
- OS_MEM_INVALID_BLKS：没有为每一个内存区建立至少两个内存块。
- OS_MEM_INVALID_SIZE：内存块大小不足以容纳一个指针变量。

返回值如下。

OSMemCreate()函数返回指向内存区控制块的指针。如果没有剩余内存区，OSMemCreate()函数返回空指针。

注意：必须首先建立内存区，然后使用。

建立一个含有16个内存块并且每块的长度为64字节的内存分区的示意性代码如下：

```
OS_MEM *CommMem;
INT8U  CommBuf[16][128];


void main(void)
{
    INT8U err;


    OSInit();                          /* 初始化 μC/OS-II        */
    .
    .
    CommMem = OSMemCreate(&CommBuf[0][0], 16, 128, &err);
    .
    .
    OSStart();                         /* 启动多任务内核          */
}
```

2. 请求获得内存块，OSMemGet()

应用程序可以调用 OSMemGet()函数从已经建立的内存分区中申请一个内存块。该函数的唯一参数是指向特定内存分区的指针，该指针在建立内存分区时，由 OSMemCreate()

函数返回。显然，应用程序必须知道内存块的大小，并且在使用时不能超过该容量。例如，如果一个内存分区内的内存块为 32B，那么，应用程序最多只能使用该内存块中的 32B。当应用程序不再使用这个内存块后，必须及时把它释放，重新放入相应的内存分区中。

OSMemGet()函数的原型如下：

```
Void  *OSMemGet(OS_MEM *pmem, INT8U *err);
```

参数如下。

pmem：是指向内存区控制块的指针，可以从 OSMemCreate()函数返回得到。

err：是指向包含错误码的变量的指针。OSMemGet（函数返回的错误码可能为下述几种。

- OS_NO_ERR：成功得到一个内存块。
- OS_MEM_NO_FREE_BLKS：内存区已经没有空间分配给内存块。
- OS_MEM_INVALID_PMEM：pmem 是空指针。

返回值如下。

OSMemGet()函数返回指向内存区块的指针。如果没有空间分配给内存块，OSMemGet()函数返回空指针。

注意：必须首先建立内存区，然后使用。

任务 Task 请求一个内存块的示意性代码如下：

```
OS_MEM *CommMem;


void Task (void *pdata)
{
      INT8U *msg;


       pdata = pdata;
       for (;;) {
          msg = OSMemGet(CommMem, &err);
          if(msg!=(INT8U *)0) {
              .                    /* 内存块已经分配 */
              .
              }
              .
              .
       }
}
```

3. 释放一个内存块，OSMemPut()

当用户应用程序不再使用一个内存块时，必须及时地把它释放并放回到相应的内存分区中。这个操作由 OSMemPut()函数完成。必须注意的是，OSMemPut()并不知道一个内存块是属于哪个内存分区的。例如，用户任务从一个包含 32B 内存块的分区中分配了一个内存块，用完后，把它返还给了一个包含 120B 内存块的内存分区。当用户应用程序下一次申请 120B 分区中的一个内存块时，它会只得到 32B 的可用空间，其他 88B 属于其他的任务，这就有可能使系统崩溃。

OSMemPut()函数的原型如下：

```
INT8U OSMemPut( OS_MEM *pmem, void *pblk);
```

参数如下。

pmem：指向内存区控制块的指针，可以从 OSMemCreate()函数返回得到。

blk：指向将被释放的内存块的指针。

返回值如下。

OSMemPut()函数的返回值为下述之一。

OS_NO_ERR：成功释放内存块。

OS_MEM_FULL：内存区已经不能再接受更多释放的内存块。这种情况说明用户程序出现了错误，释放了多于用 OSMemGet()函数得到的内存块。

- OS_MEM_INVALID_PMEM：pmem 是空指针。
- OS_MEM_INVALID_PBLK：pblk 是空指针。

注意：

- 必须首先建立内存区，然后使用。
- 内存块必须释放回原先申请的内存区。

写出任务 Task 释放一个内存块的示意性代码。

```
OS_MEM *CommMem;
INT8U  *CommMsg;


void Task (void *pdata)
{
    INT8U err;


    pdata = pdata;
    for(;;) {
      err = OSMemPut(CommMem, (void *)CommMsg);
      if(err == OS_NO_ERR) {
        .                                /* 释放内存块     */
        .
      }
      .
      .
    }
}
```

4. 查询动态内存分区状态，OSMemQuery()

在 μC/OS-II 中，可以使用 OSMemQuery()函数来查询一个特定内存分区的有关消息。通过该函数可以知道特定内存分区中内存块的大小、可用内存块数和正在使用的内存块数等信息。所有这些信息都放在一个叫做 OS_MEM_DATA 的数据结构中。

OSMemQuery()函数的原型如下：

```
INT8U OSMemQuery(OS_MEM *pmem, OS_MEM_DATA *pdata);
```

参数如下。

pmem：指向内存区控制块的指针，可以从 OSMemCreate()函数返回得到。

pdata：指向 OS_MEM_DATA 数据结构的指针，该数据结构包含以下的域。

```
void     OSAddr;                 /*指向内存区起始地址的指针              */
void     OSFreeList;             /*指向空闲内存块列表起始地址的指针      */
INT32U   OSBlkSize;              /*每个内存块的大小                      */
INT32U   OSNBlks;                /*该内存区的内存块总数                  */
INT32U   OSNFree;                /*空闲的内存块数目                      */
INT32U   OSNUsed;                /*使用的内存块数目                      */
```

返回值如下。

OSMemQuery()函数返回值总是 OS_NO_ERR。

注意：*必须首先建立内存区，然后使用。*

任务 Task 查询内存分区状态的示意性代码如下：

```
OS_MEM      *CommMem;


void Task (void *pdata)
{
    INT8U       err;
    OS_MEM_DATA  mem_data;


    pdata = pdata;
    for (;;) {
      .
      .
      err = OSMemQuery(CommMem, &mem_data);
      .
      .
    }
}
```

8.5　μC/OS-II 内存管理应用举例

例 8-1　本例演示 μC/OS-II 的内存管理，使用 μC/OS-II 的 OSMemCreate()函数创建一个用于动态内存分配的区域。通过传递适当的调用参数，在该区域中划分了两个 128B 的内存块。如果成功创建这些内存块，μC/OS-II 会在内部建立并维护一个单向链表。

为了防止内存申请和释放的不合理导致的大块连续内存被分割成可用性小的小片内存的问题，μC/OS-II将用于动态内存分配的空间分成一些固定大小的内存块，根据应用申请的内存大小，分配适当数量的内存块。

```
/*****************************************************************************
*                                   μC/OS-II
*                            The Real-Time Kernel
*
*           (c) Copyright 1992-2002, Jean J. Labrosse, Weston, FL
*                            All Rights Reserved
*
*****************************************************************************/

#include "includes.h"

/*
*****************************************************************************
*                                   CONSTANTS
*****************************************************************************
*/

#define  TASK_STK_SIZE  512      /* Size of each task's stacls(# of WORDs)
/*
#define  N_TASKS        3        /* Number of identical tasks    */

/*
*****************************************************************************
*                                   VARIABLES
*****************************************************************************
*/
OS_STK        TaskStk[N_TASKS][TASK_STK_SIZE];        /* Tasks stacks     */
OS_STK        TaskStartStk[TASK_STK_SIZE];
char          TaskData[N_TASKS];               /* Parameters to pass to each ask   */
OS_MEM        *CommMem;
INT8U         *CommBuf[2][128];
void          *CommMsg1;
void          *CommMsg2;
void          *CommMsg3;
INT8U         *CommBuf[2][128];
OS_MEM_DATA mem_data;
/*
*****************************************************************************
*                              FUNCTION PROTOTYPES
*****************************************************************************
*/

         void  Task(void *data);            /* Function prototypes of tasks   */
         void TaskStart(void *data);        /* Function prototypes of Startup task */
```

```
static  void  TaskStartCreateTasks(void);
      void ReleaseMem(int i);
static void MemoryCreate(void);
static void DispShow(void);
void MemInfo(void *pdata);



/*
*********************************************************************************************************
*                                               MAIN
*********************************************************************************************************
*/

void  main  (void)
{

    OSInit();                                  /* Initialize μC/OS-II                    */

    PC_DOSSaveReturn();                        /* Save environment to return to DOS      */
    PC_VectSet(uCOS, OSCtxSw);                 /* Install μC/OS-II's context switch vector */

    MemoryCreate();

    OSTaskCreate(TaskStart, (void *)0, &TaskStartStk[TASK_STK_SIZE - 1], 0);
    OSStart();                                 /* Start multitasking                     */
}


/*********************************************************************************************************
static void MemoryCreate(void)
{
//为 OSMemCreate 函数设置包含错误码的变量的指针
INT8U err;
CommMem = OSMemCreate(&CommBuf[0][0], 2, 128, &err);
}

/*
*********************************************************************************************************
*                                            STARTUP TASK
*********************************************************************************************************
*/
void  TaskStart  (void *pdata)
{
#if OS_CRITICAL_METHOD == 3          /* Allocate storage for CPU status register */
   OS_CPU_SR  cpu_sr;
#endif
     char      s[100];
```

```
    INT16S    key;


    pdata = pdata;                    /* Prevent compiler warning              */


    OS_ENTER_CRITICAL();
    PC_VectSet(0x08, OSTickISR);      /* Install μC/OS-II's clock tick ISR    */
    PC_SetTickRate(OS_TICKS_PER_SEC);     /* Reprogram tick rate               */
    OS_EXIT_CRITICAL();

    OSStatInit();                     /* Initialize uC/OS-II's statistics  */

    TaskStartCreateTasks();           /* Create all the application tasks   */

    for (;;) {


        if (PC_GetKey(&key) == TRUE) {    /* See if key has been pressed    */
            if (key == 0x1B) { /* Yes, see if it's the ESCAPE key   */
                PC_DOSReturn();       /* Return to DOS                     */
            }
        }

        OSCtxSwCtr = 0;           /* Clear context switch counter       */
        OSTimeDlyHMSM(0,0,1,0);  /* Wait one second                    */
    }
}


/*
*********************************************************************************************************
*                                      TaskStartCreateTasks
*********************************************************************************************************
*/

void TaskStartCreateTasks (void)
{
INT8U i;
for (i = 0; i < N_TASKS; i++) // Create tasks
{
TaskData[i] = i; // Each task will display its own information
}
OSTaskCreate(Task, (void *)&TaskData[0], &TaskStk[0][TASK_STK_SIZE - 1], 5);

}
```

```
/*
****************************************************************************************
*                                         TASKS
****************************************************************************************
*/

void Task (void *pdata)
{
INT8U i;
INT8U err;
i=*(int *)pdata;
for (;;)
{

if(i==0)
{
//申请内存区中的一块.
CommMsg1=OSMemGet(CommMem,&err);          //申请内存区中的一块
if (err == OS_NO_ERR)
{
printf("GOT memory_1.\n\r");              //内存块已经分配
}
else
{
printf("NOT got memory_1.\n\r");
}
MemInfo(pdata);                           //函数得到内存区的信息
DispShow();                               //将内存区信息显示到屏幕上
OSTimeDly(50);                            // Wait 50tick
i++;
}

else if(i==1)
{
CommMsg2=OSMemGet(CommMem,&err);          //申请内存区中的一块
if (err == OS_NO_ERR)
{
printf("GOT memory_2.\n\r");              //内存块已经分配
}
else
{
printf("NOT got memory_2.\n\r");
}

MemInfo(pdata);                           //函数得到内存区的信息
DispShow();                               //将内存区信息显示到屏幕上
```

```
OSTimeDly(50); // Wait 100tick
i++;
}
CommMsg3=OSMemGet(CommMem,&err);
if (err == OS_NO_ERR)
{
printf("GOT memory_3.\n\r");                //内存块已经分配
}
else
{
printf("NOT got memory_3.\n\r");
}
MemInfo(pdata);                             //函数得到内存区的信息
DispShow();                                 //将内存区信息显示到屏幕上
OSTimeDly(100);                             // Wait 100tick
i++;
for(i=3;i>0;i--)
{
ReleaseMem(i);                              //释放一个内存块.
MemInfo(pdata);                             //函数得到内存区的信息
DispShow();                                 //将内存区信息显示到屏幕上
OSTimeDly(10);                              //Wait 10tick
}

}
}


static void DispShow(void)
{
OS_MEM_DATA mem_data;
OSMemQuery(CommMem, &mem_data);
printf( "Begining Address of memory:\t%X\n\r",(int)(mem_data.OSAddr));
printf( "Block Size in the memory area:\t%d\n\r",(int)(mem_data.OSBlkSize));
printf( "Free Blocks in the memory area:\t%d\n\r", (int)(mem_data.OSNFree));
printf( "Used Blocks in the memory area:\t%d\n\r", (int)mem_data.OSNUsed);
printf("\n\n\n");
OSTimeDlyHMSM(0,0,1,0);
}


void MemInfo(void *pdata)                   //内存空间信息
{
INT8U err;                                  //为函数设置包含错误码的变量指针


pdata = pdata;
```

```
err = OSMemQuery(CommMem, &mem_data);  //OSMemQuery () 函数得到内存区的信息。
}


void ReleaseMem(int i)
{
INT8U err;
switch(i)
{
case 3:
err=OSMemPut(CommMem,CommMsg3);
if (err == OS_NO_ERR)
{
printf("Released memory_3.\n\r");        /* 释放内存块 */
}
else
{
printf("NOT Exist memory_3.\n\r");
}
break;
case 2:
err=OSMemPut(CommMem,CommMsg2);
if (err == OS_NO_ERR)
{
printf("Released memory_2.\n\r");        /* 释放内存块 */
}
else
{
printf("NOT Exist memory_2.\n\r");
}
break;
case 1:
err=OSMemPut(CommMem,CommMsg1);
if (err == OS_NO_ERR)
{
printf("Released memory_1.\n\r");   /* 释放内存块 */
}
else
{
printf("NOT Exist memory_1.\n\r");
}
break;
default:
break;
}
}
```

程序的运行结果如图 8-11 所示。

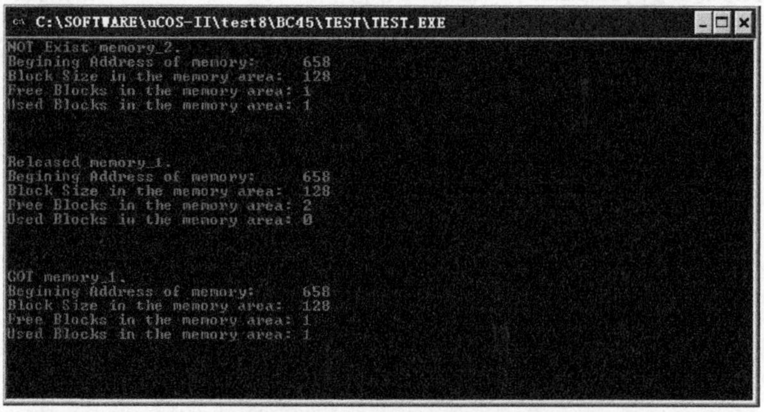

图 8-11　例 8-1 的运行结果

小　结

实时系统的内存分区管理不采用虚拟存储技术，利用快速而准确的内存管理方法。

μC/OS-II 定义了一个二维数组在内存中划分一个内存分区，其中的所有内存块应大小相等。系统通过定义内存控制块来对内存分区进行管理。

划分及创建内存分区根据需要由应用程序负责，而系统只提供可供任务调用的相关函数。

习　题

1．嵌入式内存管理需要考虑哪些原则?
2．决定内存管理是否高效的关键因素是什么?
3．μC/OS-II 中，同一个内存分区中内存块是按什么方式组织的?
4．分析 μC/OS-II 的内存管理方式，并给出内存分配表的结构图。
5．在 μC/OS-II 中是如何保证多个任务不会互相破坏对方内存的?

第 9 章　μC/OS-II 在 ARM7 上移植

所谓移植，就是使一个实时内核能在其他的微处理器或微控制器上运行。为了方便移植，大部分 μC/OS-II 的代码是用 C 语言编写的，但是仍需要用 C 语言和汇编语言编写一些与处理器硬件相关的代码，这是因为 μC/OS-II 在读/写处理器寄存器时，只能通过汇编语言来实现。由于 μC/OS-II 在设计之初就已经充分考虑了可移植性，所以 μC/OS-II 的移植相对来说是比较容易的。

本章的主要内容有：

- μC/OS-II 移植的条件。
- 编译器的选择。
- 移植的测试。

9.1　μC/OS-II 移植的条件

要使 μC/OS-II 正常运行，处理器必须满足以下要求。

1. 处理器的 C 编译器能产生可重入型代码

可重入代码指的是一段代码（如一个函数）可以被一个以上的任务调用，而不必担心数据被破坏。可重入代码任何时候都可以被中断，一段时间以后又可以运行，而相应的数据不会丢失。可重入代码可以只使用局部变量，则变量保存在 CPU 寄存器中的堆栈中；也可以使用全局变量，则要对全局变量予以保护。

下面的两个例子可以比较可重入型函数和非可重入型函数。

程序 1：可重入型函数。

```
void swap(int *x,int *y)
{int temp;
  temp=*x;
  *x=*y;
  *y=temp;
}
```

程序 2：非可重入型函数。

```
int temp;
void swap(int *x,int *y)
{
  temp=*x;
  *x=*y;
  *y=temp; }
```

程序 1 中使用局部变量 temp 作为变量。通常 C 编译器把局部变量分配在栈中。所以多次调用同一个函数，可以保证每次的 temp 互不受影响。而程序 2 中 temp 被定义为全局变量，多次调用函数时，必然受到影响。这里只是一个简单的例子，如何能使代码具有可重入性，一看就明白。使用以下技术之一，即可使 swap()函数具有可重入性。

- 把 temp 定义为局部变量。
- 调用 swap()函数之前关中断，调用后再开中断。
- 用信号量。

代码的可重入性是保证完成多任务的基础，除了上述方法外，还需要 C 编译器的支持。

2. 处理器支持中断，并且能产生定时中断（通常为 10～100Hz）

μC/OS-II 中通过处理器产生定时器的中断来实现多任务之间的调度。

3. 用 C 语言就可以开/关中断

在 μC/OS-II 中，通过 OS-ENTER-CRITICAL 或者 OS-EXIT-CRITICAL 宏来控制系统关闭和打开中断。

4. 处理器能支持一定数量的数据存储硬件堆栈（可能是几千字节）

μC/OS-II 的每一个任务都应该有一个私有任务堆栈，某个任务运行时，这个运行任务的堆栈必须存储到内存中。

5. 处理器有将堆栈指针以及其他 CPU 寄存器的内容读出、并存储到堆栈或内存中去的指令

图 9-1 给出了 μC/OS-II 的结构以及与硬件的关系。使用 μC/OS-II 时，应提供应用软件和 μC/OS-II 的配置代码。如果打算在不同的处理器上使用 μC/OS-II，最后能找到一个现成的移植范例。如果没有，则只好自己编写了。可以在 μC/OS-II 的官方网站 www.micrium.com 中查找移植范例；也可阅读其他处理器的移植代码，学习他人的移植经验。如果已经了解处理器和 C 编译器的技术细节，那么移植 μC/OS-II 的工作实际上是非常容易的。根据处理器的不同，一个移植实例可能需要编写或改写 50～300 行的代码，需要的时间从几个小时到一个星期不等。然而，最容易做的还是修改现成的移植代码，该代码与拟选用的 CPU 相同或类似。

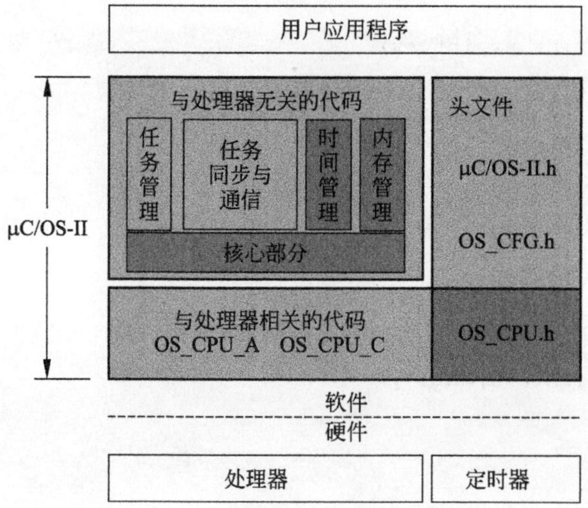

图 9-1　μC/OS-II 硬件/软件体系结构

一旦代码移植完毕，下一步工作就是测试。测试一个像 μC/OS-II 这样的多任务实时内核其实并不复杂，甚至可以在没有应用程序的情况下测试。换句话说，就是让内核自己测试自己。这样做有以下两点好处。

第一，避免使本来就复杂的事情更复杂化。

第二，如果出现问题，可以知道问题是出在内核代码中，而不是在应用程序中。

刚开始时，可以运行一些简单的任务和时钟节拍中断服务子程序。一旦多任务调动成功地运行了，再添加应用程序的任务就非常简单了。

基于 ARM7 内核的 LPC2220 处理器完全满足 μC/OS-II 移植的要求。本章将介绍如何将 μC/OS-II 移植到 LPC2220 处理器上，及其测试方法和一个简单应用实例。

9.2　编译器的选择

因为 μC/OS-II 绝大部分是用标准的 C 编写的，移植 μC/OS-II 需要标准的 C 交叉编译器，并且是针对所使用的 CPU 的，而且因为 μC/OS-II 是一个可剥夺型内核，只能通过 C 编译器来产生可重入代码，同时 C 编译器还应支持汇编语言程序，因为有一些对 CPU 寄存器的操作只能通过汇编语言实现。

这里在 LPC2220 处理器上移植 μC/OS-II，选择的编译器是 ADS1.2。ADS 集成开发环境是 ARM 公司推出的 ARM 核微控制器集成开发工具，英文全称为 ARM Developer Suite，成熟版本是 ADS1.2。ADS1.2 支持 ARM10 之前的所有 ARM 系列微控制器，支持软件调试及 JTAG 硬件仿真调试，支持汇编、C 和 C++源程序，具有编译效率高，系统库功能强等特点。ADS1.2 由 6 个部分组成，如表 9-1 所示。

表 9-1　ADS1.2 集成开发环境的组成

名　　称	描　　述	使 用 方 法
代码生成工具	ARM 编译器，ARM 的 C、C++编译器，Thumb 的 C、C++编译器，ARM 连接器	有 Code Warrior IDE 调用
集成开发环境	Code Warrior IDE	工程管理，编译链接
调试器	AXD,ADW/ADU,armsd	有 AXD 调用
指令模拟器	ARMulator	由 AXD 调用
ARM 开发包	一些底层的程序例子，使用程序	由 Code Warrior IDE 调用
ARM 应用库	C、C++函数库	用户程序使用

用户一般直接使用的是 Code Warrior IDE 集成开发环境和 AXD 调试器。

ADS1.2 使用了 Code Warrior IDE 集成开发环境，Code Warrior IDE 提供一个简单、通用、图形化的界面给用户使用，支持 C/C++、ARM 汇编语言。用户在这个 IDE 集成开发环境下可以方便地编辑、编译、链接，最后下载到硬件上。

9.3 移 植

μC/OS-II 的移植主要工作是编写与处理器相关的三个文件，即 OS_CPU.H、OS_CPU_C.C、OS_CPU_A.S，下面详细介绍将 μC/OS-II 移植到 LPC2220 处理器上这三个文件的编写。

9.3.1 OS_CPU.H 文件

OS_CPU.H 包括与处理器相关的常量、宏及结构体的定义。LPC2220 上移植 μC/OS-II 的完整的 OS_CPU.H 文件如下。

```
/*********************************************************************************
*                              定义与编译器相关的数据类型
*********************************************************************************/

typedef     unsigned char    BOOLEAN;          //布尔类型
typedef     unsigned char    INT8U;            //无符号 8 位整型
typedef     signed  char     INT8S;            //有符号 8 位整型
typedef     unsigned short   INT16U;           //无符号 16 位整型
typedef     signed  short    INT16S;           //有符号 16 位整型
typedef     unsigned int     INT32U;           //无符号 32 位整型
typedef     signed  int      INT32S;           //有符号 32 位整型
typedef     float            FP32;             //单精度浮点类型（32 位长度）
typedef     double           FP64;             //双精度浮点类型（64 位长度）
typedef     INT32U           OS_STK;           //堆栈是 32 位宽度


/* ********************************************************************************
*                              堆栈数据增长类型和其他定义
*********************************************************************************/

#define     OS_STK_GROWTH       1              //堆栈由高地址向低地址增长

#define     USR32Mode           0x10           //用户模式
#define     SYS32Mode           0x1f           //系统模式
#define     IRQ32Mode           0x12           //IRQ 模式
#define     SVC32Mode           0x13           //管理模式


/* ********************************************************************************
*                                   外部函数说明
*********************************************************************************/

extern  void        OS_TASK_SW(void);                   //任务级任务切换函数
extern  void        OS_ENTER_CRITICAL(void);            //关中断
extern  void        OS_EXIT_CRITICAL(void);             //开中断
extern  void        OSTickISR(void);
```

```
/********************************************************************************************
**                                    End Of File
********************************************************************************************/
```

1. 设置与编译器相关的数据类型

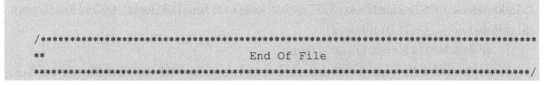

因为不同的微处理器有不同的字长，所以 μC/OS-II 的移植包括一系列的数据类型定义，以确保其可移植性。尤其是 μC/OS-II 代码从不使用 C 语言中的 short、int 及 long 等数据类型，因为它们是与编译器相关的，是不可移植的。使用自定义的整型数据结构，既可保证可移植性，也很直观。

这里定义了可移植且直观的整型数据类型。如 INT16U 数据类型表示 16 位无符号整型数。这样 μC/OS-II 和应用程序就可以断定，声明为该数据类型变量的范围是 0~65 535。将 μC/OS-II 移植到 32 位的处理器上，就意味着 INT16U 实际被声明为无符号短整型，而不是无符号整型，但是，μC/OS-II 处理的仍然是 INT16U。

还定义了浮点数据类型，例如单精度浮点类型 FP32，双精度浮点类型 PF64。

任务堆栈的数据类型还要告诉 μC/OS-II。这是通过 OS-STK 声明的数据类型来实现的，LPC2220 处理器的堆栈成员是 16 位的，所以将 OS-STK 声明为无符号整型数据类型。所有的任务堆栈都必须用 OS-STK 声明数据类型。

2. 设置开关中断方法

为了隐蔽编译器厂商提供的不同实现方法，以增加一致性，μC/OS-II 定义了两个宏来禁止和允许中断：OS_ENTER_CRITICAL()和 OS_EXIT_CRITICAL()。和所有的实时内核一样，μC/OS-II 需要先禁止中断，再访问代码的临界区，并且在访问完毕后重新允许中断。在 LPC2220 上通过两个函数（OS_CPU_A.S）实现开关中断，具体思路是先将之前的中断禁止状态保存起来，然后禁止中断。

3. 设置栈的增长方向

绝大多数微处理器和微控制器的堆栈是从上往下递减的，但是也有某些处理器使用的是相反的方式。

```
OS_STK_GROWTH         1             //堆栈由高地址向低地址增长
OS_STK_GROWTH         0             //堆栈由低地址向高地址增长
```

之所以这样处理，是出于两个原因：首先，OSInit()需要知道，当用 OS-TaskIdle()和 OS-TaskStat()函数建立任务时，堆栈的顶端地址在哪里；其次，在调用 OSTaskStkChk()时，μC/OS-II 需要知道堆栈的底端地址在哪里，从而得到堆栈的使用情况。

4. 任务切换宏 OS-TASK-SW()

OS-TASK-SW()是一个宏，是在 μC/OS-II 从低优先级任务切换到高优先级任务时须用到的。OS-TASK-SW()总是在任务代码中被调用。

9.3.2 OS_CPU_C.C 文件

OS_CPU_C.C 文件里需要编写简单的 C 函数，一个是任务堆栈初始化函数 OSTaskStkInit()，另外 9 个是系统对外的接口函数 OSTaskCreateHook()、OSTaskDelHook()、

OSTaskSwHook()、OSTaskIdleHook()、OSTaskStatHook()、OSTimeTickHook()、OSInitHookBegin()、OSInitHookEnd()、OSTCBInitHook()。

1. 任务堆栈初始化函数 OSTaskStkInit()

这个函数虽然是用 C 语言写的，但是这是一个与 CPU 硬件相关的函数。这个函数初始化任务的堆栈，由建立任务的函数 OSTaskCreate()和 OSTaskCreateExt()调用：

```
INT8U OSTaskCreate(void (*task)(void *pd), void *pdata, OS_STK *ptos, INT8U
prio);
INT8U OSTaskCreateExt(void (*task)(void *pd), void *pdata, OS_STK *ptos,INT8U
prio,INT16U id, OS_STK *pbos, INT32U stk_size, void *pext, INT16U opt);
```

建立任务的函数或扩展的建立任务的函数调用这个初始化任务堆栈的函数，建立任务的函数带有 4 个形式参数，扩展的建立任务的函数有 8 个参数。这些参数在建立任务时传递任务控制块、任务堆栈等。其中 pdata 用于向任务传递参数。

μC/OS-II 设定这个参数的目的是，将 pdata 作为一个指向某数据结构的指针，将所有想带入的参数都定义在这个结构中，这就需要为每个任务定义一个数据类型为这种数据结构的全局变量。

任务开始运行并不是通过被某一个 C 程序调用而开始的，而是 μC/OS-II 内核做任务调度时，让这个任务运行这个任务才开始运行的，故用 C 语言中标准的参数传递方法是传递不了参数的。要传递其他参数时，请仔细研究一下下面的代码。由于每个任务都是一个单独的文件，可以单独编译，而在链接时，编译器会发现每个任务的函数都没有被调用过，编译器可能根本不把没有用到的函数链接进去。

```
OS_STK *OSTaskStkInit (void (*task)(void *pd), void *pdata, OS_STK *ptos,
INT16U opt)
{
    OS_STK *stk;
    opt    = opt;                          //'opt' 没有使用,作用是避免编译器警告
    stk    = ptos;                         //获取堆栈指针

     /******建立任务环境,ADS1.2 使用满递减堆栈******/
    *stk = (OS_STK) task;                  // PC,指向任务执行代码起始地址
    *--stk = (OS_STK) task;                // LR,指向任务执行代码起始地址
    *--stk = 0;                            // R12 = 0
    *--stk = 0;                            // R11 = 0
    *--stk = 0;                            // R10 = 0
    *--stk = 0;                            // R9 = 0
    *--stk = 0;                            // R8 = 0
    *--stk = 0;                            // R7 = 0
    *--stk = 0;                            // R6 = 0
    *--stk = 0;                            // R5 = 0
    *--stk = 0;                            // R4 = 0
    *--stk = 0;                            // R3 = 0
    *--stk = 0;                            // R2 = 0
    *--stk = 0;                            // R1 = 0
```

```
    *--stk = (unsigned int) pdata;  // R0 = pdata;
    *--stk = USR32Mode;             // CPSR：用户模式、允许 IRQ, FIQ 中断

    return (stk);
}
```

2. 接口函数

μC/OS-II 的接口函数目前都是空函数，留给用户应用程序，只有当用户希望向内核添加用户定义的新功能时才会用到。关于各个接口函数的功能在本书第 3.3.2 节里有详细介绍。

```
#if OS_CPU_HOOKS_EN

/*
*********************************************************************************
*                         OS INITIALIZATION HOOK
*                              (BEGINNING)
*
* Description: This function is called by OSInit() at the beginning of OSInit().
*
* Arguments  : none
*
* Note(s)    : 1) Interrupts should be disabled during this call.
*********************************************************************************
*/
#if OS_CPU_HOOKS_EN > 0 && OS_VERSION > 203
void  OSInitHookBegin (void)
{
}
#endif

/*
*********************************************************************************
*                         OS INITIALIZATION HOOK
*                                 (END)
*
* Description: This function is called by OSInit() at the end of OSInit().
*
* Arguments  : none
*
* Note(s)    : 1) Interrupts should be disabled during this call.
*********************************************************************************
*/
#if OS_CPU_HOOKS_EN > 0 && OS_VERSION > 203
void  OSInitHookEnd (void)
{
}
```

```
#endif


/*
*********************************************************************************************
*                              TASK CREATION HOOK
*
* Description: This function is called when a task is created.
*
* Arguments  : ptcb   is a pointer to the task control block of the task being
  created.
*
* Note(s)    : 1) Interrupts are disabled during this call.
*********************************************************************************************
*/
#if OS_CPU_HOOKS_EN > 0
void  OSTaskCreateHook (OS_TCB *ptcb)
{
   ptcb = ptcb;              /* Prevent compiler warning       */
}
#endif


/*
*********************************************************************************************
*                              TASK DELETION HOOK
*
* Description: This function is called when a task is deleted.
*
* Arguments  : ptcb   is a pointer to the task control block of the task being
  deleted.
*
* Note(s)    : 1) Interrupts are disabled during this call.
*********************************************************************************************
*/
#if OS_CPU_HOOKS_EN > 0
void  OSTaskDelHook (OS_TCB *ptcb)
{
    ptcb = ptcb;                              /* Prevent compiler warning     */
}
#endif

/*
*********************************************************************************************
*                              IDLE TASK HOOK
*
* Description: This function is called by the idle task.  This hook has been
  added to allow you to do
```

```
*                such things as STOP the CPU to conserve power.
*
* Arguments  : none
*
* Note(s)    : 1) Interrupts are enabled during this call.
*********************************************************************************
*/
#if OS_CPU_HOOKS_EN > 0 && OS_VERSION >= 251
void  OSTaskIdleHook (void)
{
}
#endif

/*
*********************************************************************************
*                              STATISTIC TASK HOOK
*
* Description: This function is called every second by uC/OS-II's statistics
  task.  This allows your
*              application to add functionality to the statistics task.
*
* Arguments  : none
*********************************************************************************
*/

#if OS_CPU_HOOKS_EN > 0
void  OSTaskStatHook (void)
{
}
#endif
/*
*********************************************************************************
*                              TASK SWITCH HOOK
*
* Description: This function is called when a task switch is performed.  This
  allows you to perform other
*              operations during a context switch.
*
* Arguments  : none
*
* Note(s)    : 1) Interrupts are disabled during this call.
*              2) It is assumed that the global pointer 'OSTCBHighRdy' points
                  to the TCB of the task that
*                 will be 'switched in' (i.e. the highest priority task) and,
                  'OSTCBCur' points to the
*              task being switched out (i.e. the preempted task).
*********************************************************************************
*/
```

```
#if OS_CPU_HOOKS_EN > 0
void  OSTaskSwHook (void)
{
}
#endif

/*
*********************************************************************************************************
*                                          OSTCBInit() HOOK
*
* Description: This function is called by OS_TCBInit() after setting up most
  of the TCB.
*
* Arguments  : ptcb    is a pointer to the TCB of the task being created.
*
* Note(s)    : 1) Interrupts may or may not be ENABLED during this call.
*********************************************************************************************************
*/
#if OS_CPU_HOOKS_EN > 0 && OS_VERSION > 203
void  OSTCBInitHook (OS_TCB *ptcb)
{
    ptcb = ptcb;            /* Prevent Compiler warning           */
}
#endif


/*
*********************************************************************************************************
*                                               TICK HOOK
*
* Description: This function is called every tick.
*
* Arguments  : none
*
* Note(s)    : 1) Interrupts may or may not be ENABLED during this call.
*********************************************************************************************************
*/
#if OS_CPU_HOOKS_EN > 0
void  OSTimeTickHook (void)
{
}
#endif
```

9.3.3 OS_CPU_A.ASM 文件

μC/OS-II 移植到 LPC2220 处理器上时，OS_CPU_A.ASM 文件里主要写了几个与硬件相关的代码。为了提高内核的速度和效率，建议用户使用汇编语言编写任务调度部分的代码。这个文件中有以下几个函数。

- 让优先级最高的就绪任务开始运行函数 OSStartHighRdy()。
- 中断级任务切换函数 OSIntCtxSw()。
- 任务级任务切换函数 OS_TASK_SW()。
- 中断服务子程序函数 OSTickISR()。
- 关中断函数 OS_ENTER_CRITICAL()。
- 开中断函数 OS_EXIT_CRITICAL()。

μC/OS-II 移植到 LPC2220 处理器的 OS_CPU_A.ASM 文件的源代码如下。

```
NoInt  EQU 0xc0
USR32Mode   EQU 0x10
SVC32Mode   EQU 0x13
SYS32Mode   EQU 0x1f
IRQ32Mode   EQU 0x12
FIQ32Mode   EQU 0x11

    CODE32

    AREA    |subr|, CODE, READONLY

            IMPORT  OSTCBCur                    ;指向当前任务 TCB 的指针
            IMPORT  OSTCBHighRdy                ;指向将要运行的任务 TCB 的指针
            IMPORT  OSPrioCur                   ;当前任务的优先级
            IMPORT  OSPrioHighRdy               ;将要运行的任务的优先级
            IMPORT  OSTaskSwHook                ;任务切换的钩子函数
            IMPORT  OSIntNesting                ;中断嵌套计数器
            IMPORT  OSIntExit                   ;中断退出函数
            IMPORT  OSRunning                   ;μC/OS-II 运行标志
            IMPORT  Timer0_Exception
            IMPORT  StackUsr
            IMPORT  OSIntCtxSwFlag              ;中断切换标志位
            IMPORT  OSIntEnter


            ;IMPORT  OsEnterSum                 ;关中断计数器（关中断信号量）
            ;IMPORT  SWI_Exception              ;软中断异常处理程序

            EXPORT  OS_ENTER_CRITICAL           ;关中断
            EXPORT  OS_EXIT_CRITICAL            ;开中断

            EXPORT  OSStartHighRdy
            EXPORT  OSIntCtxSw ;中断退出时的入口,参见 startup.s 中的 IRQ_Handler
            EXPORT  OS_TASK_SW                  ;任务级任务切换函数


/*******************************************************************************************
```

```
;
;** 函数名称: OS_ENTER_CRITICAL
;** 功能描述: 关中断
;** 输   入:
;** 输   出:
;** 全局变量: 无
;** 调用模块: μC/OS-II 系统代码
;
;*************************************************************************** /

OS_ENTER_CRITICAL
        MRS  R0,CPSR              ;R0 = CPSR
        ORR  R0,R0,#NoInt         ;R0 的第 6、7 位置 1
        MSR  CPSR_c,R0            ;CPSR = R0
        MOV  PC,LR                ;程序返回


/****************************************************************************
;
;** 函数名称: OS_EXIT_CRITICAL
;** 功能描述: 开中断
;** 输   入:
;** 输   出:
;** 全局变量: 无
;** 调用模块: μC/OS-II 系统代码
;
;****************************** ******************************************** /

OS_EXIT_CRITICAL
        MRS R0,CPSR               ;R0 = CPSR
        BIC R0,R0,#NoInt          ;R0 的第 6、7 位清 0
        MSR CPSR_c,R0             ;CPSR = R0
        MOV PC,LR                 ;程序返回

/****************************************************************************
;
;** 函数名称: OSStartHighRdy
;** 功能描述: μC/OS-II 启动时使用 OSStartHighRdy 运行第一个任务
;**
;** 输   入:  无
;** 输   出: 无
;** 全局变量: OSRunning,OSTCBCur,OSTCBHighRdy,OsEnterSum
;** 调用模块: OSTaskSwHook
;
;*************************************************************************** /

OSStartHighRdy
        ;BL      OS_ENTER_CRITICAL            ;关中断
```

```
        BL      OSTaskSwHook                    ;调用钩子函数

        LDR     R4, =OSRunning                  ;OSRunning = TRUE;
        MOV     R5, #1
        STRB    R5, [R4]

        LDR     R4, =OSTCBHighRdy               ;SP = OSTCBHighRdy =>OSTCBStkPtr;
        LDR     R4, [R4]
        LDR     SP, [R4]

        LDMFD   SP!,{R5}
        MSR     CPSR_cxsf,R5                    ;恢复 CPSR
        LDMFD   SP!, {R0-R12, LR, PC }          ;运行新任务


/***************************************************************************************
;** 函数名称: OSIntCtxSw
;** 功能描述: 中断级的任务切换函数
;** 输  入:
;** 输  出:
;** 全局变量: OSPrioCur,OSPrioHighRdy,OSPrioCur,OSPrioHighRdy
;** 调用模块: 无
;**
;************************************************************************************** /

OSIntCtxSw
        ;OSIntCtxSwFlag = 1
        LDR     R0,=OSIntCtxSwFlag
        MOV     R1,#1
        STR     R1,[R0]
        MOV     PC,LR


/***************************************************************************************
;** 函数名称: OS_TASK_SW
;** 功能描述: 任务级任务切换函数
;** 输  入:
;** 输  出:
;** 全局变量: OSPrioCur,OSPrioHighRdy,OSPrioCur,OSPrioHighRdy
;** 调用模块: 无
;**
;************************************************************************************** */
OS_TASK_SW
        ;保存现场
        STMFD   SP!,{LR}                    ;将 LR 的值作为 PC 值入栈
        STMFD   SP!,{R0-R12, LR}            ;其他寄存器入栈
        MRS             R0,CPSR
        STMFD   SP!,{R0}
```

```
        ;保存当前任务堆栈指针到当前任务的 TCB
        LDR     R4, =OSTCBCur
        LDR     R5, [R4]
        STR     SP, [R5]
        BL      OSTaskSwHook              ;调用钩子函数
        LDR     R4, =OSPrioCur            ;OSPrioCur <= OSPrioHighRdy
        LDR     R5, =OSPrioHighRdy
        LDRB    R6, [R5]
        STRB    R6, [R4]
        LDR     R6, =OSTCBHighRdy         ;OSTCBCur <= OSTCBHighRdy
        LDR     R6, [R6]
        LDR     R4, =OSTCBCur
        STR     R6, [R4]
        LDR     SP, [R6]                  ;SP = OSTCBHighRdy => OSTCBStkPtr;
        LDMFD   SP!,{R5}
        MSR     CPSR_cxsf,R5              ;恢复 CPSR
        LDMFD   SP!, {R0-R12, LR, PC }    ;运行新任务
      END
/*********************************************************************************************
                                    End Of File
******************************************************************************************** /
```

下面对 μC/OS-II 移植过程中与处理器相关的 4 个函数进行说明。

1. OSStartHighRdy()

OSStart()函数调用 OSStartHighRdy()来使就绪态任务中优先级最高的任务开始运行，这个函数的示意性程序清单如下。用户使用时应将它转换成相应的汇编语言代码。

```
void OSStartHighRdy (void)
{
      调用用户定义的 OSTaskSwHook();
      OSRunning = TRUE;
      得到将要恢复运行任务的堆栈指针;
     Stack pointer=OSTCBHighRdy->OSTCBStkPtr;
     从新任务堆栈中恢复处理器的所有寄存器;
     执行中断返回指令;
}
```

2. OSCtxSw()

任务级的切换问题是通过发软中断命令或依靠处理器执行陷阱指令来完成的。中断服务例程、陷阱或异常处理例程的向量地址必须指向 OSCtxSw()。

如果当前任务调用 μC/OS-II 的系统服务，并使得更高优先级任务处于就绪状态，μC/OS-II 会借助上面提到的向量地址找到 OSCtxSw()。在系统服务调用的最后，μC/OS-II 调用 OSSched()，并由此来推断当前任务不再是要运行的最重要的任务了。OSSched()先将最高优先级任务的地址装载到 OSTCBHighRdy 中，再通过调用 OS_TASK_SW()来执行软中断或陷阱指令。注意，变量 OSTCBCur 早就包含指向当前任务的任务控制块（OS_TCB）的指针。软中断（或陷阱）指令会强制一些处理器寄存器（比如返回地址和处理器状态字）

到当前任务的堆栈中，并使处理器执行 OSCtxSw()。OSCtxSw()的原型的程序清单如下。这些代码必须写在汇编语言中，因为用户不能直接从 C 中访问 CPU 寄存器。注意在 OSCtxSw()和用户定义的函数 OSTaskSwHook()的执行过程中，中断是禁止的。

```
void OSCtxSw(void)
{
      保存处理器寄存器;
      将当前任务的堆栈指针保存到当前任务的 OS_TCB 中:
          OSTCBCur->OSTCBStkPtr = Stack pointer;
      调用用户定义的 OSTaskSwHook();
      OSTCBCur  = OSTCBHighRdy;
      OSPrioCur = OSPrioHighRdy;
      得到需要恢复的任务的堆栈指针:
          Stack pointer = OSTCBHighRdy->OSTCBStkPtr;
      将所有处理器寄存器从新任务的堆栈中恢复出来;
      执行中断返回指令;
}
```

3. OSIntCtxSw()

OSIntExit()通过调用 OSIntCtxSw()来从 ISR 中执行切换功能。因为 OSIntCtxSw()是在 ISR 中被调用的，所以可以断定所有的处理器寄存器都被正确地保存到了被中断的任务的堆栈之中。实际上除了需要的东西外，堆栈结构中还有其他的一些东西。OSIntCtxSw()必须要清理堆栈，这样被中断的任务的堆栈结构内容才能满足需要。

OSIntCtxSw()的示意性代码如下。这些代码必须写在汇编语言中，因为用户不能直接从 C 语言中访问 CPU 寄存器。

```
void OSIntCtxSw(void)
{
     调用用户定义的 OSTaskSwHook();
      OSTCBCur  = OSTCBHighRdy;
      OSPrioCur = OSPrioHighRdy;
      得到将要重新执行的任务的堆栈指针;
          堆栈指针 = OSTCBHighRdy->OSTCBStkPtr;
      从新任务的堆栈中恢复所有处理器寄存器;
      执行中断返回指令;
}
```

4. OSTickISR()

多任务操作系统的任务调度是基于时钟节拍中断的，μC/OS-II 也需要处理器提供一个定时器中断来产生节拍，借以实现时间的延时和期满功能。但在本系统移植 μC/OS-II 时，时钟节拍中断的服务函数并非 μC/OS-II 文献中提到的 OSTickISR()，而是写在了 IRQ.S 中。具体移植代码如下所示。

```
/*  μC/OS-II 移植的有关 IRQ 中断的汇编宏定义文件
;**-------------------------------------------------------------------------
;*************************************************************************** */
NoInt       EQU 0xC0
```

```
USR32Mode   EQU 0x10
SVC32Mode   EQU 0x13
SYS32Mode   EQU 0x1f
IRQ32Mode   EQU 0x12
FIQ32Mode   EQU 0x11
;引入的外部标号在这声明
 IMPORT  OSPrioCur                          ;当前任务的优先级
 IMPORT  OSPrioHighRdy                      ;将要运行的任务的优先级
 IMPORT  OSTaskSwHook                       ;任务切换的钩子函数
 IMPORT  OSIntCtxSwFlag                     ;中断切换标志位
 IMPORT  OSIntExit
 IMPORT  OSTCBCur
 IMPORT  OSTCBHighRdy
 IMPORT  OSIntNesting                       ;中断嵌套计数器
 IMPORT OSIntEnter
 CODE32

    AREA    IRQ,CODE,READONLY

    MACRO
$IRQ_Label HANDLER $IRQ_Exception_Function

        EXPORT   $IRQ_Label                 ; 输出的标号
        IMPORT   $IRQ_Exception_Function ; 引用的外部标号

$IRQ_Label
        STMFD    SP!, {R0-R3,R12,LR}
        BL       OSIntEnter

        BL       $IRQ_Exception_Function ; 调用C语言的中断处理程序

        BL       OSIntExit

        LDR      R0,=OSIntCtxSwFlag
        LDR      R1,[R0]
        CMP      R1,#1
        BEQ      _IntCtxSw

        LDMFD    SP!,{R0-R3,R12,LR}
        SUBS     PC,LR,#4

    MEND

_IntCtxSw
        MOV          R1,#0
        STR          R1,[R0]

        LDMFD        SP!,{R0-R3,R12,LR}
```

```
        STMFD       SP!,{R0-R3}
        MOV         R1,SP
        ADD         SP,SP,#16
        SUB         R2,LR,#4

        MRS         R3,SPSR
        MSR         CPSR_c,#(NoInt | SYS32Mode)

        STMFD       SP!,{R2}            ; push old task's pc
        STMFD       SP!,{R4-R12,LR}     ; push old task's lr,r12-r4
        MOV         R4,R1               ; Special optimised code below
        MOV         R5,R3
        LDMFD       R4!,{R0-R3}
        STMFD       SP!,{R0-R3}         ; push old task's r3-r0
        STMFD       SP!,{R5}            ; push old task's psr

        ; OSPrioCur = OSPrioHighRdy
        LDR         R4,=OSPrioCur
        LDR         R5,=OSPrioHighRdy
        LDRB    R5,[R5]
        STRB    R5,[R4]

        ; Get current task TCB address
        LDR         R4,=OSTCBCur
        LDR         R5,[R4]
        STR         SP,[R5]             ; store sp in preempted tasks's TCB

        BL          OSTaskSwHook        ; call Task Switch Hook

        ; Get highest priority task TCB address
        LDR         R6,=OSTCBHighRdy
        LDR         R6,[R6]
        LDR         SP,[R6]             ; get new task's stack pointer

        ; OSTCBCur = OSTCBHighRdy
        STR         R6,[R4]             ; set new current task TCB address

        LDMFD       SP!,{R4}            ; pop new task's psr
        MSR         CPSR_cxsf,R4

        LDMFD       SP!,{R0-R12,LR,PC}  ; pop new task's r0-r12,lr & pc

;/*定时器 0 中断*/
OSTickISR  HANDLER Timer0_Exception
```

```
    END
;/********************************************************************************
;**                              End  Of  File
;********************************************************************************/
```

9.4 移植测试

当用户为自己的处理器做完 μC/OS-II 的移植后，紧接着的工作是验证移植的 μC/OS-II 是否正常工作，而这可能是移植中最复杂的一步。首先不加任何应用代码来测试移植好的 μC/OS-II，也就是说，应该首先测试内核自身的运行状况。这样做有两个原因，首先，用户不希望将事情复杂化；其次，如果有些部分没有正常工作，可以明白是移植本身的问题，而不是应用代码产生的问题。

可以使用各种不同的技术测试自己的移植工作，取决于用户个人在嵌入式系统方面的经验和对处理器的理解。这里通过两个步骤测试移植代码，首先确保 C 编译器、汇编编译器及链接器正常工作；接下来在 μC/OS-II 操作系统基础上实现任务多任务机制，流水灯与数码管任务同时进行显示。

9.4.1 确保 C 编译器、汇编编译器及链接器正常工作

当修改完需要根据 CPU 更改的文件后，紧接着要把这些文件和 μC/OS-II 中与处理器无关的文件一同编译和链接。这里使用 ADS1.2 编译器编译。下面给出 includes.h 和 OS_CFG.H 以及 main()函数清单。

1. includes.h 清单

```
#include    "TransPlant\os_cpu.h"
#include    "os_cfg.h"
#include    "μC/OS-II\μc/os_ii.h"
```

2. OS_CFG.H 清单

```
/********************************************************************************
                               μC/OS-II
*                         The Real-Time Kernel
*
*          (c) Copyright 1992-2001, Jean J. Labrosse, Weston, FL
*                          All Rights Reserved
*
*               μC/OS-II Configuration File for V2.51
*
* File : OS_CFG.H
* By   : Jean J. Labrosse
********************************************************************************/
```

```
/***********************************************************************************
*                          μC/OS-II CONFIGURATION
***********************************************************************************/

#define OS_MAX_EVENTS              2
 /* Max. number of event control blocks in your application MUST be > 0 */
#define OS_MAX_FLAGS               5
  /* Max. number of Event Flag Groups    in your application MUST be > 0 */
#define OS_MAX_MEM_PART            5
  /* Max. number of memory partitions MUST be > 0          */
#define OS_MAX_QS                  2
 /* Max. number of queue control blocks in your application MUST be > 0    */
#define OS_MAX_TASKS               11
 /* Max. number of tasks in your application MUST be >= 2    */
#define OS_LOWEST_PRIO             12
 /* Defines the lowest priority that can be assigned MUST NEVER be higher
    than 63! */
#define OS_TASK_IDLE_STK_SIZE    512
 /* Idle task stack size (# of OS_STK wide entries)  */
#define OS_TASK_STAT_EN            0
 /* Enable (1) or Disable(0) the statistics task   */
#define OS_TASK_STAT_STK_SIZE    512
  /* Statistics task stack size (# of OS_STK wide entries) */
#define OS_ARG_CHK_EN              1
 /* Enable (1) or Disable (0) argument checking    */
#define OS_CPU_HOOKS_EN            1
 /* μC/OS-II hooks are found in the processor port files   */
/* ----------------------- EVENT FLAGS ------------------------ */
#define OS_FLAG_EN                 1
  /* Enable (1) or Disable (0) code generation for EVENT FLAGS    */
#define OS_FLAG_WAIT_CLR_EN        1
  /* Include code for Wait on Clear EVENT FLAGS  */
#define OS_FLAG_ACCEPT_EN          1
 /* Include code for OSFlagAccept()    */
#define OS_FLAG_DEL_EN             1
  /* Include code for OSFlagDel()    */
#define OS_FLAG_QUERY_EN           1
  /* Include code for OSFlagQuery()    */
 /* -------------------- MESSAGE MAILBOXES --------------------- */
#define OS_MBOX_EN                 1
  /* Enable (1) or Disable (0) code generation for MAILBOXES      */
#define OS_MBOX_ACCEPT_EN          1
 /*    Include code for OSMboxAccept()     */
#define OS_MBOX_DEL_EN             1
  /*    Include code for OSMboxDel()  */
#define OS_MBOX_POST_EN            1
 /*    Include code for OSMboxPost()*/
#define OS_MBOX_POST_OPT_EN        1
```

```
 /*    Include code for OSMboxPostOpt()  */
#define OS_MBOX_QUERY_EN          1
  /*    Include code for OSMboxQuery()  */
  /* --------------------- MEMORY MANAGEMENT --------------------- */
#define OS_MEM_EN                 1
  /* Enable (1) or Disable (0) code generation for MEMORY MANAGER */
#define OS_MEM_QUERY_EN           1
 /*    Include code for OSMemQuery()  */
 /* ---------------- MUTUAL EXCLUSION SEMAPHORES --------------- */
#define OS_MUTEX_EN               1
 /* Enable (1) or Disable (0) code generation for MUTEX        */
#define OS_MUTEX_ACCEPT_EN        1
  /*    Include code for OSMutexAccept()  */
#define OS_MUTEX_DEL_EN           1
  /*    Include code for OSMutexDel()  */
#define OS_MUTEX_QUERY_EN         1
   /*    Include code for OSMutexQuery()  */
/* --------------------- MESSAGE QUEUES ---------------------- */
#define OS_Q_EN                   1
   /* Enable (1) or Disable (0) code generation for QUEUES   */
#define OS_Q_ACCEPT_EN            1
 /*    Include code for OSQAccept()     */
#define OS_Q_DEL_EN               1
  /*    Include code for OSQDel()  */
#define OS_Q_FLUSH_EN             1
   /*    Include code for OSQFlush()  */
#define OS_Q_POST_EN
   1    /*    Include code for OSQPost()  */
#define OS_Q_POST_FRONT_EN        1
   /*    Include code for OSQPostFront()    */
#define OS_Q_POST_OPT_EN          1
  /*    Include code for OSQPostOpt()*/
#define OS_Q_QUERY_EN             1
/*    Include code for OSQQuery()  */
/* ----------------------- SEMAPHORES ----------------------- */
#define OS_SEM_EN                 1
 /* Enable (1) or Disable (0) code generation for SEMAPHORES    */
#define OS_SEM_ACCEPT_EN          1
 /*    Include code for OSSemAccept()                          */
#define OS_SEM_DEL_EN             1
 /*    Include code for OSSemDel()                             */
#define OS_SEM_QUERY_EN           1
 /*    Include code for OSSemQuery()                           */
 /* -------------------- TASK MANAGEMENT --------------------- */
#define OS_TASK_CHANGE_PRIO_EN  1
 /*    Include code for OSTaskChangePrio()   */
#define OS_TASK_CREATE_EN         1
/*    Include code for OSTaskCreate()   */
```

```
#define OS_TASK_CREATE_EXT_EN    1
/*    Include code for OSTaskCreateExt()    */
#define OS_TASK_DEL_EN           1
  /*    Include code for OSTaskDel()  */
#define OS_TASK_SUSPEND_EN       1
  /*    Include code for OSTaskSuspend() and OSTaskResume()      */
#define OS_TASK_QUERY_EN         1
  /*    Include code for OSTaskQuery()  */
 /* --------------------- TIME MANAGEMENT ---------------------- */
#define OS_TIME_DLY_HMSM_EN      1
 /*    Include code for OSTimeDlyHMSM()    */
#define OS_TIME_DLY_RESUME_EN    1
  /*    Include code for OSTimeDlyResume()  */
#define OS_TIME_GET_SET_EN       1
/*    Include code for OSTimeGet() and OSTimeSet()*/
/* ---------------------- MISCELLANEOUS ----------------------- */
#define OS_SCHED_LOCK_EN         1
  /*    Include code for OSSchedLock() and OSSchedUnlock()      */
#define OS_TICKS_PER_SEC         200
 /* Set the number of ticks in one second    */
typedef INT16U           OS_FLAGS;
 /* Date type for event flag bits (8, 16 or 32 bits)    */
```

3. 测试代码 test.c

test.c 程序没有添加特别复杂的代码，因为这里只是验证是否可以编译出正确的代码。

```
int  main (void)
{
    OSInit();
    OSStart();
}
```

9.4.2　μC/OS-II 操作系统基础上实现多任务机制

μC/OS-II 移植成功之后，就可以在这基础之上编写相应的应用程序了。本节以 ARM7 内核的 LPC2220 微处理器为例，在其上实现多任务机制。即实现流水灯和蜂鸣器两个任务。程序代码如下。

```
#include "whole.h"

void    Test1Task(void *pdata);
void    Test2Task(void *pdata)

extern void    Timer0Init(void);
extern void    LS164_Init(void);
extern void    LS164_SendData(uint8 data);
OS_STK         Test1TaskStk[100];
OS_STK         Test2TaskStk[100];
```

```
OS_EVENT        *MBoxKey;

int  main(void)
{
     //添加您的代码
     OSInit();
     LS164_Init();
     MBoxKey = OSMboxCreate((void *)0) ;                //创建邮箱队列

     OSTaskCreate(Test1Task,(void *)0,&Test1TaskStk[99],3);
     OSTaskCreate(Test2Task,(void *)0,&Test2TaskStk[99],4);

    OSStart();
}


void    Test1Task(void *pdata)
{    uint8   num;
     Timer0Init();
     OS_EXIT_CRITICAL();                        // 开中断,使得时钟节拍正常工作
     while(1)
     {    for(num=1;num<10;num++)
          {
          OSMboxPost(MBoxKey,(void *)&num); //把num变量的值发送到邮箱MBoxKey
          LS164_SendData(num);              //把数值发送到LED灯上显示
          OSTimeDly(OS_TICKS_PER_SEC*5);  //等待5s
          }
     }
}

void    Test2Task(void *pdata)
{    uint8   *msg,err,num;
     IO1DIR = IO1DIR | (1<<24);             // 设置控制蜂鸣器引脚P1.24为I/O输出
     while(1)
     {    msg =(uint8 *) OSMboxPend(MBoxKey,0,&err);
          num = *msg;
          for(num = *msg;num>0;num--)
          {   IO1SET = (1<<24);             // P1.24 = 1, 打开蜂鸣器
              OSTimeDly(OS_TICKS_PER_SEC/1);  //延时200ms
     (OS_TICKS_PER_SEC/5)
              IO1CLR = (1<<24);             // P1.24 = 0, 关闭蜂鸣器
              OSTimeDly(OS_TICKS_PER_SEC/5);       //延时200ms
          }
          OSTimeDly(OS_TICKS_PER_SEC);
     }
}

/*********************************************************************************
**                       End Of File
*********************************************************************************/
```

小　结

μC/OS-II 的移植工作主要是考虑和处理器相关的三个文件的编写：OS_CPU.H、OS_CPU_C.C、OS_CPU_A.S。

OS_CPU.H 中需要编写不依赖于编译的数据类型、定义处理器的堆栈增长方向，声明允许中断和禁止中断的宏：OS_ENTER_CRITICAL()，OS_EXIT_CRITICAL()。

OS_CPU_C.C 中根据处理器的结构和特点确定任务的堆栈结构，编写任务堆栈初始化函数 OSTaskStkInit()。在 OS_CPU_C.C 中，还要注意 μC/OS-II 扩展的外连函数，外连函数根据用户需要来编写代码，如果不需要外扩功能，函数中则不包含代码，但需要对函数进行声明。

OS_CPU_A.S 中用汇编语言编写和处理器相关的代码，如开中断函数 OS_EXIT_CRITICAL()、关中断函数 OS_ENTER_CRITICAL()、任务级任务切换函数 OS_TASK_SW()、中断级任务切换函数 OSIntCtxSw()、启动最高优先级就绪任务函数 OSStartHighRdy()、中断及时钟节拍函数 OSTickISR()等的汇编代码。

习　题

1. μC/OS-II 的 LPC2220 的堆栈是怎样增长的？
2. 在 LPC2220 上编写一个基于 μC/OS-II 的应用程序。

第 10 章　室内智能节电综合监控系统设计

10.1　室内智能节电综合监控系统简介

室内智能节电综合监控系统是一种通过先进的计算机技术、传感器技术、通信和控制技术来建立对室内环境参数的采集、信息传输、人机交互，以及反馈控制从而完成对室内智能节电的综合监控系统。本系统主要应用于居民小区、办公楼、学生宿舍、图书馆等场所，由多个节点控制模块和一个中心控制模块组成。其中各个室内当作一个节点，主控室作为中心控制。

室内智能节电系统的功能包括以下几个方面。

（1）多点数据采集。由于大楼内有多个房间，需多点定时循环采集或查询采集。采集的数据包括光照强度、温度、湿度等室内参数信息。采集的任务是由节点控制模块来完成。

（2）无线数据传输。节点控制模块通过无线模块将采集到的数据传送到中心控制模块，由中心控制模块进行监测和数据分析并进行命令发送。

（3）数据分析处理。节点控制模块将采集到的数据经过分析处理后由自身进行反馈控制以驱动执行机构的工作。中心控制模块将收到的数据进行分析处理后显示到人机交互界面，并在达到一定条件下发送命令至节点控制模块。

（4）反馈控制。根据光照、温湿度、室内人数及室内功耗对照明系统和其他耗电设备进行反馈控制。

10.2　系统功能需求与性能指标

1. *系统功能需求*

室内节电综合监控系统采用 NXP LPC1768 平台，借助各类传感器采集室内参数，经过 LPC1768 微处理器的处理，由 GPIO 口发出高低电平信号，将此信号放大然后经继电器驱动电路控制各类家电的动作。这样可通过对室内光强的判断来选择关闭或开启电灯，通过对温湿度的判断来对空调等的控制。同时将分析处理过的数据经无线模块发送至中心控制模块，并在中心控制模块上扩展人机交互界面，进行数据显示。中心控制模块定时进行反馈，将命令发送至节点控制模块。具体功能如下。

（1）照明系统启停控制。在图书馆等人数不固定的公共场所，照明用电占总耗电的很大部分，很难做到人走关灯的要求。本系统实时采集室内光照参数，并通过人体感应模块来进行人数的统计，当室内光照达到和室内人数达到一定范围，选择开关灯的个数，这样就可以自动地动态管理室内照明系统。

（2）空调启停控制。通过对室内温湿度参数的采集和数据分析，使空调在室内某个温度阈值内工作，超出此阈值关闭。

（3）室内参数异常报警。若室内参数异常，中心控制模块将收到的数据分析处理后，将进行报警动作。

（4）室内人数信息采集。通过人体感应模块来感应人的进出，以此来计数。判断人数后选择对室内耗电设备的启停。

（5）人机交互。终端用户可以随时查看各个房间的环境参数。

（6）反馈控制。中心控制模块在对数据分析处理后发出命令反馈给节点控制模块，然后由节点控制模块来进行耗电设备的启停动作。

2. 系统技术指标

（1）通信指标。采用多通道低功耗嵌入式无线串口数传模块 uR24a。工作频段为 2400～2483.5MHZ，工作电压为 2.95～3.6V，兼容 5V TTL 和 CMOS 电平。

（2）光照指标。光敏传感器采用了普通的光敏二极管型，可以检测大范围光强。

（3）温湿度指标。采用 DHT11，湿度测量范围为 20%～90%RH，温度测量范围为 0℃～50℃。测湿精度为 ± 5%RH，测温精度为±2℃。

（4）人体感应指标。采用 DYP-ME003 人体感应模块，感应距离达到 7m，感应角度为 110°。

10.3　系统方案设计

1. 系统整体硬件方案设计

智能节电监控系统主要由 LPC1768 微处理器、无线模块、传感器组、继电器输出驱动电路、用户终端触摸屏和终端 PC 构成。其中，使用 LPC1768 微处理器自带的 AD 将光敏传感器采集室内参数输出模拟量转换成数字量，温湿度传感器 dht11 则通过单总线串行接口与微处理器相连，人体感应模块则是通过感应人体触发中断来进行人数的计数。继电器连接在微处理器的 GPIO，由 GPIO 发出高低电平来打开关闭继电器以驱动执行机构工作。

采集的环境数据通过无线模块传递到终端用户，用户可在中心控制模块进行监控动作。

2. 监控方案设计

本系统自动采集室内温湿度、光照度，以及人数信息，一方面将数据直接传送至主控芯片，由中心控制模块进行分析处理，自行执行报警动作使蜂鸣器发出响声，并扩展触摸屏供用户查看和发送动作命令。同时，上位机软件部分实现了将数据录入数据库并显示到曲线上的功能。另一方面将数据进行分析处理，由节点控制模块自行控制，即通过将普通 I/O 口发出电平信号放大，加上光耦电路实现现场信号与主机信号的信号隔离，再由继电器驱动各执行机构的工作。

3. 通信方案设计

本系统采用 UR24A 多通道低功耗 2.4G 无线串口模块，实现多对一的通信。即各个房间与主控室之间的通信，而各个房间之间则不需要进行通信。

4. 系统软件设计

本系统的实现，可以分为各种传感器任务和通信任务等，如图 10-1 所示。

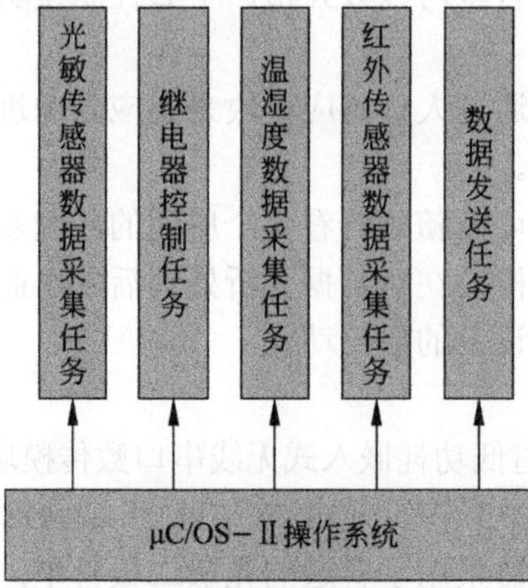

图 10-1 系统软件模型

10.4 系统硬件结构设计

1. 光照度测量的硬件设计

光敏传感器采用光敏二极管型，输出连续变化的非开关量。光敏传感器将采集到的光照参数模拟量输出至微处理器的 AD 输入引脚，再由数模转换得到数字量，通过多次试验测试，在程序中设定一个数字量的阈值，使得室内光照达到某个亮度执行电灯的开启动作，反之，执行关闭动作。

2. 温湿度测量的硬件设计

温湿度传感器采用一款含有已校准数字信号输出的传感器 DHT11。此传感器包括一个电阻式感湿元件和一个 NTC 测温原件，通过单线制串行接口与微处理器相连。湿度测量范围为 20％～90%RH，温度测量范围为 0～50℃。测湿精度为 ± 5%RH，测温精度为 ± 2℃。

DHT11 的一次完整的数据传输为 40bit，高位先出，数据格式为：8bit 湿度整数数据+8bit 湿度小数数据 + 8bit 温度整数数据 + 8bit 温度整数数据 + 8bit 校验和。再根据此温湿度传感器的通信时序编程，得到正确的数据，由节点控制模块对数据分析后执行空调的启停动作并将此数据发送至中心控制模块。

3. 人体感应模块硬件设计

采用 DYP-ME003 人体感应模块，感应距离达到 7m，感应角度为 110°，有两种触发方式，具有感应封锁时间(默认设置：2.5s 封锁时间)。具有全自动感应，即人进入其感应范围，则输出高电平，人离开感应范围则自动延时关闭高电平，输出低电平。感应范围可调。把人体感应模块与微处理的外部中断引脚相连，在人进出时触发外部中断，在中断服务程序中进行人数的计数。由节点控制模块对数据分析后执行电器的启停动作并将人数数据发送至中心模块供终端用户查看。

4. 无线模块硬件设计

UR24A 模块集成了高性能射频芯片和嵌入式高速 MCU。模块实现了串口到串口单双工数据透传，无须编程和进行复杂的设置，只要连上串口即可以实现无线数据传输功能。可在线修改模块参数。本系统将节点控制模块、中心控制模块和上位机之间通过无线模块连接，进行数据的传输。

5. 终端节点设计

在节点控制模块，传感器组将传感器采集的数据传送到主控芯片 LPC1768，由其对数据分析处理并对继电器发出动作来驱动各类电器，并将数据通过无线模块发送至中心控制模块。终端节点的硬件框图如图 10-2 所示。

6. 中心节点设计

在中心控制模块，用户可以通过 LCD 显示各个节点控制模块的监测信息。中心节点硬件框图如图 10-3 所示。

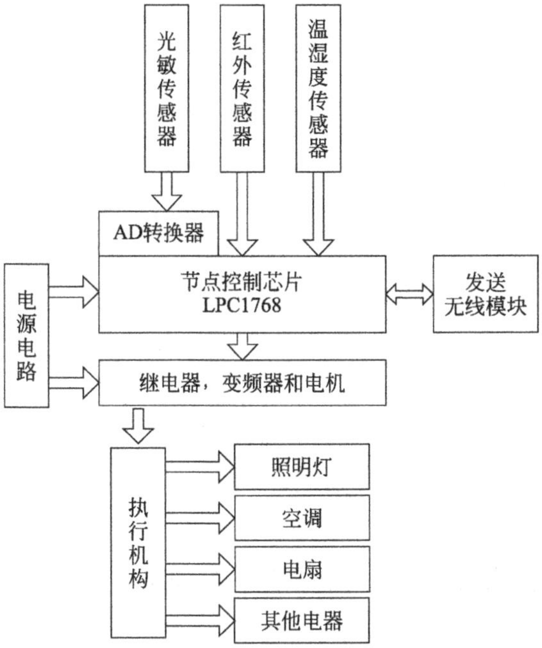

图 10-2　节点控制系统硬件框图

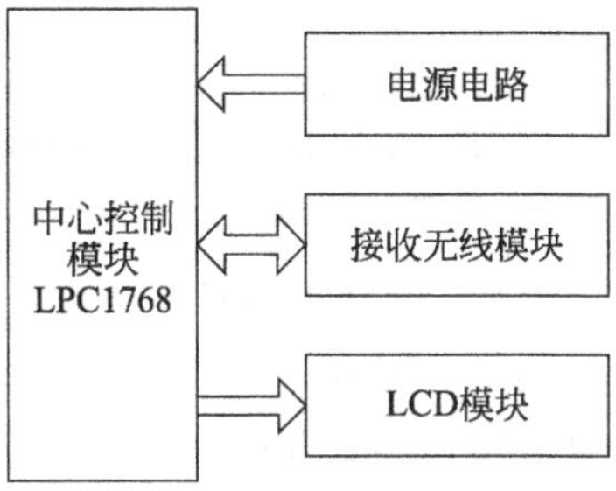

图 10-3　中心控制系统硬件框图

10.5　系统软件设计

系统软件设计主要由 μC/OS-II 操作系统的移植和各种应用任务的代码构成。

10.5.1　μC/OS-II 在 LPC1768 微处理器上的移植

μC/OS-II 的移植实际上就是要编写和编译器相关的代码 OS_CPU.H，与操作系统相关的代码 OS_CPU_C.C，与处理器相关的代码 OS_CPU_A.ASM。

1. 设置与编译器相关的代码

```
        typedef unsigned char  BOOLEAN;
        typedef unsigned char  INT8U;
        typedef signed   char  INT8S;
        typedef unsigned short INT16U;
        typedef signed   short INT16S;
        typedef unsigned int   INT32U;
        typedef signed   int   INT32S;
        typedef  float        FP32;
        typedef double         FP64;
        typedef unsigned int   OS_STK;
    typedef unsigned int   OS_CPU_SR;
    #define  OS_CRITICAL_METHOD   3u
    #if OS_CRITICAL_METHOD == 3u
    #define  OS_ENTER_CRITICAL()  {cpu_sr = OS_CPU_SR_Save();}
    #define  OS_EXIT_CRITICAL()   {OS_CPU_SR_Restore(cpu_sr);}
    #endif
        #define  OS_STK_GROWTH        1u
        #define  OS_TASK_SW()         OSCtxSw()
        #if OS_CRITICAL_METHOD == 3u
        OS_CPU_SR  OS_CPU_SR_Save(void);
    void  OS_CPU_SR_Restore(OS_CPU_SR cpu_sr);
    #endif
    void   OSCtxSw(void);
    void   OSIntCtxSw(void);
    void   OSStartHighRdy(void);
    void   OS_CPU_PendSVHandler(void);
    void   OS_CPU_SysTickHandler(void);
    void   OS_CPU_SysTickInit(INT32U  cnts);
    #endif
```

2. 用C语言编写与操作系统相关的函数

用C语言编写的与操作系统相关的函数分别是任务堆栈初始化函数OSTaskStkInt和9个外部接口函数hook。

1）任务堆栈初始化函数OSTaskStkInit()

```
    OS_STK *OSTaskStkInit (void (*task)(void *p_arg), void *p_arg, OS_STK *ptos,
INT16U opt)
    {
       OS_STK *stk;
    (void)opt;
     stk  = ptos;
    *(stk) = (INT32U)0x01000000uL;
        *(--stk)  = (INT32U)task;
    *(--stk)  = (INT32U)OS_TaskReturn;
        *(--stk)  = (INT32U)0x12121212uL;
    *(--stk)  = (INT32U)0x03030303uL;
```

```
        *(--stk)  = (INT32U)0x02020202uL;
    *(--stk)  = (INT32U)0x01010101uL;
        *(--stk)  = (INT32U)p_arg;
    *(--stk)  = (INT32U)0x11111111uL;
        *(--stk)  = (INT32U)0x10101010uL;
    *(--stk)  = (INT32U)0x09090909uL;
        *(--stk)  = (INT32U)0x08080808uL;
    *(--stk)  = (INT32U)0x07070707uL;
        *(--stk)  = (INT32U)0x06060606uL;
    *(--stk)  = (INT32U)0x05050505uL;
        *(--stk)  = (INT32U)0x04040404uL;
        return (stk);
    }
```

Hook 外部接口函数可以不包含任何代码，但必须要声明。在 μc/os-II 移植到 LPC1768 时的 Hook 函数如下。

2）系统初始化开始接口函数 OSInitHookBegin()

```
#if OS_CPU_HOOKS_EN > 0u
void  OSInitHookBegin (void)
{
#if OS_TMR_EN > 0u
    OSTmrCtr = 0u;
#endif
}
#endif
```

3）系统初始化结束接口函数 OSInitHookEnd()

```
#if OS_CPU_HOOKS_EN > 0u
void  OSInitHookEnd (void)
{
}
#endif
```

4）任务建立接口函数 OSTaskCreateHook()

```
#if OS_CPU_HOOKS_EN > 0u
void  OSTaskCreateHook (OS_TCB *ptcb)
{
#if OS_APP_HOOKS_EN > 0u
    App_TaskCreateHook(ptcb);
#else
   (void)ptcb;                          /* Prevent compiler warning        */
#endif
}
#endif
```

5）任务删除接口函数 OSTaskDelHook()

```
#if OS_CPU_HOOKS_EN > 0u
void  OSTaskDelHook (OS_TCB *ptcb)
{
#if OS_APP_HOOKS_EN > 0u
     App_TaskDelHook(ptcb);
#else
     (void)ptcb;                              /* Prevent compiler warning      */
#endif
}
#endif
```

6）空闲任务接口函数 OSTaskIdleHook()

```
#if OS_CPU_HOOKS_EN > 0u
void  OSTaskIdleHook (void)
{
#if OS_APP_HOOKS_EN > 0u
     App_TaskIdleHook();
#endif
}
#endif
```

7）统计任务接口函数 OSTaskStatHook()

```
#if OS_CPU_HOOKS_EN > 0u
void  OSTaskStatHook (void)
{
#if OS_APP_HOOKS_EN > 0u
     App_TaskStatHook();
#endif
}
#endif
```

8）任务切换接口函数 OSTaskSwHook()

```
#if (OS_CPU_HOOKS_EN > 0u) && (OS_TASK_SW_HOOK_EN > 0u)
void  OSTaskSwHook (void)
{
     #if OS_APP_HOOKS_EN > 0u
     App_TaskSwHook();
     #endif
}
#endif
```

9）控制块初始化接口函数 OSTCBInitHook()

```
#if OS_CPU_HOOKS_EN > 0u
void  OSTCBInitHook (OS_TCB *ptcb)
{
```

```
#if OS_APP_HOOKS_EN > 0u
     App_TCBInitHook(ptcb);
#else
     (void)ptcb;                                  /* Prevent compiler warning     */
#endif
}
#endif
```

10）时钟节拍接口函数 OSTimeTickHook()

```
#if (OS_CPU_HOOKS_EN > 0u) && (OS_TIME_TICK_HOOK_EN > 0u)
void  OSTimeTickHook (void)
{
#if OS_APP_HOOKS_EN > 0u
     App_TimeTickHook();
#endif

#if OS_TMR_EN > 0u
     OSTmrCtr++;
     if (OSTmrCtr >= (OS_TICKS_PER_SEC / OS_TMR_CFG_TICKS_PER_SEC)) {
          OSTmrCtr = 0;
          OSTmrSignal();
     }
#endif
}
#endif
```

3. 汇编语言编写的与处理器相关的函数

1）运行优先级最高的就绪任务 OSStartHighRdy()

```
OSStartHighRdy
    LDR      R0, =NVIC_SYSPRI14
    LDR      R1, =NVIC_PENDSV_PRI
    STRB     R1, [R0]
    MOVS     R0, #0
    MSR      PSP, R0
    LDR      R0, =OSRunning
    MOVS     R1, #1
    STRB     R1, [R0]
    LDR      R0, =NVIC_INT_CTRL
    LDR      R1, =NVIC_PENDSVSET
    STR      R1, [R0]
    CPSIE    I
OSStartHang
     B       OSStartHang
```

2）任务级的任务切换函数 OS_TASK_SW()

```
OSCtxSw
    LDR      R0, =NVIC_INT_CTRL
```

```
    LDR     R1, =NVIC_PENDSVSET
    STR     R1, [R0]
    BX      LR
```

3）中断级的任务切换函数

```
   OSIntCtxSw
    LDR     R0, =NVIC_INT_CTRL
    LDR     R1, =NVIC_PENDSVSET
    STR     R1, [R0]
    BX      LR
```

4）时钟节拍中断

```
void  SysTick_Handler (void)
{
     OS_CPU_SR  cpu_sr;

     OS_ENTER_CRITICAL();    /* Tell μC/OS-II that we are starting an ISR */
     OSIntNesting++;
     OS_EXIT_CRITICAL();

     OSTimeTick();           /* Call μC/OS-II's OSTimeTick()   */
     OSIntExit();            /* Tell μC/OS-II that we are leaving the ISR  */
}
```

10.5.2 基于μC/OS-II的任务的划分和设计

1. 光敏传感器数据采集任务的编写

光敏传感器数据采集任务利用光敏传感器采集光照强度，经 ADC 将传感器信号转换为电信号，增强了控制系统的稳定性，为室内智能节电监控系统提供了有效的数据。

ADC 的基本操作包括：

- 引脚、电源配置。
- ADC 初始化设置。
- ADC 转换结果处理。

ADC 的电源控制是通过置位 PCONP.PADC 位使能 ADC 时钟源。

ADC 的引脚配置是当使用 ADC 的模拟引脚测量电压时，可不理会引脚在 PINSEL 寄存器中的设置，但是这样会影响测量精度。可通过选择 AIN 功能改善测量精度。

ADC 的初始化主要通过写 AD0CR 配置 ADC 转换所需的时钟、工作模式、转换速率等。

A/D 转换完成后，转换结果保存在 ADDRx 和 AD0GDR 中，但该结果只是转换后的数字量，必须进行转换。

下面分别是光敏传感器数据采集任务的代码、ADC 初始化和 ADC 转换结果处理的代码。

```
static  void  App_Task1(void*p_arg)                  //光敏传感器数据采集任务
{
  p_arg=p_arg;
```

```
  ADCInit(ADC_CLK);
  for(;;){
            adcCount = ADC0Read(5);
         guangzhaodu=(adcCount/40);
            guangzhaodu=100-guangzhaodu;
            if(guangzhaodu>100)
                 guangzhaodu=100;
         OSTimeDlyHMSM(0, 0, 0, 100);
  }
}

uint32_t ADCInit(uint32_t ADC_Clk)
{
  uint32_t pclkdiv, pclk;

  /* Enable CLOCK into ADC controller */
  LPC_SC->PCONP |= (1 << 12);

  /* all the related pins are set to ADC inputs, AD0.0~7 */
  LPC_PINCON->PINSEL0 |= 0x0F000000;    /* P0.12~13, A0.6~7, function 11 */
  LPC_PINCON->PINSEL1 &= ~0x003FC000;   /* P0.23~26, A0.0~3, function 01 */
  LPC_PINCON->PINSEL1 |= 0x00154000;
  LPC_PINCON->PINSEL3 |= 0xF0000000;    /* P1.30~31, A0.4~5, function 11 */

  /* By default, the PCLKSELx value is zero, thus, the PCLK for
  all the peripherals is 1/4 of the SystemFrequency. */
  /* Bit 6~7 is for UART0 */
  pclkdiv = (LPC_SC->PCLKSEL0 >> 6) & 0x03;
  switch(pclkdiv)
  {
    case 0x00:
    default:
      pclk = SystemCoreClock/4;
    break;
    case 0x01:
     pclk = SystemCoreClock;
    break;
    case 0x02:
     pclk = SystemCoreClock/2;
    break;
    case 0x03:
     pclk = SystemCoreClock/8;
    break;
  }

  LPC_ADC->ADCR = ( 0x01 << 0 ) |  /* SEL=1,select channel 0 on ADC0 */
      ( ( pclk / ADC_Clk - 1 ) << 8 ) |  /* CLKDIV = Fpclk / ADC_Clk - 1 */
      ( 0 << 16 ) |                  /* BURST = 0, no BURST, software controlled */
      ( 0 << 17 ) |                  /* CLKS = 0, 11 clocks/10 bits */
      ( 1 << 21 ) |                  /* PDN = 1, normal operation */
```

```
        ( 0 << 24 ) |                  /* START = 0 A/D conversion stops */
        ( 0 << 27 );  /* EDGE = 0 (CAP/MAT singal falling,trigger A/D conversion) */

  /* If POLLING, no need to do the following */
#if ADC_INTERRUPT_FLAG
  LPC_ADC->ADINTEN = 0x1FF;            /* Enable all interrupts */
  NVIC_EnableIRQ(ADC_IRQn);
#endif
  return (TRUE);
}

uint32_t ADC0Read( uint8_t channelNum )
{
#if !ADC_INTERRUPT_FLAG
  uint32_t regVal, ADC_Data;
#endif

  /* channel number is 0 through 7 */
  if ( channelNum >= ADC_NUM )
  {
    channelNum = 0;                    /* reset channel number to 0 */
  }
  LPC_ADC->ADCR &= 0xFFFFFF00;
  LPC_ADC->ADCR |= (1 << 24) | (1 << channelNum);
              /* switch channel,start A/D convert */
#if !ADC_INTERRUPT_FLAG
  while ( 1 )                          /* wait until end of A/D convert */
  {
   regVal = *(volatile unsigned long *)(LPC_ADC_BASE
           + ADC_OFFSET + ADC_INDEX * channelNum);
    /* read result of A/D conversion */
    if ( regVal & ADC_DONE )
    {
      break;
    }
  }

  LPC_ADC->ADCR &= 0xF8FFFFFF;         /* stop ADC now */
  if ( regVal & ADC_OVERRUN ) /* save data when it's not overrun, otherwise, return zero */
  {
    return ( 0 );
  }
  ADC_Data = ( regVal >> 4 ) & 0xFFF;
  return ( ADC_Data );                 /* return A/D conversion value */
#else
  return ( channelNum );     /* if it's interrupt driven, the ADC reading is
                             done inside the handler. so, return channel number */
#endif
}
```

2. 对继电器操作任务的编写

通过继电器来调节室内灯光的强弱，如果通过光敏传感器检测到的室内光线过强，则调暗或关闭室内节能灯，如果检测到的室内光线过暗，则调强室内灯光或打开节能灯。具体的任务代码如下。

```
static  void  App_Task2(void*p_arg)        //对继电器的动作
{
  p_arg=p_arg;
  relay0_init();
  relay1_init();
  for(;;){
      if(adcCount>1000)//很暗
                      {  relay0_on();
                         relay1_on();
                      }
        else  if(adcCount<500)                //很亮
                      {
                relay1_off();
                relay0_off();
                }
              else   {
          relay1_on();
          relay0_off();
             }
       OSTimeDlyHMSM(0, 0, 0, 100);
  }
}
```

3. 温湿度数据采集任务的编写

温湿度传感器连到 LPC1768 的 P1.18 引脚上，通过该外中断引脚采集室内的温湿度信息。该任务的执行，先要进行初始化，之后采集温湿度数据。初始化由 DHT11_INIT()函数完成，数据整理由 DHT11()函数完成。温湿度数据采集任务的代码是 App_Task3()，下面分别是具体的代码。

```
static  void  App_Task3(void*p_arg)        //温湿度数据采集
{
  p_arg=p_arg;
  DHT11_INIT();
  for(;;){
      DHT11();
      OSTimeDlyHMSM(0, 0, 0, 200);
  }
}
void DHT11_INIT()
{
    LPC_PINCON->PINSEL3&=0xffffffcf;
}
```

```
unsigned char COM(void)
{
    unsigned char i,U8comdata=0 ;
       for(i=0;i<8;i++)

    {
         while((!P1_18));
         delay_nus(45);
         U8TEMP=0;
         if(P1_18) U8TEMP=1;
         while((P1_18));
         U8comdata<<=1;
         U8comdata|=U8TEMP;
    }
    return  U8comdata;
}


void DHT11(void)
{
    unsigned char U8T_data_H_temp,U8T_data_L_temp,U8RH_data_H_temp,U8RH_data_L_temp,
U8checkdata_temp;
    P_18_OUT;
    clear_data;
    delay_nms(25);
    set_data;
    delay_nus(40);
    P_18_IN;
    if(!P1_18)
    {
       while((!P1_18));
       while((P1_18));
        U8RH_data_H_temp=COM();
        U8RH_data_L_temp=COM();
        U8T_data_H_temp=COM();
        U8T_data_L_temp=COM();
        U8checkdata_temp=COM();
     P_18_OUT;
     set_data;
     U8TEMP=(U8T_data_H_temp+U8T_data_L_temp+U8RH_data_H_temp+U8RH_data_L_temp);
            if(U8TEMP==U8checkdata_temp)
            {
               U8RH_data_H=U8RH_data_H_temp;
               U8RH_data_L=U8RH_data_L_temp;
               U8T_data_H=U8T_data_H_temp;
               U8T_data_L=U8T_data_L_temp;
               U8checkdata=U8checkdata_temp;
            }
     }
}
```

4. 数据发送任务的编写

本系统收集到各种数据都要通过 UART 发送到 PC 端，这里编写了一个发送任务的代码。对 UART 的操作包括初始化 UART2_Init()和数据的发送 UART2_SendString()，具体代码如下。

```
static  void  App_Task4(void*p_arg)        //数据发送任务
{
  p_arg=p_arg;
  UART2_Init();
 for(;;)
{
  welcome[2]= U8T_data_H;
  welcome[3]= U8RH_data_H;
  welcome[4]=guangzhaodu;
  welcome[5]= eint0_counter;
  UART2_SendString(welcomeMsg0);
  OSTimeDlyHMSM(0, 0, 0, 100);
  }
}
void UART2_Init(void)
{
    uint16_t usFdiv;
    /* UART2 */
    LPC_PINCON->PINSEL0 |= (1 << 20);          /* Pin P0.10 used as TXD2 (Com2) */
    LPC_PINCON->PINSEL0 |= (1 << 22);          /* Pin P0.11 used as RXD2 (Com2) */

    LPC_SC->PCONP = LPC_SC->PCONP|(1<<24);

    LPC_UART2->LCR  = 0x83;
    usFdiv = (FPCLK / 16) / UART2_BPS;
    LPC_UART2->DLM  = usFdiv / 256;
    LPC_UART2->DLL  = usFdiv % 256;
    LPC_UART2->LCR  = 0x03;
    LPC_UART2->FCR  = 0x06;
}

int UART2_SendByte(int ucData)
{
    while (!(LPC_UART2->LSR & 0x20));
    return (LPC_UART2->THR = ucData);
}

void UART2_SendString(unsigned char *s)
{
    while (*s != 0)
    {
         UART2_SendByte(*s++);
     }
}
```

5. 热释红外传感器中断任务的编写

本系统还通过外中断的方式检测室内的人员数目，具体的任务代码如下。

```
void EINT0_IRQHandler(void)
{
    OS_CPU_SR  cpu_sr;
    OS_ENTER_CRITICAL();
    OSIntNesting++;
    OS_EXIT_CRITICAL();
    LPC_SC->EXTINT = EINT0;
    eint0_counter++;
}
```

小　结

本章通过室内智能节电综合监控系统详细讲述了嵌入式实时操作系统 μC/OS-II 移植方法以及基于 μC/OS-II 的任务代码的编写方法。

附录 配置手册

本部分内容将介绍 μC/OS-II 中的初始化配置项。由于 μC/OS-II 向用户提供源代码，初始化配置项由一系列#define constants 语句构成，都在 OS_CFG.H 文件中。用户的工程文件组中都应该包含这个文件。

下面介绍 OS_CFG.H 文件中每个用#define constants 定义的常量，介绍的顺序和它们在文件中出现的顺序是相同的。附表 1 列出了常量控制的μC/OS-II 函数。“类型”为函数所属的类型，“置 1”表示当定义常量为 1 时可以打开相应的函数，“其他常量”为与这个函数有关的其他控制常量。

注意编译工程文件时要包含 OS_CFG.H，使定义的常量生效。

附表 1 μC/OS-II 函数和相关的常量（#define constants 定义）

类 型	置 1	其 他 常 量
	杂相	
OSInit()	无	OS_MAX_EVENTS OS_Q_EN 和 OS_MAX_QS OS_MEM_EN OS_TASK_IDLE_STK_SIZE OS_TASK_STAT_EN OS_TASK_STAT_STK_SIZE
OSSchedLock()	OS_SCHED_LOCK_EN	无
OSSchedUnlock()	OS_SCHED_LOCK_EN	无
OSStart()	无	无
OSStatInit()	OS_TASK_STAT_EN && OS_TASK_CREATE_EXT_EN	OS_TICKS_PER_SEC
OSVersion()	无	无
	中断处理	
OSIntEnter()	无	无
OSIntExit()	无	无
	消息邮箱	
OSMboxAccept()	OS_MBOX_EN	OS_MBOX_ACCEPT_EN
OSMboxCreate()	OS_MBOX_EN	OS_MAX_EVENTS
OSMboxPend()	OS_MBOX_EN	无
OSMboxPost()	OS_MBOX_EN	OS_MBOX_POST_EN
OSMboxQuery()	OS_MBOX_EN	OS_MBOX_QUERY_EN

续表

类　　型	置1	其他常量
	内存块管理	
OSMemCreate()	OS_MEM_EN	OS_MAX_MEM_PART
OSMemGet()	OS_MEM_EN	无
OSMemPut()	OS_MEM_EN	无
OSMemQuery()	OS_MEM_EN	OS_MEM_QUERY_EN
	消息队列	
OSQAccept()	OS_Q_EN	OS_Q_ACCEPT_EN
OSQCreate()	OS_Q_EN	OS_MAX_EVENTS OS_MAX_QS
OSQFlush()	OS_Q_EN	OS_Q_FLUSH_EN
OSQPend()	OS_Q_EN	无
OSQPost()	OS_Q_EN	OS_Q_POST_EN
OSQPostFront()	OS_Q_EN	OS_Q_POST_FRONT_EN
OSQQuery()	OS_Q_EN	OS_Q_QUERY_EN
	信号量管理	
OSSemAccept()	OS_SEM_EN	OS_SEM_ACCEPT_EN
OSSemCreate()	OS_SEM_EN	OS_MAX_EVENTS
OSSemPend()	OS_SEM_EN	无
OSSemPost()	OS_SEM_EN	无
OSSemQuery()	OS_SEM_EN	OS_SEM_QUERY_EN
	任务管理	
OSTaskChangePrio()	OS_TASK_CHANGE_PRIO_EN	OS_LOWEST_PRIO
OSTaskCreate()	OS_TASK_CREATE_EN	OS_MAX_TASKS
OSTaskCreateExt()	OS_TASK_CREATE_EXT_EN	OS_MAX_TASKS OS_TASK_STK_CLR OS_LOWEST_PRIO
OSTaskDel()	OS_TASK_DEL_EN	OS_MAX_TASKS
OSTaskDelReq()	OS_TASK_DEL_EN	OS_MAX_TASKS
OSTaskResume()	OS_TASK_SUSPEND_EN	OS_MAX_TASKS
OSTaskStkChk()	OS_TASK_CREATE_EXT_EN	OS_MAX_TASKS
OSTaskSuspend()	OS_TASK_SUSPEND_EN	OS_MAX_TASKS
OSTaskQuery()	OS_TASK_QUERY_EN	OS_MAX_TASKS
	时钟管理	
OSTimeDly()	无	无
OSTimeDlyHMSM()	OS_TIME_DLY_HMSM_EN	OS_TICKS_PER_SEC

续表

类 型	置1	其他常量
OSTimeDlyResume()	OS_TIME_DLY_RESUME_EN	OS_MAX_TASKS
OSTimeGet()	OS_TIME_GET_SET_EN	无
OSTimeSet()	OS_TIME_GET_SET_EN	无
OSTimeTick()	无	无
用户定义函数		
OSTaskCreateHook()	OS_CPU_HOOKS_EN	无
OSTaskDelHook()	OS_CPU_HOOKS_EN	无
OSTaskStatHook()	OS_CPU_HOOKS_EN	无
OSTaskSwHook()	OS_CPU_HOOKS_EN	无
OSTimeTickHook()	OS_CPU_HOOKS_EN	无

下面介绍 OS_CFG.H 文件中每个用#define constants 定义的常量。

1. ARG_CHK_EN

OS_ARG_CHK_EN 用于设定是否希望大多数 μC/OS-II 中的函数执行参数检查的功能。如果该项设置为 1，μC/OS-II 将会保证传递给函数的指针变量不能为空，参数必须在允许范围之内等。OS_ARG_CHK_EN 会尽力减少 μC/OS-II 所需要的代码量和处理时间。若必须将代码量降至最低，可将 OS_ARG_CHK_EN 设为 0。但一般地说，应该允许参数检查，也就是说该项应当设为 1。

2. CPU_HOOKS_EN

此常量用于设定是否在文件 OS_CPU_C.C 中声明对外接口函数（Hook Function），该项设为 1，表明需要这些接口函数。μC/OS-II 中提供了 9 个对外接口函数，可以在文件 OS_CPU_C.C 中声明，也可以在用户自己的代码中声明，这些函数是：

- OSTaskCreateHook()
- OSTaskDelHook()
- OSTaskStatHook()
- OSTaskSwHook()
- OSTimeTickHook()
- OSInitHookBegin()
- OSInitHookEnd()
- OSTaskIdleHook()
- OSTCBInitHook()

3. LOWEST_PRIO

- OS_LOWEST_PRIO 用于设定系统中的最低任务优先级（最大优先级数）。设定 OS_LOWEST_PRIO 可以节省 μC/OS-II 所需要的 ARM 空间。μC/OS-II 中优先级数从 0（最高优先级）到 63（最低优先级）。设定 OS_LOWEST_PRIO＜63 意味着不能建立优先级数大于 OS_LOWEST_PRIO 的任务。μC/OS-II 中保留两个优先级系统自用：OS_LOWEST_PRIO 和 OS_LOWEST_PRIO−1。其中 OS_LOWEST_PRIO 留给系统的空闲任务（Idle Task）——OSTaskIdle()。OS_LOWEST_PRIO−1 留给统计任务 OSTaskStat()。用户任务的优先级可以从 0 到 OS_LOWEST_PRIO−2。OS_LOWEST_PRIO 和 OS_MAX_TASKS 之间没有什么关系。例如，可以设 OS_MAX_TASKS 为 10，而 OS_LOWEST_PRIO 为 32，此时系统最多可有 10 个任务，用户任务的优先级可以是 0～30。

- 但是需要注意的是，每个任务必须具有不同于其他任务的优先级数值。所以，OS_LOWEST_PRIO 设定的数值必须大于系统中的实际任务数。例如，设 OS_MAX_TASKS 为 20，而 OS_LOWEST_PRIO 为 10，这时用户最多可以创建 8 个任务（0，…，7），因此必然造成 ARM 空间的浪费。

4. MAX_EVENTS

OS_MAX_EVENTS 用于定义系统中可分配的最大的事件控制块的数量。系统中的每一个消息邮箱、消息队列、互斥型信号量或者信号量都需要一个事件控制块。例如，系统中有 10 个消息邮箱，5 个消息队列，4 个互斥型信号量及三个信号量，则 OS_MAX_EVENTS 最小应该为 22。OS_MAX_EVENTS 的值必须大于零，该项设置可参看 OS_MBOX_EN、OS_Q_EN、OS_MUTEX_EN 以及 OS_SEM_EN 等项。只要程序中用到了消息邮箱、消息队列或是信号量，则 OS_MAX_EVENTS 最小应该设置为 2。

5. MAX_FLAGS

OS_MAX_FLAGS 用于定义用户程序中所需要的事件标志的最大数目，该项的数值必须大于 0，且必须设定 OS_FLAGS_EN 的值为 1，才能使用事件标志组函数。

6. MAX_MEM_PART

OS_MAX_MEM_PART 用于定义系统中最大的内存块数，内存块将由内存管理函数操作（定义在文件 OS_MEM.C 中）。如果要使用内存块，开关量 OS_MEM_EN 必须设定为 1，并且，OS_MAX_MEM_PART 必须设为大于 0 的数值，也就是说，可以只使用一个内存块。

7. OS_MAX_QS

OS_MAX_QS 用于定义系统中最大的消息队列数。要使用消息队列函数，常量 OS_Q_EN 也要同时置 1。并且，OS_MAX_QS 必须设定为大于 0 的数值，也就是说，可以只使用一个消息队列。

8. OS_MAX_TASKS

OS_MAX_TASKS 用于定义用户程序中最大的任务数。需要注意的是，OS_MAX_TASKS 不能大于 62，这是由于 μC/OS-II 保留了两个系统任务。如果设定 OS_MAX_TASKS 刚好等于系统中的任务数，则建立新任务时要注意修改该项的值；但若将 OS_MAX_TASKS 设定的太大则会浪费内存。如果对于产品来说，ARM 空间不存在问题，则应将 OS_MAX_TASKS 的值设为 62。

9. OS_TASK_IDLE_STK_SIZE

OS_TASK_IDLE_STK_SIZE 用于设置 μC/OS-II 中空闲任务（Idle Task）堆栈的容量。注意堆栈容量的单位不是字节，而是 OS_STK*。空闲任务堆栈的容量取决于所使用的处理器，以及预期的最大中断嵌套数。虽然空闲任务几乎不做什么工作，但还是要预留足够的堆栈空间保存 CPU 寄存器的内容，以及可能出现的中断嵌套情况。

10. OS_TASK_STAT_EN

OS_TASK_STAT_EN 用于设定系统是否使用 μC/OS-II 中的统计任务（Statistic Task）及其初始化函数。如果设为 1，则使用统计任务 OSTaskStat()及其初始化函数。统计任务每秒运行一次，计算以百分数表示的当前系统 CPU 使用率，结果保存在 8 位变量 OSCPUUsage 中。每次运行，OSTaskStat()都将调用 OSTaskStatHook()函数，用户自定义的统计功能可以放在这个函数中。详细情况请参考 OS_CORE.C 文件。统计任务 OSTaskStat()的优先级总是设为 OS_LOWEST_PRIO−1。

若不使用统计任务，则可将 OS_TASK_STAT_EN 设为 0，这时全局变量 OSCPUUsage、OSIdleCtrMax、OSIdleCtrRun 和 OSStatRdy 都不声明，以节省内存空间。在每次清空 OSIdleCtr 之前，OSIdleCtrRun 都会保存一个 OSIdleCtr 的镜像。μC/OS-II 不会把 OSIdleCtrRun 用于其他目的，但是，用户可以根据需要读取和显示 OSIdleCtrRun 的内容。

11. OS_TASK_STAT_STK_SIZE

OS_TASK_STAT_STK_SIZE 用于设置 μC/OS-II 中统计任务（Statistic Task）堆栈的容量。注意单位不是字节，而是 OS_STK（μC/OS-II 中堆栈统一用 OS_STK 声明，根据不同的硬件环境，OS_STK 可为不同的长度）。统计任务堆栈的容量取决于所使用的处理器类型，以及如下的操作。

- 进行 32 位算术运算所需的堆栈空间。
- 调用 OSTimeDly()所需的堆栈空间。
- 调用 OSTaskStatHook()所需的堆栈空间。
- 预计最大的中断嵌套数。

如果想在统计任务中进行堆栈检查，判断实际的堆栈使用量，用户需要设 OS_TASK_CREATE_EXT_EN 为 1，并使用 OSTaskCreateExt()函数建立任务。

12. OS_SHED_LOCK_EN

该开关量用于控制是否使用 OSSchedLock()和 OSSchedUnLock()函数。当设为 1 时，表示使用这两个函数。

13. OS_TICKS_PER_SEC

此常量标识调用 OSTimeTick()函数的频率。用户需要在自己的初始化程序中保证 OSTimeTick()按所设定的频率调用（即系统硬件定时器中断发生的频率）。在函数 OSStatInit()、OSTaskStat()和 OSTimeDlyHMSM()中都会用到 OS_TICKS_PER_SEC。

14. OS_FLAG_EN

OS_FLAG_EN 用于控制是否使用所有事件标志函数及其相关的数据结构。当设为 1 时，表示使用；如果不需要使用事件标志，则可以设定该开关量为 0，以节省代码和数据空间。当 OS_FLAG_EN 设为 0 时，不需要再另外设定本节中的其他商量。

15. OS_FLAG_WAIT_CLR_EN

OS_FLAG_WAIT_CLR_EN 用于控制是否允许生成用于等待事件标志清 0 的代码。当设为 1 时表示允许。一般地说，用于希望等待至事件标志变为 1，但是，有时用户也可能希望等待至事件标志清 0，这时可通过此项进行设置。

16. OS_FLAG_ACCEPT_EN

OS_FLAG_ACCEPT_EN 控制是否使用 OSFlagAccept()函数。当设为 1 时，表示使用。

17. OS_FLAG_DEL_EN

OS_FLAG_DEL_EN 控制是否使用 OSFlagDel()函数。当设为 1 时，表示使用。

18. OS_FLAG_QUERY_EN

OS_FLAG_QUERY_EN 控制是否使用 OSFlagQuery()函数。设为 1 时，表示使用。

19. OS_MBOX_EN

OS_MBOX_EN 用于控制是否使用 μC/OS-II 中的消息邮箱函数及其相关数据结构，设为 1 为使用。如果不使用，则关闭此常量节省内存。当 OS_MBOX_EN 设为 0 时，用户不需要再设定本节中其他使用#define constants 定义的常量。

20. OS_MBOX_ACCEPT_EN

OS_MBOX_ACCEPT_EN 控制是否使用 OSMboxAccept()函数。设为 1 时，表示使用。

21. OS_MBOX_DEL_EN

OS_MBOX_DEL_EN 控制是否使用 OSMboxDel()函数。设为 1 时，表示使用。

22. OS_MBOX_POST_EN

OS_MBOX_POST_EN 控制是否使用 OSMboxPost()函数。设为 1 时，表示使用；若希望用功能更强的 OSMboxPostOpt()函数替代 OSMboxPost()函数，应将本开关量设为 0。

23. OS_MBOX_POST_OPT_EN

OS_MBOX_POST_OPT_EN 控制是否使用 OSMboxPostOpt()函数。设为 1 时，表示使用；若不需要函数 OSMboxPostOpt()所提供的附加功能，应将此开关量设为 0，从而使用 OSMboxPost()函数。使用后者将会生成较少的代码。

24. OS_MBOX_QUERY_EN

OS_MBOX_QUERY_EN 控制是否使用 OSMboxQuery()函数。设为 1 时，表示使用。

25. OS_MEM_EN

OS_MEM_EN 用于控制是否使用 μC/OS-II 中的内存块管理函数及其相关数据结构，设为 1 为使用。如果不使用，则将此开关量设为 0，以节省内存。

26. OS_MEM_QUERY_EN

OS_MEM_QUERY_EN 控制是否使用 OSMemQuery()函数。设为 1 时，表示使用。

27. OS_MUTEX_EN

OS_MUTEX_EN 控制是否使用互斥型信号量函数及其相关的数据结构。设为 1 时，表示使用；若不使用，则应将该开关量设为 0，以减少所需代码和数据空间。当 OS_MUTEX_EN 设为 0 时，不需要另外设置本节中其他用#define constants 定义的常量。

28. OS_MUTEX_ACCEPT_EN

OS_MUTEX_ACCEPT_EN 控制是否使用 OSMutexAccept()函数。设为 1 时，表示使用。

29. OS_MUTEX_DEL_EN

OS_MUTEX_DEL_EN 控制是否使用 OSMutexDel()函数。设为 1 时，表示使用。

30. OS_MUTEX_QUERY_EN

OS_MUTEX_QUERY_EN 控制是否使用 OSMutexQuery()函数。设为 1 时，表示使用。

31. OS_Q_EN

OS_Q_EN 用于控制是否使用 μC/OS-II 中的消息队列函数及其相关数据结构，设为 1

为使用。如果不使用，则将此开关量设为 0，以减少所需的代码空间。如果 OS_Q_EN 设为 0，则不需要再设定本节中其他使用#define constants 定义的常量。另外值得注意的是，此时常量 OS_MAX_QS 无效。

32. OS_Q_ACCEPT_EN

OS_Q_ACCEPT_EN 控制是否使用 OSQAccept()函数。设为 1 时，表示使用。

33. OS_Q_DEL_EN

OS_Q_DEL_EN 控制是否使用 OSQDel()函数。设为 1 时，表示使用。

34. OS_Q_FLUSH_EN

OS_Q_FLUSH_EN 控制是否使用 OSQFlush()函数。设为 1 时，表示使用。

35. OS_Q_POST_EN

OS_Q_POST_EN 控制是否使用 OSQPost()函数。设为 1 时，表示使用；若希望使用功能更强的 OSQPostOpt()函数代替 OSQPost()函数，应将此开关量设为 0。

36. OS_Q_POST_FRONT_EN

OS_Q_POST_FRPNT_EN 控制是否使用 OSQPostFront()函数。设为 1 时，表示使用；若希望使用功能更强的 OSQPostOpt()函数代替 OSQPosFront()函数，应将此开关量设为 0。

37. OS_Q_POST_OPT_EN

OS_Q_POST_OPT_EN 控制是否使用 OSQPostOpt()函数。设为 1 时，表示使用；若不需要该函数所提供的附加功能，可将此开关量设为 0，从而使用 OSQPost()函数，以减少代码量。

38. OS_Q_QUERY_EN

OS_Q_QUERY_EN 控制是否使用 OSQQuery()函数。设为 1 时，表示使用。

39. OS_SEM_EN

OS_SEM_EN 用于控制是否使用 μC/OS-II 中的信号量管理函数及其相关数据结构，设为 1 为使用。如果不使用，则将此开关量设为 0，以减少所需的代码和数据空间。当 OS_SEM_EN 设为 0 时，则不需要再设定本节中其他使用#define constants 定义的常量。

40. OS_SEM_ACCEPT_EN

OS_SEM_ACCEPT_EN 控制是否使用 OSSemAccept()函数。设为 1 时，表示使用。

41. OS_SEM_DEL_EN

OS_SEM_DEL_EN 控制是否使用 OSSemDel()函数。设为 1 时，表示使用。

42. OS_SEM_QUERY_EN

OS_SEM_QUERY_EN 控制是否使用 OSSemQuery()函数。设为 1 时，表示使用。

43. OS_TASK_CHANGE_PRIO_EN

此常量控制是否使用 μC/OS-II 中的 OSTaskChangePrio()函数，设为 1 为使用。如果在应用程序中不需要改变运行任务的优先级，则将此常量设为 0 节省内存。

44. OS_TASK_CREATE_EN

此常量控制是否使用 μC/OS-II 中的 OSTaskCreate()函数，设为 1 为使用。使用该函数可以使 μC/OS-II 与 μC/OS 的建立任务函数向上兼容。在 μC/OS-II 中推荐用户使用 OSTaskCreateExt()函数建立任务。如果不使用 OSTaskCreate()函数，将 OS_TASK_CREATE_EN 设为 0 可以节省内存。注意 OS_TASK_CREATE_EN 和 OS_TASK_CREATE_EXT_EN 至少有一个要为 1，当

然如果都使用也可以。

45. OS_TASK_CREATE_EXT_EN

此常量控制是否使用 μC/OS-II 中的 OSTaskCreateExt()函数，设为 1 为使用。与OSTaskCreate()相比，该函数为扩展的、功能更全的任务建立函数。如果不使用该函数，将OS_TASK_CREATE_EXT_EN 设为 0 可以节省内存。注意，如果要使用堆栈检查函数OSTaskStkChk()，则必须用 OSTaskCreateExt()建立任务。

46. OS_TASK_DEL_EN

此常量控制是否使用 μC/OS-II 中的 OSTaskDel()函数，设为 1 为使用。如果在应用程序中不使用删除任务函数，将 OS_TASK_DEL_EN 设为 0 可以节省内存。

47. OS_TASK_SUSPEND_EN

此常量控制是否使用 μC/OS-II 中的 OSTaskSuspend()和 OSTaskResume()函数，设为 1时，表示使用这两个函数挂起和唤醒任务。如果在应用程序中不使用任务挂起-唤醒函数，将 OS_TASK_SUSPEND_EN 设为 0 可以节省内存。

48. OS_TASK_QUERY_EN

此常量控制是否使用 μC/OS-II 中的 OSTaskQuery()函数，设为 1 为使用。若应用程序不使用本函数，则应将本开关量设为 0，以减少 μC/OS-II 所需的代码空间。

49. OS_TIME_DLY_HMSM_EN

OS_TIME_DLY_HMSM_EN 控制是否使用 OSTimeDlyHMSM()函数。设为 1 时，表示可以使用该函数对一个任务进行一定时间的延时。这个时间是以小时、分、秒及毫秒为单位定义的。

50. OS_TIME_DLY_RESUME_EN

OS_TIME_DLY_RESUME_EN 控制是否使用 OSTimeDlyHMSM()函数。设为 1 时，表示可以使用。

51. OS_TIME_GET_SET_EN

OS_TIME_GET_SET_EN 控制是否使用 OSTimeGet()和 OSTimeSet()函数。设为 1 时，表示可以使用。若不需要 32 位的时钟计数器 OSTime，则可设定本开关量为 0，以节省 4B的数据和代码空间。

参 考 文 献

1. 王田苗．嵌入式系统设计与实例开发——基于 ARM 微处理器与 μC/OS-II 实时操作系统．北京：清华大学出版社，2008.

2. Andrew S．Tanenbaum．现代操作系统．陈向群，马洪兵等译．北京：机械工业出版社，2009.

3. 任哲．嵌入式实时操作系统 μC/OS-II 原理及应用（第二版）．北京：北京航空航天大学出版社，2009.

4. 邵贝贝．单片机嵌入式应用的在线开发方法．北京：清华大学出版社，2004.

5. 张红光，李福才．操作系统原理与设计．北京：机械工业出版社，2009.

6. 王晓薇，周传生，李冶．嵌入式硬件技术基础．北京：电子工业出版社，2009.

7. Jean J．Labrosse．嵌入式系统构件．袁勤勇等译．北京：机械工业出版社，2002.

8. 朱珍民．嵌入式实时操作系统及其应用开发．北京：北京邮电大学出版社，2006.

9. 罗蕾．嵌入式实时操作系统及其应用开发．北京：北京航空航天大学出版社，2007.

10. http://www.micrium.com

图书资源支持

感谢您一直以来对清华版图书的支持和爱护。为了配合本书的使用，本书提供配套的素材，有需求的用户请到清华大学出版社主页（http://www.tup.com.cn）上查询和下载，也可以拨打电话或发送电子邮件咨询。

如果您在使用本书的过程中遇到了什么问题，或者有相关图书出版计划，也请您发邮件告诉我们，以便我们更好地为您服务。

我们的联系方式：

地　　址：北京海淀区双清路学研大厦 A 座 707

邮　　编：100084

电　　话：010－62770175－4604

资源下载：http://www.tup.com.cn

电子邮件：weijj@tup.tsinghua.edu.cn

QQ：883604（请写明您的单位和姓名）

扫一扫

资源下载、样书申请

新书推荐、技术交流

用微信扫一扫右边的二维码，即可关注清华大学出版社公众号"书圈"。